ANNICK LE GUÉRER

LES POUVOIRS DE L'ODEUR

Nouvelle édition revue et augmentée

Odile Jacob

Une première version du présent ouvrage a été publiée en 1988
aux Éditions François Bourin.

3, rue Auguste-Comte, 75006 Paris

www.odilejacob.fr

ISBN : 978-2-7381-1184-5

À Bernard, Georges, Laurence, Pierre,

à ma famille

Remerciements

Je voudrais remercier Joseph-G. Brand, Patrick Mac Leod, Lucienne Roubin, Philippe Roy, Benoist Schaal et Didier Trotier.

Introduction

« Ainsi tout a sa part et de souffle et d'odeurs »

Empédocle, *De la nature*.

Longtemps considéré comme négligeable, l'odorat est devenu depuis quelque temps à la mode. De très nombreuses publications scientifiques, professionnelles, journalistiques se font l'écho du vif intérêt porté à ce sens fascinant et encore mystérieux. Une question entre toutes, qui tend à abolir la distance qui nous sépare de l'animal, se fait insistante : serions-nous comme d'autres mammifères manipulés à notre insu par les odeurs ? Les recherches scientifiques sont en pleine expansion et participent à ce mouvement de réhabilitation, né il y a une dizaine d'années, en faveur d'une faculté sensorielle méconnue qui nous met en contact avec les êtres et les choses de façon intime et profonde.

Classé abusivement, faute d'études appropriées, par les anatomistes et les embryologistes parmi les animaux « microsmatiques » ayant, contrairement à ceux dits « macrosmatiques [1] », un odorat peu développé, l'Homme, en s'éloignant de l'animalité, aurait en outre abandonné l'usage de son flair. D'autres points de vue savants comme celui du naturaliste Charles Darwin ont largement contribué à propager l'idée d'un organe atrophié et obsolète, lointain héritage de nos ancêtres présapiens auxquels il était extrêmement utile.

Pour expliquer l'achèvement de sa décadence chez nos citadins contemporains, plusieurs facteurs ont été invoqués : développement de l'hygiène et des désodorisants, disparition des odeurs des rues et des métiers d'autrefois, conditionnements alimentaires masquant les arômes naturels, autant d'éléments qui auraient abouti à l'appauvrissement de notre univers odorant et de notre capacité à sentir. Œnologues et parfumeurs dénoncent l'« anosmie » ambiante. Notre ignorance olfactive serait consternante : sur dix odeurs types, les enfants en distinguent en moyenne cinq ou six et les adultes deux seulement.

Selon une opinion largement répandue, nos ancêtres, au contraire, évoluant dans un environnement infiniment plus riche en odeurs que le nôtre, auraient été guidés par un odorat plus aigu car plus exercé et qui était, de ce fait, l'instrument d'une connaissance des êtres et des choses dont nous aurions perdu le secret. L'historien Piero Camporesi dépeint une ancienne société baignant matériellement et mentalement dans les effluves et où l'olfaction, à l'opposé de ce qui se passe dans notre culture actuelle qui prétend connaître le monde par le seul recours à des techniques intellectuelles et abstraites, était particulièrement valorisée : « Jamais autant que dans la vieille société, où chaque corporation, chaque métier, chaque profession étaient placés dans son cocon aromatique particulier, le nez et l'odorat n'ont été les instruments infaillibles de l'identification sociale et de la reconnaissance professionnelle[2]. »

Ainsi des analyses d'origines très diverses ont accrédité l'idée d'une perte graduelle de l'odorat humain et d'un passé en complète rupture avec notre société contemporaine « anosmique » et désodorisée. Mais je crois, quant à moi, que cette vision d'une sorte d'âge d'or olfactif dont ne resteraient plus aujourd'hui que de maigres vestiges est à la fois trop simple et trop idyllique.

Bien sûr, l'existence d'un environnement olfactif jadis plus dense est incontestable. Le processus de désodorisation qui accompagne l'accession de sociétés encore marquées d'un certain archaïsme au niveau technique des plus modernes en est une confirmation. On peut imaginer aussi que l'Homme primitif qui utilisait son flair pour sa survie était plus performant que nous, mais était-ce encore le cas de nos aïeux de l'Antiquité, de la Renaissance ou du XVIIIe siècle ? Une chose est certaine : leur appareil olfactif n'était pas différent du nôtre.

Plutôt que tenter une évaluation forcément aléatoire des performances de leur odorat, je pense qu'il vaut mieux comparer le statut accordé à ce sens ainsi que les pouvoirs reconnus aux odeurs dans les sociétés anciennes et modernes.

Les thèmes développés aujourd'hui autour des parfums renvoient l'écho de forces obscures et de vertus puissantes. Ils évoquent le mystère (« Mystère » de Rochas), la magie (« Magie noire » de Lancôme, « Sortilège » de Le Galion), la pureté (« Cristal » de Chanel), le divin (« Kouros » d'Yves Saint Laurent : « le parfum des dieux vivants »), la vie (« Vivre » de Molyneux, « La Vie » de Christian Lacroix), la mort (« Poison » de Christian Dior). Ce décalage avec leur fonction de séduction intrigue. Faut-il ne voir là que l'emphase du langage publicitaire ou le reflet de représentations inconscientes ? L'histoire des parfums et les mythes qui s'y rattachent le suggèrent.

Mystérieux dans ses origines, d'autant plus précieux qu'il est davantage conquis que récolté, l'aromate, base des premiers parfums, présente des caractères qui le relient au surnaturel, au sacré et au principe même de la vie. Ainsi se trouvent indiquées quelques pistes permettant de remonter aux sources des pouvoirs extraordinaires dont furent investies les odeurs.

Première partie

DE LA PANTHÈRE PARFUMÉE
À LA BROMIDROSE DE L'ALLEMAND :
POUVOIRS ATTRACTIFS ET RÉPULSIFS DE L'ODEUR

CHAPITRE I

L'odeur et la capture

« Il y a trois ans que tu es parti. Le parfum
Que tu laissas hante ma solitude.
Le parfum est pour toujours répandu en moi mais
Où es-tu bien-aimé ? »

Li Po (699-762),
Le Bien-aimé absent.

« Les parfums... apaisent encore, et tranquillisent tous les esprits, et les attirent comme l'aimant attire le fer. »

H. C. Agrippa,
La Philosophie occulte, 1531.

Odeur, magie, possession

Dès l'Antiquité, parfums et onguents figurent en bonne place dans l'arsenal des sorcières. Des auteurs grecs et latins comme Lucien de Samosate et Apulée se font l'écho des superstitions de leur époque concernant ces manipulations d'odeurs. Pour se transformer en oiseau, la magicienne devait se mettre entièrement nue devant une lampe sur laquelle elle avait placé un peu d'encens et prononcer certaines formules. Elle s'enduisait ensuite des pieds à la tête d'un onguent favorisant sa métamorphose et son envol.

Mais ce baume de lévitation pouvait jouer bien des tours aux curieux qui voulaient en percer le mystère.

L'aventure qui survint à Lucius illustre à la fois les pouvoirs maléfiques et bénéfiques des charmes odorants. Avide de connaître les secrets de la sorcière Pamphile, Lucius a séduit sa servante Photis qui lui permet d'assister à la prodigieuse transformation de sa maîtresse en hibou. Ébloui, le jeune homme persuade Photis de dérober la mixture magique. Hélas, elle commet une funeste erreur de flacon et l'audacieux se retrouve dans la peau d'un âne. Il ne pourra récupérer sa forme humaine qu'en broutant des roses. L'entreprise est difficile : chaque fois qu'il tente d'approcher l'antidote parfumé, une grêle de coups de bâton s'abat sur lui. Tombé aux mains d'une bande de voleurs, puis devenu âne savant, condamné à montrer ses talents aux badauds, ce n'est qu'après bien des péripéties qu'il parvient à ses fins. Au cours d'une procession, il dévore la couronne de roses portée par le prêtre d'Isis. « Alors, au grand étonnement des spectateurs, la figure de l'animal tombe et s'évanouit, l'âne disparaît, et il ne reste que Lucius, debout et complètement nu[1]. »

Le pouvoir envoûtant de l'odeur apparaît également dans les affaires de possession. Le procès fameux qui se déroula dans la ville de Loudun au XVIIe siècle et qui aboutit à l'exécution du prêtre Urbain Grandier est, de ce point de vue, exemplaire. L'arôme des roses servit cette fois de support à la fureur hystérique d'envoûtées et d'exorcistes qui se donnèrent la réplique pour le plus grand plaisir de la population accourue au spectacle. Moins heureuses que l'âne d'Apulée, les religieuses se prétendirent ensorcelées pour avoir respiré un bouquet maléfique : « Le jour même que la sœur Agnès, novice ursuline, fit profession (11 octobre 1632), elle fut possédée du diable, ainsi que la mère prieure me l'a dit à moi-même. Le charme fut un bouquet de roses muscades qui se trouva sur un degré du dortoir. La mère prieure, l'ayant ramassé, le fleura, ce que firent quelques autres après elle, qui furent incontinent toutes possédées[2]. » Sortilège qui s'empare du corps et de l'esprit, le parfum se révèle ici instrument diabolique.

Si la sorcellerie recourt alternativement aux pouvoirs des bonnes et des mauvaises odeurs, les sorciers quant à eux répandent des émanations nauséabondes qui soulignent leur caractère satanique. Au XVIe et au XVIIe siècle, la représentation de la sorcière, suppôt du diable qui utilise ses talents de parfumeur pour ravir les corps et les âmes, obéit à une logique de l'imaginaire réglée par la puanteur. De son sang mélancolique et de ses humeurs troublées par la colère et la cupidité, s'élèvent des vapeurs venimeuses qui infectent bêtes et gens. Son alimentation à base de légumineuses, d'oignons et de choux, ses copulations avec le « bouc immonde[3] », achèvent de lui conférer une odeur véritablement meurtrière dont elle se sert comme d'une arme. Les enfants « tendrelets[4] » et les organismes débiles sont les premières victimes de sa méchante haleine mais son souffle est à même de terrasser les plus robustes. Dans sa tanière sombre et misérable, mijotent d'infâmes brouets lui permettant de répandre la peste, de se transformer en loup ou d'emprunter la voie des airs sur un balai, pour se rendre plus vite au sabbat.

Outre des simples, des plantes vénéneuses (ciguë), narcotiques et hallucinogènes (belladone, jusquiame), de la graisse d'enfant, du sang humain et de chauve-souris, de la cervelle de chat, des reptiles, de la poix, des excréments de crapaud et de corbeau, ces mixtures comportent fréquemment de la mandragore. Issue de terres grasses et malodorantes, fécondées par la graisse et le sperme des pendus, cette plante a une racine qui reproduit vaguement une figure humaine et possède, entre autres pouvoirs peu communs, celui de renforcer le liquide séminal défaillant et de remédier à l'impuissance. Pour l'apothicaire Laurent Catelan, « n'étant autre chose que sperme viril, digéré, cuit et élaboré dans la terre par la seule opération de la nature, cette racine ne manquera pas de s'associer, se commixtionner et se joindre avec le sperme naturel de celuy qui l'aura prise par la bouche... de parvenir à la matrice, et ensuite d'engendrer et produire l'un avec l'autre homme[5] ».

La collecte d'ingrédients obligeant à fouiller les tombes et hanter les gibets confère à l'enchanteresse un fumet répugnant dont il ne faut, affirme le médecin Pierre de Lancre, « s'émerveiller[6] » et qui n'est pas sans rappeler les effluves du diable et de la peste, autres « modalités de l'infect, du corrompu et du putride[7] ». Aussi, lorsque le célèbre juriste Jean Bodin enregistre la plainte d'Abel de la Ruë, « ouvrier de vieil cuir », contre l'une de ces créatures démoniaques, c'est tout naturellement une odeur de « souphre et poudre à canon et chair puante meslees ensemble [8] » qu'il consigne pour la postérité.

Variant avec les jours, la conjonction des planètes et les signes zodiacaux, les formules destinées à captiver esprits et démons révèlent la même ambivalence olfactive. Une « mauvaise opération » comme celle qui consiste à attirer sur quelqu'un la haine et le malheur exige, selon l'alchimiste Cornelius Agrippa, un parfum « impur, de mauvaise odeur et de vil prix [9] ». Une « bonne œuvre », visant à obtenir la bienveillance et l'amour, appeler la chance et écarter le « mauvais œil », recourt, en revanche, aux ingrédients précieux et de bonne odeur.

Les ouvrages actuels de magie astrale font toujours une large place aux parfums. Dues à une volatilisation de particules matérielles, les odeurs émettraient des vibrations qui auraient une profonde influence sur le comportement et le double astral de tous les êtres vivants. Un parfum adapté au signe astral doit tendre, selon ces théories, par les réactions inconscientes qu'il provoque sur l'organisme, à maintenir l'équilibre humoral natif et les réflexes d'autodéfense. À chaque signe zodiacal et à chaque jour du mois correspondent des arômes favorisant la réussite. Ils agissent ainsi comme un véritable talisman permettant à l'individu de développer ses qualités et d'éviter les déséquilibres.

C'est ce même souci qui a inspiré et inspire parfois encore, dans certaines sociétés, un grand nombre de pratiques attachées aux étapes importantes de la vie. La naissance, moment fragile de l'existence humaine, s'entoure de la protection d'exhalaisons : sachets parfumés en Chine, gousse d'ail pendue au cou du nouveau-né au Mexique [10]. En Afrique du Nord, le bébé est protégé des « djinns » par des fumigations odorantes et des onctions d'huile de safran et de henné. De même, le mariage, rite de passage important pour la femme, s'accompagne de diverses précautions aromatiques. Avant la cérémonie, la jeune fille, en butte à un djinn jaloux, se soumet à toute une série de purifications et de parfumages. Celui de la chevelure s'étend sur plusieurs jours. La mariée se préserve en outre par des fumigations et des bijoux odoriférants, notamment un collier de petites boules noires composées de safran, d'iris, de musc, de benjoin. Cette utilisation de parures parfumées pour se concilier les esprits reste très répandue, en particulier en Afrique noire et en Asie.

L'odeur et la séduction

À la fin du XIXe siècle, le célèbre entomologiste Jean-Henri Fabre réalise une expérience décisive pour démontrer le rôle de l'odeur dans le rapprochement sexuel des papillons : une femelle maintenue captive attire un très grand nombre de mâles à des kilomètres de distance. Enfermée sous une cloche de verre, elle ne présente plus aucun intérêt pour eux. Maintes études faites à partir de l'expérience de Fabre ont confirmé le caractère olfactif de l'attractant sexuel chez les papillons et nombreux sont les travaux qui, depuis lors, ont donné lieu à des constatations semblables à propos des espèces les plus variées. Les émanations odorantes des papillons sont produites par des organes placés au bord des ailes des mâles et à la pointe de l'abdomen des femelles, celles des fourmis par des glandes céphaliques. Chez d'autres espèces, elles proviennent de glandes sébacées, anales et génitales. Certaines d'entre elles comme la civette, le chevrotin porte-musc, le rat musqué, le castor, sont d'ailleurs recherchées pour l'abondance de leurs sécrétions, recueillies et exploitées en parfumerie.

Dans les années soixante, la découverte des phéromones (du grec *pherein*, porter, et *horman*, exciter) a permis de mieux comprendre l'importance de l'odeur dans les communications et les comportements des animaux. Substances sécrétées à l'extérieur du corps, elles n'agissent pas sur le porteur lui-même mais sur ses congénères et déterminent des conduites sexuelles, parentales et sociales. Les phéromones qui déclenchent l'attraction sexuelle sont bien connues en ce qui concerne les insectes, les crustacés, les poissons, les salamandres et les serpents. Pour ce qui est des mammifères, elles n'ont pas encore été toutes identifiées, en raison de leur complexité, mais elles interviennent également dans la reproduction et le comportement social. C'est ainsi, par exemple, que l'odeur de la chienne en œstrus excite les mâles à trois kilomètres alentour et que l'haleine du verrat joue un rôle attractif sur la truie en chaleur. Les vétérinaires se servent aujourd'hui de l'odeur du verrat pour détecter les truies pouvant être inséminées artificiellement. À cette fin, ils utilisent des aérosols contenant de l'androsténone qui donne à la viande du porc non castré cette odeur de musc et d'urine caractéristique, nécessaire aux attitudes de copulation chez la femelle en œstrus (la présence dans la truffe d'une molécule voisine de la phéromone sexuelle du verrat a fourni une explication de l'attrait exercé par ce champignon souterrain sur les truies qui sont capables de le déceler à un mètre de profondeur. On sait par ailleurs qu'une longue tradition attribue à ce comestible délicat des vertus aphrodisiaques [11]).

Il est fréquent, dans les sociétés de mammifères, que les mâles les plus odoriférants produisent une castration physiologique de leurs rivaux par le biais de phéromones. Les dominants ne sont pas les plus forts, ce sont ceux qui émettent le plus de signaux odorants. Lorsque les makis, petits lémuriens de Madagascar, s'affrontent, ce sont moins des coups ou des morsures qu'ils échangent que des « bouffées d'odeur ». Les mâles frappent rythmiquement leur queue contre leur tête, « libérant un nuage de substances odorantes, comme un tapis, un nuage de poussière à chaque coup de tapette. L'enjeu est de taille puisque l'impact de l'odeur du rival a nécessairement, c'est-à-dire physiologiquement, un effet castrateur [12] ». L'odeur permet également d'identifier le statut social d'un individu : la femelle du lemming, rongeur des régions boréales, peut ainsi choisir « à vue de nez » un mâle dominant. Elle sert encore aux souris mâles à repérer la partenaire préférable car génétiquement distincte et à éliminer les problèmes de consanguinité [13].

La découverte dans la salive, la sueur, l'urine, le sperme, les sécrétions vaginales humaines, de certains composés odorants, identifiés comme étant des phéromones chez l'animal, a suscité, dans les années 1970-1980, de nombreuses investigations tendant à établir l'existence chez l'Homme d'une communication phéromonale. Les plus convaincantes concernent la mise en évidence de la synchronisation des cycles menstruels des femmes qui cohabitent ou qui ont des relations intimes[14]. Ce phénomène serait attribuable à une médiation chimiosensorielle et accrédite la thèse d'une possible manipulation inconsciente par les odeurs. Pour vérifier cette éventualité, des femmes ayant des cycles ovariens normaux de 26-32 jours ont subi journellement pendant deux mois des applications de sueur provenant des aisselles d'autres femmes. Ce traitement a été administré à des sujets ignorants l'objectif de l'expérience. « À l'issue de celle-ci, la différence moyenne du début des règles entre les personnes exposées à l'extrait axillaire et les donneuses a décru de 8,3 à 3,9 jours... On note donc une réduction de la désynchronisation initiale entre les donneuses d'extraits axillaires et les receveuses[15]. » En revanche, chez les femmes non traitées, la désynchronisation initiale est restée stable. Une autre expérience menée par la biologiste américaine Winifred Cutler et ses collaborateurs a montré la régulation, par des sécrétions axillaires masculines, de la durée du cycle ovarien de femmes ayant des cycles trop longs ou trop courts[16]. Toutefois, selon le psychobiologiste français Benoist Schaal, en l'état actuel de la recherche, aucune sécrétion odorante humaine ne répond véritablement aux critères d'une phéromone[17]. Mais cela ne remet aucunement en cause la valeur sémiotique des odeurs corporelles, ni n'exclut que « des composés à valeur phéromonale puissent être mis en évidence dans le futur[18] ».

En définitive, la distinction entre odeur et phéromone est laissée, à l'heure actuelle, à l'estimation des chercheurs, ce qui entraîne une grande confusion. Et cela d'autant plus que certaines tentatives de définition des phéromones sont suspectées de servir des intérêts commerciaux étroitement liés à la commercialisation de divers parfums[19].

Le problème est rendu encore plus complexe du fait que chez la plupart des mammifères les cavités nasales contiennent en réalité deux appareils permettant d'analyser le monde chimique environnant.

Le premier, l'organe olfactif, tapisse le fond de la cavité et comporte des cellules nerveuses spécialisées servant à détecter, lors de la respiration et du flairage, les molécules volatiles véhiculées par l'air. Via le bulbe olfactif et différents relais cérébraux, l'information est transmise au cerveau, aboutissant à la perception du composé odorant. L'information olfactive est essentielle à la survie de l'animal et de l'espèce (fuite devant un prédateur, recherche de nourriture, détermination des partenaires aptes à la reproduction). Capable de distinguer des milliers de molécules différentes, ce système d'analyse sensorielle, qui permet à un animal d'adapter son comportement très rapidement, est d'une subtilité étonnante. Selon le neurophysiologiste Didier Trotier, sa sensibilité serait même supérieure à celle de « la plus performante des machines réalisées à ce jour[20] ».

L'organe olfactif est soumis à l'influence de divers facteurs tel que l'âge, le sexe et le taux des hormones sexuelles. Il est affecté par la rhinite allergique et les infections respiratoires supérieures. Chez l'Homme, il est aussi altéré par les maladies neurodégénératives comme celles d'Alzheimer, de Parkinson, d'Huntington et la sclérose en plaques.

Les recherches sur l'organe olfactif sont en pleine expansion. Grâce aux progrès récents réalisés par la biologie moléculaire dans la connaissance des récepteurs des odeurs et à ceux de la neurophysiologie de l'olfaction, on commence à comprendre certaines propriétés de la perception olfactive ainsi que le traitement de l'information sensorielle[21].

L'organe voméronasal est le second détecteur logé dans les cavités nasales. Localisé à proximité des narines, il est constitué par une paire de sacs longs et étroits. De par son origine embryologique et son architecture générale, il ressemble beaucoup à l'organe olfactif mais les propriétés physiologiques de ses cellules réceptrices sont différentes. Il est plus petit que le premier et a été longtemps considéré, à tort, comme un organe olfactif rudimentaire et accessoire.

Mais on sait aujourd'hui qu'il intervient dans la sexualité. Chez les mammifères, il a été démontré que la stimulation de l'organe voméronasal par des phéromones contrôle le comportement sexuel et produit des changements de l'état hormonal des mâles et des femelles[22]. Sa position avancée permet à l'animal d'échantillonner, par contact direct, les substrats biologiques émis par ses congénères. Ces substrats, comme l'urine ou les sécrétions de glandes spécialisées, contiennent potentiellement une information très riche sur l'état physiologique de l'animal émetteur. Cette information réside non seulement dans les molécules volatiles, qui peuvent être détectées par l'organe olfactif, mais également dans les molécules non volatiles. C'est, semble-t-il, dans la capacité qu'il procure à l'animal d'avoir accès à l'ensemble des stimulus volatils et non volatils que l'organe voméronasal joue un rôle essentiel.

Le fait que, grâce à lui, l'animal puisse avoir accès à des molécules non volatiles est tout à fait important. Chez la souris, par exemple, la présence d'un mâle précipite, par une accélération de la synthèse des hormones sexuelles, la puberté de jeunes femelles. Cet effet, reconnu comme étant lié au seul organe voméronasal puisqu'il disparaît si l'organe est lésé, est dû à une molécule identifiée comme étant un fragment de protéine et sécrétée en grande quantité dans l'urine du mâle.

Mais si l'organe voméronasal et l'organe olfactif fonctionnent en parallèle, il est évident, observe Didier Trotier, « qu'ils ne voient pas le monde chimique de la même manière. L'examen des trajets nerveux, chez les rongeurs, indique que les deux systèmes n'empruntent pas les mêmes circuits cérébraux. Alors que l'information olfactive aboutit rapidement aux zones corticales assurant ainsi la perception, l'information voméronasale reste au niveau sous-cortical, excluant en cela, semble-t-il, la perception. L'animal n'aurait donc pas conscience de la stimulation. Plus précisément, chez le hamster, l'information voméronasale aboutit aux zones cérébrales directement impliquées dans la sécrétion des hormones hypophysaires pour la synthèse des hormones sexuelles. Il faut bien reconnaître cependant qu'à part chez les rongeurs, beaucoup d'énigmes entourent encore la fonction de l'organe voméronasal chez les mammifères[23] ».

Découvert, en 1703, sur un enfant par le médecin hollandais Ruysch et décrit de façon détaillée, en 1809, chez les mammifères par le Danois Ludwig Levin Jacobson, l'organe voméronasal a d'abord été regardé comme absent ou vestigial chez l'adulte humain. Malgré les travaux de certains anatomistes prouvant son existence chez ce dernier, l'idée qu'il n'existait que dans les premiers mois de la vie fœtale a longtemps prévalu.

Son étude véritable chez l'Homme ne fait que commencer. L'anatomiste américain David Berliner et ses collaborateurs ont montré que certaines substances chimiques provenant de la peau de zones corporelles ayant une odeur particulière (aisselles, organes génitaux) provoquent des signaux électriques dans l'organe voméronasal de l'Homme adulte, ce qui pourrait indiquer (mais cela n'a pas encore été formellement démontré) une transmission d'information au cerveau. Ces substances particulières, capables de stimuler l'organe voméronasal, n'ont aucune action sur l'organe olfactif principal et sont désignées sous le nom de molécules stéroïdiennes ou « voméropherines » (de *vomero* pour organe voméronasal et *pherein*, porter). Certaines semblent plus actives sur l'homme, d'autres sur la femme. Appliquées en très faible quantité sur l'organe voméronasal, elles entraînent des effets physiologiques mesurables comme la réduction du rythme cardiaque et respiratoire. Elles agissent aussi sur la sécrétion de l'hormone gonadotrope LH par l'hypophyse[24].

Tous ces travaux, qui tendent à prouver que nous sommes dotés d'un organe voméronasal fonctionnel, suscitent évidemment un très grand intérêt et de nombreuses interrogations. C'est ainsi que les chirurgiens qui n'hésitent pas à retirer cet organe lors de rhinoplasties commencent aujourd'hui à s'interroger sur les conséquences éventuelles de cette pratique. Pourrait-elle, notamment, être à l'origine de phénomènes dépressifs ? D'une manière plus générale, se pose aux chercheurs la question essentielle du rôle possible de cet appareil chimio-sensoriel dans notre vie sexuelle et le choix du partenaire.

Mais bien avant la découverte des phéromones, et de l'organe voméronasal, des liens avaient été établis entre les comportements sexuels humains et les exhalaisons corporelles. Les chroniques anciennes fourmillent d'anecdotes sur ce thème (le fameux coup de foudre d'Henri III pour Marie de Clèves aurait été provoqué par sa chemise trempée de sueur). En 1886, le médecin Auguste Galopin, reprenant les thèses du biologiste Gustav Jaeger selon lesquelles l'odeur participe à la sexualité, écrit : « L'union la plus pure qui puisse être contractée entre un homme et une femme est celle engendrée par l'olfaction et sanctionnée par l'assimilation ordinaire dans le cerveau de molécules animées produites par la sécrétion et l'évaporation de deux corps en contact et en sympathie[25]. »

Quelques années plus tard, Fliess, Collet, Jouet et Freud, établissent une association intime entre l'odorat et la sexualité. Pour Freud, il y a concomitance du refoulement de l'odorat et de la répression de la sexualité. Il constate d'ailleurs que, « malgré l'indéniable dépréciation des sensations de l'odorat, il existe, même en Europe, des peuples qui apprécient hautement la forte odeur des organes génitaux à titre d'excitant sexuel, et ne veulent pas y renoncer[26] ».

Tous ces précurseurs ont frayé la voie aux recherches modernes sur l'intervention de l'odorat dans la vie sexuelle et, notamment, à des études qui, comme celles des biologistes Jacques Le Magnen et Kallmann[27], ont mis en évidence des corrélations fonctionnelles entre l'appareil olfactif et le système hormonal sexuel. En particulier, les sujets atteints du syndrome de Kallmann présentent en même temps qu'un retard de la croissance pubertaire un défaut de développement, une agénésie, des bulbes olfactifs.

S'il est, aujourd'hui, scientifiquement établi que les odeurs corporelles agissent sur la sexualité, il n'en est pas moins évident que toutes ne constituent pas un stimulus sexuel. Certaines pourront avoir un effet incitatif, d'autres un effet dissuasif. Swann est enivré par celle de Mme de Surgis : « Ses narines, que le parfum de la femme grisait, palpitèrent comme un papillon prêt à aller se poser sur la fleur entrevue[28]. » Mais, lorsque Encolpe, recueilli par Circé après son naufrage, la déçoit dans son attente, elle l'interpelle en ces termes : « Est-ce que mon haleine est rancie par le jeûne ? Est-ce que, sous mes bras, demeure quelque trace de transpiration[29] ? » Le mythe grec des Lemniennes illustre cette ambivalence : affligées d'une odeur repoussante pour avoir négligé Aphrodite, les femmes de Lemnos se voient délaissées par leurs maris qui prennent pour concubines des esclaves. Folles de rage, les épouses abandonnées se séparent définitivement de leurs conjoints en les égorgeant. Devenues des guerrières malodorantes et sauvages, elles ne se débarrassent de leur fétidité qu'en établissant avec les Argonautes des relations marquées par le désir. La faveur d'Aphrodite retrouvée, elles sont à nouveau des épouses parfumées[30].

Entre les parfums et le désir, existe d'ailleurs un lien constant. Lorsque Circé veut reconquérir Ulysse, elle utilise de puissants philtres aromatiques. Quand la reine de Saba se rend à Jérusalem, les gommes précieuses qui font la renommée de l'Arabie l'aident à gagner le cœur de Salomon[31]. Dans ce rapport des parfums à la sexualité et à la séduction, on discerne deux fonctions qui concourent à un même résultat : favoriser la conjonction des sexes.

Les bonnes senteurs permettent tout d'abord d'atténuer ce que les odeurs corporelles peuvent avoir d'excessif tout en exaltant certains de leurs composants. C'est le rôle que joue, par exemple, la sarghine chez les Bédouins de Tunisie : « On brûle la sarghine pour son odeur douce et fugitive ; parfum de l'intimité chez les Bédouins de la chaumière ou de la tente. Les époux s'enfument en portant le brûle-parfum sous le vêtement, la chemise ou la melhafa, lorsqu'ils doivent dormir côte à côte. La fumée de la sarghine a pour propriété de neutraliser les principes qui, dans l'odeur des sexes et, surtout, du sexe féminin, sont de nature à provoquer l'éloignement ou à s'opposer à la pleine expression du désir. Ainsi, les tiédeurs du lit ne portent plus vers les narines que les émanations les plus légères et, parmi les éthers que distillent les chairs, la portion à la fois la moins brutale et la plus provocante[32]. »

Par l'attrait propre qu'ils exercent, les arômes sont également susceptibles d'une action plus spécifique. Ils ne sont plus, alors, utilisés comme de simples filtres mais tendent à devenir les agents essentiels de la séduction. Avant d'affronter Assuérus, Esther se fit masser « pendant six mois avec de l'huile de myrrhe, puis pendant six mois avec des baumes et des crèmes de beauté féminines[33] ». Judith, pour séduire Holopherne, oignit son corps d'huile précieuse et, allant à la rencontre d'Antoine, Cléopâtre, si l'on en croit Shakespeare, ne lésina pas sur les parfums : « La nef où elle se tenait, comme un trône bruni, brûlait sur les eaux ; la poupe était d'or battu ; pourpres les voiles, et si parfumées que les vents en défaillaient d'amour[34]. »

Dans certaines sociétés traditionnelles, la démarche de séduction passe de façon quasi rituelle par une utilisation intense et raffinée des parfums. Ainsi à Nauru, petite île de Micronésie, les femmes usent-elles à la fois d'un parfumage interne et externe. L'ethnologue Solange Petit-Skinner a observé que les Nauruanes prennent des bains de vapeur embaumés, s'enduisent le corps et la chevelure d'huiles de fleurs et de lait de coco, mais se servent aussi de mixtures de feuilles odorantes et de potions aromatiques pour se « parfumer de l'intérieur ». Ces dernières préparations sont réputées avoir un effet foudroyant : « Tous les hommes viendront à toi, disent les Nauruanes, seront attirés par toi, il en viendra tant que tu seras épuisée[35]. » Plusieurs de ces pratiques, tel le bain de vapeur de dakaré (écorce qui dégage en brûlant une odeur pénétrante), s'accompagnent d'interdits alimentaires et ont lieu à l'écart du village, dans le secret, mettant ainsi en évidence les rapports du parfum avec la magie. À Nauru, les parfums sont aussi de véritables instruments de capture amoureuse.

Les fabricants de parfums modernes ne sont pas restés étrangers à cet aspect des choses. Au-delà du produit de luxe qui souligne la personnalité et est censé la rendre plus attirante, ils ont toujours rêvé du parfum aphrodisiaque idéal. Les travaux sur les phéromones leur ont ouvert un champ d'investigation nouveau dans lequel certains se sont engouffrés avec quelque précipitation. En 1983, les premiers produits incluant des phéromones de synthèse ont été lancés aux États-Unis par la société Jovan. Les eaux de Cologne Andron, l'une pour les femmes, l'autre pour les hommes, furent présentées comme susceptibles de produire un « champ magnétique » intense entre les deux sexes et de transmettre silencieusement à notre inconscient des signaux d'appel. D'autres réalisations suivirent. L'enjeu commercial est, en effet, de taille. En 1992, David Berliner qui prétend avoir isolé de nombreuses phéromones humaines auxquelles notre organe voméronasal serait réactif a créé la société Erox. Ses parfums, « Realm homme » et « Realm femme », sont vendus sur Internet et disputent un juteux marché aux productions de Winnifred Cutler qui a elle-même fondé la société Athena. Pour discréditer les créations concurrentes, le groupe Berliner soutient qu'elles n'ont aucun effet de stimulation sur l'organe voméronasal [36]. Toutes ces déclarations interviennent dans un contexte où recherche et intérêts financiers sont étroitement imbriqués et la communauté scientifique les accueille avec une grande réserve [37].

Ces produits aux phéromones attestent en tout cas de la force et de la permanence de l'imaginaire olfactif. Ils renouent avec le vieux mythe du philtre d'amour et les parfums « pour faire aimer » autrefois élaborés par les alchimistes. Et, en consultant leurs recettes, je me suis aperçue d'une étrange coïncidence : c'est que les parfums alchimiques incluaient des substances comme de l'urine et des sécrétions animales et humaines, où l'on a précisément décelé ou cru déceler des phéromones...

L'odeur, la chasse et la pêche

L'odeur du gibier a d'abord guidé le chasseur. Puis l'homme s'est servi du chien dont la finesse olfactive était supérieure à la sienne, essayant même de développer les qualités naturelles de cet auxiliaire. L'ethnologue Lévy-Bruhl rapporte qu'en Nouvelle-Guinée, les chiens dressés pour la chasse au sanglier sont rendus plus ardents par l'odeur de l'oignon insufflée dans leurs narines. La domestication de ces animaux se rattacherait à leur goût marqué pour les relents des déjections humaines. La scatophagie subséquente, fréquemment observée, serait alors à l'origine d'un processus d'autodomestication [38].

Outre les techniques qui visent à favoriser l'approche de la proie, il en est d'autres qui consistent à l'attirer au moyen de l'odeur. Nombreuses sont les méthodes de piégeage faisant appel à ce principe. Plus souvent, c'est un appât constitué par la nourriture favorite de l'animal qui cause sa perte. Parfois, c'est le piège lui-même qui, judicieusement parfumé, est l'élément attractif. En Nouvelle-Guinée, des fumigations de bois aromatiques sont pratiquées au-dessus de fosses pour y conduire le gibier qui, selon les indigènes, ne peut alors manquer de venir. À Nauru où l'odorat joue un rôle considérable, la pêche se fait en fonction de la sensibilité olfactive du poisson. Les Nauruans, qui ont une connaissance très précise des différentes espèces aquatiques, choisissent des appâts adaptés à chacune d'entre elles. Mais, en outre, lorsqu'ils pêchent à la nasse, ils savent parfumer celle-ci de façon définitive de telle sorte qu'elle pourra ensuite être utilisée sans appât.

Ces pratiques traditionnelles ont leur équivalent dans les sociétés industrielles où les fabricants d'articles de pêche proposent une gamme très diversifiée d'appâts et d'amorces aromatisés selon les préférences des diverses espèces de poissons. Les pêcheurs qui veulent les confectionner eux-mêmes trouvent dans le commerce une extraordinaire variété de parfums en poudre, en flacon, en vaporisateur, tels que vanille, caramel, coriandre, anis, fraise, banane, cannelle, cinamome, poivre noir, cerise sauvage, tutti frutti, chocolat et, dans un autre registre, moule, calamar, écrevisse, et même « ver de vase » ! Les senteurs sucrées sont réputées plus efficaces en eaux chaudes alors que les plus épicées, comme le curcuma ou safran des Indes, sont plus attractives en hiver. Leur diffusion dans l'eau crée sur la zone d'amorçage un halo aromatique susceptible de guider les poissons vers les appâts. Ces arômes ont aussi l'avantage de masquer des effluves peu appréciés laissés par les manipulations, notamment ceux de la nicotine.

En effet, si l'odeur peut être l'alliée du pêcheur ou du chasseur, elle peut également le trahir. Aussi va-t-il essayer de camoufler la sienne sous d'autres senteurs. En Mélanésie, les indigènes prélèvent, sèchent et conservent les glandes nidoriennes des marsupiaux dont émane un parfum fort et tenace. Avant de partir à la chasse, ils les réhumidifient et se les passent sur le corps. L'odeur humaine se trouve dissimulée sous une autre plus puissante, plus animale, et le gibier, trompé par cette ruse, se laisse mieux approcher. De plus, les Mélanésiens oignent les jeunes initiés d'un onguent destiné à attirer sur eux la « générosité » des « esprits gardiens du gibier[39] ». Et lorsque les Pygmées Ngbaka vont tendre leurs pièges dans la forêt, ils se soumettent préalablement à une préparation destinée à leur conférer une odeur particulière. Celle-ci s'acquiert en respectant tout d'abord certains interdits (ne pas se laver ni porter de vêtements propres) et en se frottant avec des écorces que leur procure le devin guérisseur. Ils s'enduisent aussi d'une poudre aromatique et ceignent une ceinture d'écorce odorante. Ce parfum complexe et difficile à obtenir a le pouvoir de capturer les génies de la forêt, les « mimbo[40] », qui guideront, à leur tour, le gibier dans les pièges. Avant de retourner au village, les chasseurs laissent derrière eux l'odeur qui a servi à cette double capture car elle deviendrait néfaste au campement. Ils se flagellent de la tête aux pieds avec des branchages pour permettre aux génies de la forêt de rester dans leur domaine. Ainsi l'odeur délimite deux espaces qui ne peuvent communiquer sans danger pour les hommes. Sans doute est-il difficile de discerner dans ces pratiques les éléments qui relèvent de la technique de chasse proprement dite (éviter que le gibier ne sente le chasseur) et ceux qui se rattachent aux croyances des sociétés primitives. Mais l'utilisation des odeurs prend ici un aspect rituel qui atteste de liens étroits avec le sacré et la magie.

Le mythe de la panthère parfumée

Les rapports de l'odeur et de la capture se cristallisent, à mon avis, dans les traditions grecque et chrétienne de la panthère parfumée. De tous les animaux, la panthère est le seul, d'après ces traditions, qui, pour une raison mystérieuse, sent naturellement bon. « D'où vient-il, s'interroge Aristote, qu'aucun animal n'a une odeur plaisante sauf la panthère, qui est agréable aux bêtes elles-mêmes car on dit que les bêtes sauvages la reniflent avec plaisir[41] ? » Or, cette bonne odeur implique, tout à la fois, la chasse, la magie et la séduction amoureuse et, par une curieuse transmutation, elle va même devenir, dans le symbolisme chrétien, l'image d'une capture mystique, celle qu'opère la parole du Christ sur les âmes.

Selon les Grecs, la panthère se sert de son parfum pour attirer et saisir ses proies. « La panthère exhale une odeur qui est agréable à toutes les autres bêtes, c'est pourquoi elle chasse en se tenant cachée et en attirant les bêtes vers elle grâce à son parfum[42] », affirme Théophraste. Plutarque et Élien précisent que ce sont surtout les singes qui sont sensibles à ses effluves. La panthère, animal à part, chasseur et non chassé, hormis par l'homme qui sait utiliser les mêmes armes qu'elle et la piéger avec l'arôme du vin dont elle est friande, possède les vertus de prudence et d'intelligence. Elle sait procéder par ruse. Son piège, c'est son odeur délicieuse, instrument de séduction mortifère : « La panthère, à ce qu'on dit, a en privilège de répandre un parfum admirable, auquel d'ailleurs nous ne sommes pas sensibles, et elle connaît ce privilège... Quand la panthère a besoin de nourriture, elle se cache dans un fourré profond ou sous un épais feuillage ; on ne peut la découvrir, elle se borne à respirer. Alors les faons, les gazelles, les chèvres sauvages et ces sortes d'animaux sont attirés par cette bonne odeur comme par une sorte d'iunx et ils s'approchent. La panthère alors bondit hors de sa cachette et se saisit de sa proie [43]. » Cette référence à l'« iunx » est remarquable car elle introduit dans le mythe une nouvelle dimension : celle de la magie.

Petite roue percée, attachée à une cordelette, l'iunx est, en effet, un instrument qui produit un vrombissement étrange et exerce un pouvoir de fascination. Le rapprochement avec l'odeur de la panthère apparaît d'autant plus significatif que cet objet est surtout utilisé dans la magie érotique. Marcel Detienne a montré, de façon magistrale, les liens qui existent entre l'iunx, l'érotisme, la magie et l'appel du parfum [44]. Pour les Grecs, la panthère symbolise la belle courtisane, le même mot, *párdalis*, servant à désigner le félin et l'hétaïre. C'est aux sortilèges aromatiques de celle-ci, eux aussi comparés à la rouelle magique, que renvoie la bonne odeur de la panthère qui devient, ainsi, le symbole de toutes les captures et de toutes les séductions.

Le christianisme va s'emparer de cette croyance et, par une transformation hardie, en faire un élément de sa symbolique. La panthère parfumée devient l'image même du Christ. Cette récupération me semble d'ailleurs s'être réalisée en plusieurs étapes. C'est, en particulier, à travers les différentes versions du *Physiologus*, traité sur la signification allégorique, religieuse et morale des animaux mentionnés dans la Bible, que l'on peut suivre cette évolution. La première version établit un parallèle entre le cri de la panthère au sortir d'un sommeil de trois jours, cri aromatique qui charme les autres bêtes, et celui du Christ, trois jours après sa mort, qui parfume les hommes de façon exquise : « Quand elle a mangé et s'est repue, elle dort dans son repaire, puis s'éveille du sommeil le troisième jour, et crie d'une voix forte, et les bêtes, attirées à la suite de ce parfum du cri, viennent auprès de la panthère. Tout de même, Notre Seigneur Jésus-Christ, ressuscité des morts le troisième jour, a crié : "Aujourd'hui salut pour le monde, aussi bien le visible que l'invisible", et il nous est venu à tous une totale bonne odeur, à ceux de loin et à ceux de près, et paix, comme dit l'Apôtre[45]. »

Dans la troisième version du *Physiologus*, la comparaison se précise et l'haleine parfumée de la panthère symbolise la parole du Christ qui entraîne et réconforte : « La panthère prend le masque et l'image de Notre Seigneur Jésus-Christ. Car une fois que fut venu du Père N. S. J.-C. et qu'il se fut montré comme homme dans le monde, de l'enseignement de sa bouche s'exhala une bonne odeur et, en vertu des parfums de sa bouche, accoururent vers lui les prophètes, les apôtres et les martyrs, et tout le chœur des saints, et ils s'en retournèrent tous en joie dans leurs demeures propres. » Cette identification provoque une métamorphose du félin qui, de redouté, solitaire et féroce, devient sociable et bon : « Il y a un animal nommé panthère. Le *Physiologus* a dit de lui qu'il est de loin le plus beau et digne d'être chéri de toutes les bêtes. Lorsqu'il dort, il sort de sa bouche un parfum et, en vertu de cette bonne odeur, toutes les autres bêtes font cercle autour de la panthère et en tirent du plaisir et, quand elles se sont réjouies, elles s'en vont en joie et en liesse dans les fourrés et les champs. » Inversion complète : son parfum n'est plus un piège mortel mais un présent généreusement offert aux autres bêtes. Le fauve n'apporte plus la mort mais le bien-être.

Mais ce sont les bestiaires du Moyen Âge, intégrant maints éléments tirés du *Physiologus*, qui offrent les formes les plus achevées de cette symbolique. Dans *Le Bestiaire Ashmole*, par exemple, elle se développe sur trois points essentiels.

La beauté du félin incarne la splendeur divine et les mouchetures de sa robe, semblables à des « yeux d'or », représentent les multiples facettes de cette perfection : « Le pelage bigarré de la panthère symbolise ce que dit Salomon de Notre Seigneur Jésus-Christ, qui est Sagesse de Dieu le Père, Esprit d'Intelligence, Unique, Multiple, Vrai, Doux, Parfait, Clément, Ferme, Stable, Sûr, Esprit qui peut toute chose, qui voit toute chose[46]. » La panthère est belle et David de dire de Jésus-Christ : « Il est le plus beau entre tous les fils des hommes. » Sa douceur est l'image de la bonté divine. La panthère est douce et Isaïe de dire : « Réjouis-toi et que ton cœur s'emplisse de liesse, ô fille de Sion, et proclame, ô fille de Jérusalem, que ton roi vienne à toi le cœur plein de douceur. »

L'identification de son haleine parfumée à la parole du Christ s'affirme, mais l'accent est mis sur leur attrait irrésistible et instinctuel : « Ainsi, au doux parfum qu'exhale la bouche de la panthère, toutes les bêtes, tant des alentours que des contrées lointaines, accourent toutes à la fois et se mettent à la suivre : ainsi, tant les Juifs qui, parfois, avaient l'instinct des animaux et qui se trouvaient proches par la religion qu'ils observaient, que les Gentils qui se trouvaient loin, parce que dépourvus de religion, entendirent la parole du Christ et le suivirent en disant : "Que tes paroles sont douces à mes lèvres, plus douces encore que le miel ; la grâce est répandue sur tes lèvres ; c'est pourquoi Dieu t'a béni pour toujours". »

Enfin, la panthère, comme le Christ, triomphe des forces du mal. Son odeur fait fuir le dragon comme la parole du Christ fait reculer Satan : « ...le dragon se met à trembler de peur et court se terrer dans son antre souterrain ; incapable de supporter le parfum de la panthère, il sombre et s'engourdit dans sa propre torpeur et reste ainsi dans son trou, inerte, comme s'il était mort. Ainsi, Notre Seigneur Jésus-Christ, la vraie panthère, est descendu du ciel pour nous soustraire à l'emprise du Diable ». Comme en un triptyque, la panthère parfumée des bestiaires médiévaux illustre à la fois la splendeur du Christ et les deux aspects de sa mission terrestre : attirer les hommes vers la lumière de la vérité et les libérer de l'esprit des ténèbres.

CHAPITRE II

L'odeur et la discrimination

« L'homme est un parfum délicat qui imprègne la conduite entière. »

Hegel, *Leçons sur la philosophie de la religion*.

« Moi, chanter en vers quand je vis au milieu des hordes chevelues, assourdi par les sons de la langue germanique, obligé d'avoir l'air de louer quelquefois ce que chante, quand il est bien repu, le Burgonde aux cheveux graissés d'un beurre rance. Heureux tes yeux, heureuses tes oreilles, heureux même ton nez ! Car il ne sent pas dix fois le matin l'odeur empestée de l'ail ou de l'oignon. »

Sidoine Apollinaire
(v. 430-v. 486), *Lettres*.

Le langage familier rend compte des aversions et répulsions en termes olfactifs. Ne dit-on pas : « avoir quelqu'un dans le nez », « ne pas pouvoir sentir », « blairer », « piffer » quelqu'un ; d'une personne dont la vanité irrite qu'elle est « puante » ? L'homme parfume de façon caractéristique la couche d'air qui l'entoure et ce, en fonction de son alimentation, de sa santé, de son âge, de son sexe, de son activité, de sa race. Sentir l'atmosphère de quelqu'un est la perception la plus intime que nous puissions avoir de lui. « L'odeur d'un corps, c'est ce corps lui-même que nous aspirons par la bouche et le nez, que nous possédons d'un seul coup, comme sa substance la plus secrète et, pour tout dire, sa nature. L'odeur en moi, c'est la fusion du corps de l'autre à mon corps. Mais c'est ce corps désincarné, vaporisé, resté, certes, tout entier lui-même, mais devenu esprit volatil », écrit Jean-Paul Sartre[1]. Son intrusion, en raison des liens privilégiés que le système olfactif entretient avec la zone du cerveau impliquée dans les émotions, provoque une réaction spontanée, instinctuelle, qui sera positive ou négative, acceptation ou rejet. D'emblée, la sensation olfactive se présente comme un moyen de discrimination entre l'agréable et le désagréable, le connu et l'inconnu. Elle identifie l'interlocuteur de façon immédiate et l'appréciation qualitative qu'elle suscite peut être le support ou le prétexte d'une reconnaissance ou d'un refus.

L'odeur et la reconnaissance de l'autre

De nombreux travaux ont mis en évidence l'importance des repères olfactifs dans le comportement maternel et dans les relations existant entre le bébé et sa mère. Des expériences réalisées par Beach[2] sur des rats montrent que les mères identifient leurs petits à l'odeur et qu'elles discriminent celle d'une portée étrangère. En revanche, leur odeur retient les petits près d'elles, les préservant ainsi du danger.

De même, il est maintenant établi que l'odorat intervient de façon essentielle dans la première des relations humaines. Les mères reconnaissent l'odeur corporelle de leur enfant dès la sixième heure postnatale. De son côté, celui-ci est capable d'identifier l'odeur du sein et du cou de sa mère deux jours après sa naissance. Il est possible que les informations olfacto-gustatives recueillies par le fœtus au contact du liquide amniotique puissent faciliter par la suite cette reconnaissance précoce que l'on rencontre aussi chez la plupart des autres mammifères. L'attachement olfactif, qui constitue « l'un des claviers sur lequel le bébé fait ses gammes au contact sécurisant du corps maternel[3] », expliquerait plusieurs de ses comportements. Essentielles au développement affectif et cognitif du nourrisson, les « bonnes » odeurs maternelles ont un pouvoir apaisant, mais une odeur répulsive, émanant du cou ou du sein de la mère, pourrait provoquer refus du sein, pleurs, régurgitations répétées du lait.

Ce rôle d'identification que tient l'odeur dans la relation mère/enfant est assuré également dans celle de l'individu et du groupe, qu'il s'agisse de sociétés animales ou humaines. Chez les abeilles, par exemple, les odeurs biologiques émanant de glandes réparties sur tout le corps et, en particulier, sur l'abdomen, permettent la reconnaissance des congénères et le refoulement des étrangères. Les observations d'Henri Piéron sur les fourmis confirment l'intervention de l'odeur dans les relations pacifiques ou hostiles. Si l'on plonge une fourmi dans un broyat d'individus d'une autre espèce, ses congénères ne la reconnaissent plus et l'attaquent. À l'inverse, si l'on enduit une fourmi étrangère de l'odeur de l'espèce, elle est considérée comme lui appartenant. Lorsqu'une fourmi sent une ennemie, elle entre en fureur et mord le sol. Mais, lorsqu'elle est amputée de ses antennes, elle devient anosmique et agresse indifféremment congénères et étrangères[4].

Des comportements analogues se rencontrent dans les groupes humains. À la fin du siècle dernier, l'ethnologue anglais Herbert Spencer décrit les façons de saluer de certaines ethnies comme les Esquimaux, les Samoans, les Maoris, les Philippins, qui privilégient l'odorat. Ils se frottent le nez ou se reniflent le visage pour faire connaissance. La coutume arabe qui veut que l'on souffle au visage de l'interlocuteur — ignorer l'haleine de l'autre apparaissant comme une insulte — relève du même principe[5]. Le mode de vie, l'alimentation, l'activité, l'hygiène, agissent sur le corps et ses émanations. Celles-ci, variant d'une culture ou d'un groupe humain à l'autre, offrent des points de repère aux individus.

Au-delà de sa fonction identificatrice, l'odeur peut même déterminer certains comportements sociaux. Le docteur Auguste Galopin allait jusqu'à faire des émanations socioprofessionnelles un élément essentiel du choix du conjoint : « Les mariages d'ouvriers se font le plus souvent entre deux personnes de la même profession. Il y a là une cause majeure, le parfum de la femme s'harmonisant avec celui de l'homme ; le coiffeur aime les parfumeuses et le calicot recherche les employées du Louvre. Les égoutiers, tanneurs, crémiers, bouchers, charcutiers, fondeurs de suif, etc., se marient souvent avec les jeunes filles de leurs confrères. Les bonnes, les servantes, épousent des domestiques ou des gens d'écurie qui sentent le cheval et le purin. La Marseillaise respire avec volupté son mari qui sent l'ail et l'oignon ; les ouvriers en phosphore épousent presque toujours des ouvrières de la même profession qu'eux. On nous dira peut-être : cela tient au contact journalier de ces industriels ; cela est possible, mais cela tient aussi à autre chose : au parfum de ces femmes qui plaît à leurs compagnons de travail et qui fait fuir les amoureux étrangers. Tout le monde n'adore pas l'odeur du phosphore, de l'oignon, de l'ail et de la toile écrue[6] ! »

Ainsi les « affinités électives » se ramèneraient-elles à des affinités olfactives...

L'odeur et le refus de l'autre

La même odeur, qui marque l'appartenance d'un individu à un groupe dont elle favorise la cohésion, signale cet individu comme étranger à d'autres groupes et dresse entre eux et lui une barrière. Elle devient, alors, l'instrument, la justification ou simplement le signe d'un rejet racial, social, voire moral.

Les émanations sécrétées par la peau, véhiculées par l'haleine, sont fréquemment l'occasion de comportements racistes. Dans son roman *Lalka*, Boleslaw Prus montre comment, en Pologne, l'ail peut être le support de l'antisémitisme : « Le nouvel employé se mit immédiatement au travail et, une demi-heure plus tard, M. Lisiecki murmura à M. Klein : "Qu'est-ce qui pue donc l'ail ici ?" Et il ajouta au bout d'un quart d'heure : "Quand je pense que la racaille juive gagne maintenant les faubourgs de Cracovie ! Ces satanés Juifs ne peuvent-ils donc pas rester à Nalewski ou rue Saint-Georges ?" Schlangbaum ne dit rien, mais ses yeux rougis tremblèrent[7]. »

Le rapprochement entre les races se heurte, écrivait en 1912 le philosophe et sociologue allemand Georg Simmel, à une intolérance de l'olfaction : « La réception des nègres dans la haute société de l'Amérique du Nord semble déjà être impossible à cause de leur odeur corporelle et l'on a attribué à la même cause la fréquente et profonde aversion mutuelle des Germains et des Juifs [8]. » En ce domaine, les haines et les mépris s'expriment en termes de fétidité. À la prétendue puanteur du Juif, un autre philosophe allemand, Ernst Bloch, oppose celle du nazi : « Ce n'est pas seulement l'odeur du sang qu'exhale le nazi : il dégage aussi une odeur d'urine dans son pot de chambre géant, pot puant de ses mœurs, de son horreur, de ses crimes, de son idéologie, c'est un infernal salaud... À l'odeur du sang des bestialités passées, manquait encore cette sournoise odeur de renfermé, cette odeur typiquement nazie de lits mal aérés, justement ce supplément d'odeur d'urine [9]. »

Cet opprobre olfactif jeté sur l'adversaire n'était pas nouveau. Déjà en 1915, le docteur Bérillon mettait toute sa science au service d'une explication « rationnelle » de la bromidrose de l'Allemand : « Le coefficient urotoxique est chez les Allemands au moins d'un quart plus élevé que chez les Français. Cela veut dire que, si 45 centimètres cubes d'urine française sont nécessaires pour tuer un kilogramme de cobaye, le même résultat sera obtenu avec environ 30 centimètres cubes d'urine allemande... La principale particularité organique de l'Allemand actuel, c'est qu'impuissant à amener par sa fonction rénale surmenée l'élimination des éléments uriques, il y ajoute la région plantaire. Cette conception peut s'exprimer en disant que l'Allemand urine par les pieds [10]. »

Le soldat germanique a des pieds si malodorants qu'à Metz, en 1870, lors de la capitulation, tout le monde se bouchait le nez lorsqu'un régiment passait, affirme à la même époque le docteur Deschamps. Seul remède au supplice que la promiscuité de la chambrée leur inflige quotidiennement, beaucoup d'Alsaciens-Lorrains sont amenés à déserter et à se réfugier en France. L'origine de la puanteur de la race allemande, puanteur qui s'étend même aux animaux, doit être cherchée dans la « goinfrerie endémique et chronique [11] » de ce peuple. À Pouilly, en Côte-d'Or, l'autopsie d'un fantassin, mort d'un supposé empoisonnement, met en évidence l'aberrante boulimie du Teuton. « Distendue et gonflée jusqu'à la mort » par onze livres de lard cru, la paroi abdominale avait explosé ! « Et dire que s'il n'avait pas avalé tout ça sans mâcher, il l'aurait peut-être digéré », observe Deschamps, horrifié.

À ces excès alimentaires qui obligent la peau à fonctionner comme un troisième rein et à exhaler toutes sortes d'émanations repoussantes, correspond « une production excrémentielle vraiment prodigieuse ». Il fallut à une équipe d'ouvriers une semaine de travail pour évacuer les matières fécales de cinq cents cavaliers allemands qui avaient occupé pendant trois semaines les usines des papeteries de Chenevières en Meurthe-et-Moselle : il y en avait trente tonnes ! L'énormité des déjections intestinales laissées par les troupes allemandes est confirmée par le docteur Pétrowitch, délégué à l'Office international d'hygiène en Serbie : « En certains endroits les couloirs des maisons, les cours, les ruelles, les maisons elles-mêmes, en étaient remplis jusqu'à un mètre de hauteur[12]. » Ni l'odeur acide de l'Anglais, ni celle, rance, du « nègre », fade et vireuse du « Jaune », ne parviendront jamais à égaler en force et désagrément l'insoutenable fumet de l'Allemand. En 1916, le *Bulletin de la Société de médecine de Paris* lui décerne sans hésiter le record mondial de la fétidité... !

Obstacles dressés entre les races et les peuples, les odeurs le sont également entre les catégories sociales. Les exhalaisons dues à la pratique de certaines professions ont parfois été la cause d'une mise à l'écart. Ainsi en a-t-il été, en particulier, dans l'ancienne France des corps de métier voués à des tâches malodorantes. Mais la condamnation peut s'étendre à toute la classe populaire. Rejoignant la critique de Kant, le philosophe Georg Simmel qualifie l'odorat de sens « désagrégeant ou antisocial par excellence » et affirme que la solidarité sociale ne résiste pas aux effluves du travailleur : « Il est certain que, si l'intérêt social l'exige, beaucoup de gens appartenant aux classes supérieures seront capables de faire des sacrifices considérables de leur confort personnel et de renoncer à beaucoup de privilèges en faveur des déshérités... Mais on s'imposerait mille fois plus volontiers toutes les privations et tous les sacrifices de ce genre qu'un contact direct avec le peuple qui répand la "sueur sacrée du travail". La question sociale n'est pas seulement une question morale, c'est aussi une question d'odorat [13]. »

Le développement de l'hygiène privée a même, dans un premier temps, souligné ce clivage. Tant que les installations sanitaires ne furent en usage que dans la bourgeoisie, elles contribuèrent à son renforcement. En 1930 encore, la douche matinale, selon l'écrivain Somerset Maugham, divise les hommes de façon plus efficace que la naissance, la richesse ou l'éducation. Son invention est davantage responsable de la haine de classe que le monopole du capital. Aussi sa généralisation apparaît-elle plus nécessaire à la démocratie que les institutions parlementaires !

Si les répugnances de l'odorat étayent les cloisonnements, elles s'assortissent aussi d'un blâme moral. L'idée de faute est associée à la puanteur : « Puni, coupé, est celui dont l'odeur est mauvaise [14] », disait-on déjà dans l'Égypte pharaonique. De même, les relents de Job qui éloignent de lui sa famille — « Mon haleine répugne à ma femme, et je suis devenu fétide aux fils de mes entrailles [15] » — apparaissent comme la manifestation d'une disgrâce divine. Au Moyen Âge, les Juifs étaient tenus pour nauséabonds, tare qui disparaissait miraculeusement s'ils se convertissaient [16]. L'intolérance olfactive au Juif, à la prostituée, à l'homosexuel, recouvre des enjeux sociaux : leur « fétidité », signe de dégradation morale, sert à justifier les processus d'exclusion dont ils sont victimes.

Au XIVe siècle déjà, les lépreux et les Juifs furent accusés d'empoisonner l'eau des puits, fontaines et rivières, en y jetant des paquets fétides. La chronique de Guillaume de Nangis [17] se fait l'écho de ces actes criminels, chargés de propager la maladie, et détaille même l'un de ces poisons répugnants. Ces accusations aboutiront au massacre de milliers de Juifs et de lépreux dans la plupart des villes d'Allemagne, mais aussi en France et en Suisse.

Les incriminations s'amplifient au XVIe siècle. La hantise de la contagion ne peut plus se satisfaire de ces seuls boucs émissaires. Les passions que suscitent Juifs et lépreux s'effacent devant la peur de certains effluves catégoriels. Le souci de désodoriser la cité, en la nettoyant, pavant et en évacuant ses déchets, se double d'une volonté accrue de contrôle et de purification morale. La « toilette » de la ville comporte aussi bien sa désinfection que l'expulsion de ce qui lui est hétérogène ou constitue un objet de scandale. Cette évolution est sensible dans les mesures prises à Gap, en 1565[18]. En même temps qu'il est défendu de jeter dans la rue cadavres d'animaux, fumiers, excréments, urines, eaux souillées, sang des saignées, la fréquentation des cabarets, les jeux et les danses sont interdits. Les « putains publiques » (du latin *putida*, puante), archétype de la puanteur, doivent quitter la ville sous peine de recevoir le fouet. Cette mesure symbolique étant prise, les autorités s'attaquent à des fétidités plus réelles : les ouvriers qui travaillent les cuirs, les peaux, les laines, seront, à cause de leurs activités nauséabondes, renvoyés à la périphérie et devront s'y maintenir s'ils veulent éviter des amendes et la confiscation de leurs marchandises. Intolérance olfactive et répugnance sociale et morale vont d'ailleurs de pair.

Au XVIIe siècle, la responsabilité du petit peuple miséreux dans l'apparition et la propagation de la peste est clairement mise en cause. « Les grandes assemblées sont dangereuses, et principalement où le menu peuple abonde[19] », déclare, en 1606, le collège des maîtres chirurgiens de Paris. En 1617, le médecin Angelus Sala observe qu'« il n'y a rien au monde qui attire tant la peste à soy que la maladie et la puanteur ». Postulat qui l'amène à conclure qu'elle s'abat d'abord sur les plus misérables, ceux dont le mode de vie renvoie à l'animalité. « Car quand la peste vient en un pays, elle commence par les pauvres et sales gens qui vivent enmoncelez à la mode des cochons en des logettes estroites, ne different guiere en leur vie, exercice et conversation aux animaux sauvages[20]. »

Cette représentation du petit peuple comme être dégradé, infrahumain, menaçant parce que fétide, justifie son enfermement et son contrôle. À Nîmes, en 1649, les pauvres sont rassemblés et emmurés dans les arènes en attendant la fin de l'épidémie ! Des châtiments sont prévus pour ceux qui se révolteraient contre un règlement si « sage[21] ». Rares sont les notables qui, comme Philippe Hecquet, condamneront ces mesures : « Une autre sorte d'esclavage, qu'on exerce encore en temps de peste, sont les baraques dans lesquelles on renferme les pauvres[22] », écrit-il en 1722. Tout en admettant qu'ils puissent corrompre l'air d'une ville par leur négligence, mauvaise nourriture et malpropreté, il trouve absurde d'imaginer purifier l'atmosphère en les tenant enfermés. Ce moyen contribue, au contraire, à fabriquer de redoutables centres d'infection et manque, de surcroît, totalement d'humanité.

De la contamination physique à la contamination morale, il n'y a qu'un pas aisément franchi. Un opuscule publié en 1841 illustre parfaitement cette démarche. La présence aux portes de Paris, aux confins de ses faubourgs les plus populeux, d'émanations particulièrement répugnantes constitue une double menace. Les odeurs fécales et nauséeuses des bassins de vidange, celles — plus intolérables encore — des chantiers d'équarrissage où, chaque année, sont tués cruellement quelque dix mille chevaux affamés et épuisés, font de Montfaucon « un horrible égout », « une monstruosité[23] » qui, en portant atteinte à la santé et à la moralité de la classe laborieuse, met en péril la société tout entière. Derrière ses établissements insalubres, sa « mer dégoûtante de sanie[24] », ces monceaux de carcasses et de viscères qui pourrissent à l'air libre, se profilent non seulement le spectre de la peste mais l'ombre tout aussi effrayante du « boulevard du crime ». Outre les vapeurs délétères que l'infâme cloaque jette sur la partie de la population qu'une nourriture insuffisamment carnée rend la plus vulnérable, cet ignoble foyer d'infection attire avec une foultitude de rats toute une faune à l'image de l'animal immonde. Les chiffonniers, qui viennent le jour dérober quelques morceaux de viande, laissent la place, la nuit, à des bandes de « gouêpeurs » assurés de trouver un refuge là où la police n'ose les poursuivre. Déjà pervertis par « toutes les horreurs du mélodrame » qui les ont familiarisés avec des scènes de sang et de meurtre, ces malfaiteurs n'hésiteraient pas à jeter dans le four à plâtre l'ouvrier qui refuserait de rôtir la viande chevaline dont ils se délectent. Plus terrible encore la personne de l'équarrisseur. Imprégné d'émanations animales qui lui confèrent dans l'immondice une santé florissante, sale, cynique, obscène, sauvage, bagarreur, « tout en lui exhale Montfaucon ».

La pourriture de l'endroit ne se borne pas à contaminer la partie saine et honnête du peuple, elle menace de tout envahir. Le monde libertin, la « jeunesse dorée et parfumée », sont désormais infectés : « Ce qu'on peut voir à Paris de maux qui inspirent le dégoût, les symptômes de barbarie qu'on remarque dans le langage et les habitudes des classes ouvrières... tout cela vient de Montfaucon, de sa désorganisation et de sa contagion qui, en s'échappant de ce foyer, a gagné jusqu'aux classes que l'on citait autrefois pour leurs belles manières[25]. » C'est pourquoi Paris ne pourra mériter le nom de ville civilisée qu'après la suppression de cette source de maladies épidémiques et de subversion prolétarienne, éminemment dangereuses pour l'hygiène et les bonnes mœurs.

Dans la mesure où les odeurs contribuent aux clivages raciaux ou sociaux, la désodorisation apparaît tout naturellement comme un moyen d'intégration. Pour que l'étranger puisse être accepté, il faut qu'il perde ou dissimule ce qui le désigne comme tel et se conforme à la norme olfactive. Cette démarche est à l'origine de certains rituels arabes d'aspersion qui visent à abolir symboliquement la différence véhiculée par l'étranger, appelé fréquemment « celui qui pue ». L'odeur de l'« autre » comporte des éléments inconnus, incontrôlables. Son intégration implique l'acquisition de celle du groupe : « Le mobilier de toutes les familles, riches ou pauvres, comporte obligatoirement un ou plusieurs aspersoirs destinés à répandre l'eau parfumée sur la tête, le visage et les mains des hôtes. Le goupillon de céramique bon marché et le mras d'orfèvrerie remplissent une fonction d'accueil et de purification en même temps : l'eau parfumée neutralise l'odeur — voire l'impureté — de l'étranger et le fait accéder au sein de la communauté[26]. »

Mais briser les barrières olfactives n'est pas toujours chose aisée. Pour échapper à la discrimination dont elles sont l'objet, les catégories les plus modestes auront tendance à acheter des produits parfumés bon marché, qualifiés de « vulgaires » par les classes supérieures qui usent, quant à elles, de coûteux parfums, symboles de leur statut privilégié. L'achat d'un produit odorant, tout comme celui d'un vêtement, n'est pas neutre. L'un et l'autre expriment l'appartenance sociale de celui qui les porte. Le psychologue John Dollard relate que, pour se soustraire au racisme, les Américains noirs eurent tendance à se parfumer abondamment, renforçant ainsi les préjugés des Blancs : si les Noirs se parfumaient tant, c'était justement parce qu'ils sentaient mauvais ! Et selon William Brink et Louis Harris, l'un des stéréotypes ayant cours chez les Blancs était que les Noirs américains qui cherchaient à s'élever dans l'échelle sociale n'hésitaient pas à prendre des pilules contre leur propre odeur[27].

Pratiques réelles et supposées se conjuguent ainsi dans la stigmatisation de l'odeur raciale pour produire des effets profondément désintégrants sur ceux qui intériorisent la condamnation dont ils sont victimes. Et il n'est pas, je crois, d'aliénation plus perverse. Refuser sa propre odeur, n'est-ce pas s'interdire d'exister ? Les effluves corporels participent activement à divers processus de discrimination en réglant le jeu subtil des goûts et des dégoûts. La charge d'affectivité qu'ils comportent en fait les plus sûres sentinelles des bastions sociaux et raciaux. Georg Simmel va jusqu'à penser que bien souvent l'idéal moral de rapprochement des races et des classes « échoue simplement de par le dégoût invincible que produisent les impressions de l'odorat[28] ».

Dans certaines civilisations, celles-ci ont été le critère d'une discrimination plus fondamentale encore. En Afrique du Nord, les émanations désagréables étaient identifiées à « des maléfices ou des âmes errantes et sinistres[29] », exclues tout à la fois du séjour des vivants et de celui des défunts. Maints récits des Hébrides rapportent qu'un vivant ne peut pénétrer dans l'Hadès sans acquérir une « odeur de rance » grâce à un liquide putride qui lui permettra de circuler sans éveiller les soupçons. Réalités à la fois sensibles et mythiques, « odeur de vie et odeur de mort jouent un rôle de classification pour distinguer les humains qui vivent d'une vie positive et ceux qui continuent leur existence en un état négatif[30] ».

Deuxième partie

L'ODEUR DE LA PESTE

« L'odeur seule entre les choses sensibles peut ou occire ou recréer l'homme. »

Jérôme Cardan,
De la subtilité, et subtiles inventions, ensemble les causes occultes et raisons d'icelles, 1550.

La peste est toujours apparue comme l'archétype des grands maux qui désolèrent l'humanité. L'ampleur des ravages, la terreur et les désordres suscités par ses apparitions font qu'on a pu parler de l'« Apocalypse des pestes[1] ».

Dans l'Antiquité, les termes *loïmos* en grec et *pestis* en latin désignaient un fléau en général. Ainsi la célèbre peste d'Athènes dont la véritable nature reste incertaine fut-elle peut-être une épidémie de typhus. Mais les théories développées à propos de ces diverses maladies épidémiques ou « communes » (c'est-à-dire touchant tout le monde) furent transposées tout naturellement aux épidémies à bubons, charbons et crachements de sang qui dévastèrent l'Occident et dont les plus terribles furent la peste de Justinien qui sévit de 541 à 580 et la grande « peste noire » qui frappa la France de plein fouet en 1348 et anéantit en quelques années le quart de la population européenne. Synonyme d'une fin effroyable, ce fléau a laissé dans notre langue le verbe « empester » qui, aujourd'hui, ne renvoie plus à la mort mais seulement à la puanteur. En réalité, les deux sens apparaissent presque simultanément dès la fin du XVIe siècle, et à cette époque le passage de la maladie à l'odeur ne traduit aucune rupture dans la signification du terme.

Jusqu'à la diffusion des recherches pasteuriennes sur les micro-organismes, vers 1880, les mauvaises odeurs sont considérées en Europe comme agissant directement sur la santé et la vie. Les exhalaisons nauséabondes émanant des cloaques, charniers, fosses d'aisances et marécages sont accusées de provoquer de nombreuses maladies mortelles. Cela vaut naturellement pour la peste. Une telle conception peut surprendre tant elle est éloignée de nos idées actuelles. Souvenons-nous toutefois que la découverte par Yersin [2] du bacille pesteux et du rôle de la puce du rat dans sa propagation n'intervient qu'à l'extrême fin du XIXe siècle. Les travaux relatifs à l'épidémie abondent et ont apporté de multiples informations sur l'histoire des pestes et tous leurs aspects démographiques, économiques et sociologiques. Mais la relation de la peste avec l'odeur a été essentiellement évoquée à propos des méthodes utilisées pour combattre le fléau. Or, je l'ai constaté, elle est beaucoup plus profonde. Il faut aller plus loin. L'examen d'un grand nombre de textes médicaux, allant de l'Antiquité au XIXe siècle, me conduit à affirmer que la peste elle-même a été réellement conçue comme une odeur. Pendant des siècles, cette représentation a été au cœur des croyances populaires et des différentes théories médicales concernant l'étiologie et la propagation de la peste. La préservation et la cure par les odeurs n'en sont que la conséquence logique. Il en est de même pour toute une série de mesures de désodorisation complémentaires passant par un développement de l'hygiène publique et privée et certaines mises à l'écart sociales. Ainsi la peste m'est-elle apparue comme un révélateur privilégié des pouvoirs mortifères, prophylactiques et curatifs qui furent reconnus à l'odeur.

CHAPITRE III

Les pouvoirs mortifères de l'odeur : origine et propagation de la peste

« L'haleine de l'homme est mortelle à ses semblables : cela n'est pas moins vrai au propre qu'au figuré. »

Rousseau,
Émile ou De l'éducation, 1762.

De l'Antiquité au XIXe siècle, la peste est imputée à un dérèglement provoqué par une série de ruptures : rupture spirituelle entre l'homme et la divinité, rupture de l'équilibre des éléments naturels et spécialement de l'air, rupture au sein même des corps. À ces désordres, sont associées les notions de corruption, de mort, de puanteur, de « pestilence ». C'est parce que les hommes corrompus offensent Dieu par l'odeur cadavéreuse de leur âme qu'ils s'attirent sa vengeance. C'est parce que l'atmosphère, à la suite de toute une série de perturbations, a perdu son intégrité, qu'elle s'altère et devient une source d'infection. C'est enfin parce que l'organisme, soumis aux engorgements, aux excès, aux passions, se gâte, qu'il peut contracter, voire engendrer, la peste.

Sur cette longue période, l'importance respective accordée à ces diverses causes a varié. La référence à une souillure morale, déjà présente dans la Bible, se rencontre encore lors de la peste de Moscou, en 1771. La notion de putréfaction corporelle emprunte des formes différentes mais apparaît constante. Celle de l'air — tout en connaissant, à partir du XVIe siècle, une contestation croissante — n'en demeurera pas moins dominante jusqu'au XIXe siècle.

Hippocrate et Galien

En chassant à l'aide de feux de bois aromatiques la « peste » qui ravage Athènes au Ve siècle avant J.-C., Acron d'Agrigente met en pratique l'idée suivant laquelle l'épidémie naît de l'air. Élément vital mais aussi délétère, il influe, selon Hippocrate et ses disciples, sur la constitution physique et psychique des individus et détermine toutes les maladies. Si, par exemple, les Scythes sont gros, mous, gorgés d'humeurs et peu prolifiques, ils le doivent, en grande partie, à l'air épais et humide qu'ils respirent. L'humidité et l'atonie de leur corps les empêcheraient même de tirer à l'arc et de lancer le javelot s'ils ne remédiaient à la fluidité de leur complexion en cautérisant leurs membres. L'action bénéfique ou nocive de l'atmosphère est essentiellement définie par ce qu'Aristote appellera ses « qualités » élémentaires (température, consistance, sécheresse, humidité). Mais elle est liée aussi à la présence ou à l'absence d'émanations pathogènes qui la souillent. C'est ainsi que les odeurs exhalées par la fange et les marais engendrent des maladies et que les fièvres épidémiques ou pestilentielles viennent d'un air infecté d'exhalaisons morbifiques, de « miasmes[1] » (du grec *miasma*, souillure). Dès cette époque donc, l'origine du fléau se rattache à la corruption et à la fétidité.

Spectateur scrupuleux de l'épidémie d'Athènes dont il fut lui-même atteint, l'historien Thucydide énonce, pour la première fois, son caractère contagieux. Il constate qu'elle se communique au cours des soins mutuels et que les médecins qui approchent davantage les malades meurent en plus grand nombre que les autres. En l'absence d'un concept approprié pour désigner la contagion, c'est de façon métaphorique qu'il en exprime l'idée. Il utilise le verbe *anapimplemi*[2], qui signifie remplir et implique la corruption et la souillure.

Un texte attribué à Aristote tente aussi de percer le mystère de la transmission : l'odeur joue un rôle fondamental. Le pestiféré contamine par son souffle fétide. Le contact contagieux n'est donc pas nécessairement tactile. Les observations d'Ovide, au moment de la peste d'Égine, vont dans le même sens : « Tout languit ; dans les forêts, dans les champs, sur les routes, sont étendus des cadavres hideux qui infectent les airs de leur odeur. Chose extraordinaire, ni les chiens, ni les oiseaux de proie, ni les loups au poil gris, ne les ont touchés ; ils tombent d'eux-mêmes en poussière, décomposés et ils exhalent des miasmes funestes qui portent au loin la contagion[3] ».

Influencé par les théories atmosphériques d'Hippocrate et l'atomisme d'Épicure, Lucrèce attribue, un siècle après J.-C., l'origine de toutes les affections à des germes de maladie et de mort. Conçus comme des atomes, ils gâtent le ciel lorsque le hasard les rassemble. Et c'est quand nous respirons cet air contaminé que nous faisons « pénétrer en même temps dans notre corps ces principes pernicieux[4] ». Cette importance conférée à un climat vicié dans la genèse des épidémies le conduit à imputer le mal contagieux qui s'était abattu sur Athènes à « un souffle mortel » venu du fond de l'Égypte.

La puanteur, signe de putridité et de venimosité — ces deux termes tendent d'ailleurs, en grec comme en latin, à se confondre —, est mortifère. Il y a dans la foudre, affirme Sénèque, un principe pestilentiel et venimeux, une odeur de soufre « naturellement vénéneuse[5] », qui ruinent tout ce qu'elle effleure et rendent nauséabonds l'huile et les parfums. Les entrailles de la terre recèlent des feux et des marais qui exhalent également des miasmes empoisonnés. Lorsque cet air corrompu parvient à s'échapper, lors de violents séismes notamment, il répand la maladie et la mort tant que la force du virus qu'il contient n'a pas été vaincue par les vents. Ces émanations souterraines pernicieuses sont accusées d'avoir provoqué la mort d'un troupeau de six cents moutons qui paissaient paisiblement dans les pâturages de Campanie. En broutant, ils ont directement humé les funestes vapeurs parvenues jusqu'à la surface terrestre. Quand les oiseaux rencontrent ces exhalaisons qui se sont élevées dans le ciel, ils sont foudroyés en plein vol : « Leur corps devient livide et leur gosier se gonfle comme s'ils avaient été étranglés[6]. » Pour Rufus d'Éphèse, la mort de ces animaux, révélant la présence de miasmes dans l'atmosphère ou sur le sol, fait d'ailleurs partie des signes précurseurs de la peste.

L'altération de l'air, élément homogène mais instable, semble d'autant moins évitable à Philon d'Alexandrie que « sa nature, c'est d'être malade, de se corrompre, d'une certaine manière de mourir[7] ». L'origine de l'épidémie doit donc être recherchée dans sa dégradation puisque « la peste n'est autre chose que la mort de l'air qui répand sa propre maladie pour la corruption de tout ce qui a une parcelle de vie ».

Une évolution importante apparaît avec Galien dont l'œuvre représente l'état le plus achevé de la médecine gréco-romaine et qui renouvelle au IIe siècle de notre ère les conceptions traditionnelles. Pour que la peste frappe, affirme-t-il, il faut nécessairement la conjonction de deux putréfactions, de deux déséquilibres : à un air qui « s'éloigne à l'excès de la norme naturelle » doit correspondre un corps qui n'est plus guidé par la tempérance, la « juste mesure[8] ». La notion de désordre est présente dans l'un et l'autre cas. L'infection de l'atmosphère ambiante ne fait qu'accélérer le processus de corruption organique. Seules les personnes « pléthoriques », qui présentent une surabondance de sang et d'humeurs, due à un mauvais régime de vie (usage immodéré des plaisirs érotiques et de la table, oisiveté ou surcroît d'activité, troubles de l'âme), seront contaminées par l'air nocif. En revanche, toutes celles qui mènent une existence bien ordonnée demeureront absolument indemnes.

Galien indique très clairement qu'il y a un risque à fréquenter des pestiférés et en général « tous ceux qui expirent un air putride, à tel point que même les maisons dans lesquelles ils vivent deviennent fétides[9] ». La notion de contagion est donc présente même si aucun terme grec spécifique ne la désigne de façon précise. Théorie miasmatique et contagion semblent d'ailleurs mises sur un même plan : le fait qu'un air pestilentiel apporte la fièvre n'est pas ignoré de ceux qui ont quelque intelligence, « tout comme le danger qu'il y a à vivre dans la société de personnes atteintes de la peste ». Apparaît alors le schéma suivant : la cause première de la peste réside dans la corruption de l'air, sa propagation peut aussi être assurée par l'haleine des malades.

Les représentations antiques et, en particulier, galénistes perduront pendant plusieurs siècles. Elles passeront dans la médecine scolastique par l'intermédiaire des auteurs médicaux arabes et le Moyen Âge ne fera que les développer.

Le Moyen Âge et la Renaissance

Pressé par le roi Philippe VI de se prononcer sur l'origine de la grande « peste noire » qui décime la population européenne en 1348, le collège de la faculté de médecine de Paris rédige une consultation qui exercera une très grande influence dans toute l'Europe. « La corruption meurtrière de l'air [10] » est due essentiellement à une conjonction astrale néfaste. À cette occasion, d'abondantes vapeurs empestées et empoisonnées se sont élevées de la terre et des eaux, infectant la substance même de l'air. Cette atmosphère viciée pénètre alors par la respiration et souille les organismes prédisposés à la putridité par la pléthore, l'intempérance, les passions, facteurs déjà retenus dans l'Antiquité, mais aussi par les bains chauds qui détendent et humectent le corps.

Pour les membres de la faculté de médecine de Paris, il y a bel et bien risque de contagion en liaison avec les mauvaises odeurs puisqu'ils incitent les bien-portants à se « tenir éloignés de toutes les maladies qui répandent une mauvaise odeur parce que ces maladies sont contagieuses ». Convaincus que « l'infection de l'air corrompu et empoisonné, exhalé par la respiration des malades, se communique aux assistants », ils vont même jusqu'à recommander l'abandon des pestiférés. Parents et amis secourables encourent en effet un « danger de mort [11] ». Le poète Olivier de La Haye qui mettra en vers la *Consultation sur l'épidémie* conseille également aux gens en bonne santé de s'éloigner des « malades mal sentans » car

« Telz puantes maladies
sont pour certains contagieuses
en tout temps et moult périlleuses[12]. »

Foyer d'émanations putrides, le pestiféré répand la terreur. Sa seule « conversation » peut être mortelle. Guillaume de Machaut évoque, en 1348, la menace du souffle fatal :

« Po osoient à l'air aler,
Ne de près ensemble parler,
Car leurs corrompues alaines,
Corrompoient les autres saines[13]. »

La peur s'étend à tout ce qu'il porte ou touche. Une scène du *Décaméron* montre deux porcs déambulant dans les rues de Florence. Ils butent contre les guenilles d'un « infortuné mort de l'épidémie » et y frottent leur groin. « Presque aussitôt, comme empoisonnés, les voilà tous deux à donner quelques signes de vertige, et tombant morts à terre sur les haillons qu'ils avaient traînés pour leur malheur[14]. » La panique suscitée va conduire à des mesures d'isolement. Le premier lazaret est construit à Raguse en 1397.

À la Renaissance, quelques savants, tout en restant attachés aux conceptions galénistes, avancent des explications nouvelles. Auteur d'un ouvrage daté de 1477-1478, appelé à un grand retentissement, Marsile Ficin émet l'hypothèse d'une « vapeur venimeuse » produite par l'air et qui adhère aux personnes et aux choses comme le fait un parfum. De même que l'odeur d'une orange moisie à l'intérieur d'un coffre en imprègne longtemps les paroies et que l'arôme du musc se communique de façon durable au coton, le venin pestifère s'incruste. L'odeur de l'autre représente une si grande menace en période d'épidémie qu'il devient urgent de codifier sa mise à distance : deux coudées[15] au moins si c'est une personne saine, six et plus si c'est un pestiféré, sous réserve, dans les deux cas, de se trouver en plein air et de tenir compte de la direction du vent !

Mais c'est Jérôme Fracastor qui, en 1546, conçoit véritablement pour la première fois l'« épidémiologie au sens moderne du terme[16] » en avançant l'idée suivant laquelle la nature des fièvres pestilentes réside en des agents vivants transmissibles et invisibles, produisant « toute une série de rejetons... qui sème la contagion[17] ». Toutefois, c'est toujours en relation avec l'odeur qu'il tente de comprendre le mode de transmission de ces germes si puissants. Ainsi ils peuvent agir à distance à la façon du poivre ou de l'iris qui provoquent l'éternuement, répandant « de tous côtés des corps qui ne tombent pas sous nos sens, dont les modes d'action et les facultés sont divers. Cela est aussi très manifeste dans les corps qui se corrompent et sentent mauvais[18] ».

Malgré quatre éditions entre 1546 et 1554, l'œuvre du physicien poète de Vérone n'eut apparemment pas beaucoup d'influence sur les médecins de son époque. La majorité de ceux-ci tout comme l'opinion commune demeurent sous l'emprise des représentations traditionnelles. Aucune trace des fameux germes chez Nicolas Goddin par exemple, pas plus que chez Ambroise Paré. Dans le sillage de Galien et de Ficin, tous deux continuent d'identifier la peste à un venin. Faisant fi des théories de Fracastor et recourant à la solution de facilité dénoncée par ce dernier, Paré n'hésite pas à le définir comme étant « d'essence... inconnue et inexplicable[19] ». Mais le caractère olfactif de ce poison énigmatique est à maintes reprises affirmé. La mort subite qu'il entraîne est comparable à celle provoquée par l'arôme d'une pomme de senteurs ou d'un œillet empoisonné.

Le récit d'une visite de Paré à un malade illustre parfaitement cette idée de contagion par l'odeur. En soulevant le drap et la couverture de son patient qui souffrait d'un bubon à l'aine droite et de deux grands charbons au ventre, il laisse s'échapper les exhalaisons de sueur et de suppuration tapies au creux du lit : « Je tombai promptement à terre comme mort, ainsi que font ceux qui syncopisent... puis tôt après m'étant relevé, il me semblait que la maison tournât sens dessus dessous, et fus contraint d'embrasser un des piliers du lit ou était couché le malade, autrement je fusse tombé de rechef[20]. » Par chance, une série de violents éternuements expulse le poison et le sauve.

Isoler les pestiférés, tuer les chiens et les chats qui mangent leurs corps et leurs matières fécales, fermer les portes de la ville aux voyageurs venant de lieux infectés, interdire la vente de meubles contaminés, autant de mesures qui s'imposent par conséquent. Mais, surtout, il faut fuir tous ceux qui sont en contact avec les malades et les morts : médecins, chirurgiens, apothicaires, barbiers, prêtres, gardes, serviteurs et fossoyeurs. Ils emportent dans leurs vêtements l'air pesteux comme les clients d'un parfumeur ressortent tout imprégnés des senteurs flottant dans sa boutique.

L'angoisse suscitée par les « vapeurs infectes » des victimes le conduit à dénoncer l'utilisation de leurs déjections à des fins criminelles et à demander aux magistrats d'« avoir l'œil sur certains larrons, meurtriers et empoisonneurs, plus qu'inhumains, qui graissent et barbouillent les parois et portes des bonnes maisons de la sanie des charbons et bosses, et autres excremens ». Une fois celles-ci infectées, il leur est en effet aisé d'y entrer pour se livrer au pillage, voire « étrangler les pauvres malades en leur lit[21] ».

Insectes ailés et dragons

L'invention du microscope ouvre aux savants de nouvelles perspectives. En 1658, le jésuite Athanase Kircher prétend avoir percé, grâce à cet instrument, la nature du fléau : elle réside en « de petits insectes ailés qui partent des choses infectées de ce mal et le communiquent en s'introduisant dans les corps des personnes qui les approchent... ces mêmes insectes ont une viscosité gluante qui les attache facilement aux matières sur qui ils tombent[22] ».

Cette découverte, qui donne une nouvelle configuration à la doctrine des germes vivants telle qu'on la trouve formulée pour la première fois chez Fracastor, excite l'imagination. Dans les *Mélanges curieux de l'illustre société impériale*, Hanneman rapporte plusieurs « témoignages dignes de foi » faisant état, lors de la peste qui ravage la Frise orientale en 1666-1667, d'une fumée bleuâtre passant d'une maison à l'autre sans en épargner un seul habitant. Il suggère qu'il s'agit d'un attroupement de ces insectes ailés dont Kircher et quelques autres envisagent l'existence. Ces théories suscitent quelques sarcasmes. En 1665, le médecin anglais Nicolas Hodges avoue n'avoir jamais réussi, même à l'aide des meilleurs microscopes, à percevoir ces animaux ni connaître personne qui y soit parvenu. Mais peut-être, ajoute-t-il, avec un humour tout britannique, « cela tient-il à ce que l'on y voit moins bien dans notre île nuageuse que sous le ciel pur de l'Italie[23] ».

Au milieu de tant d'incertitude et de divergences, l'odeur apparaît encore comme le seul signe qui permette véritablement d'identifier la peste. En 1620, David Jouysse recommande ce moyen : « Il faut savoir reconnaître l'odeur de la peste et alors étant hors de cette odeur, il n'est pas mal à propos d'exciter les sternuations[24]. » Toutefois, le procédé n'est pas sans danger. Persuadés que le fléau se décèle à l'haleine, les Londoniens n'osent cependant s'informer de cette façon car « il faudrait faire monter la puanteur de la peste jusqu'à son cerveau pour reconnaître l'odeur[25] ».

À Londres, en 1665, la hantise de la fétidité atteint un point d'acmé. Le danger est partout : puanteur des cadavres non ensevelis qui assaille et contamine les voisins, miasmes des maisons infectées que les passants tentent d'éviter en marchant au milieu de la rue, vapeurs pestilentielles cachées dans les poils des animaux, souffle fatal des malades que les domestiques rapportent avec les achats dans les maisons bourgeoises, effluves des pestiférés et des faux bien-portants exhalant « la mort en tous lieux et sur toutes les personnes[26] » qui les approchent. Pour éviter toutes ces odeurs meurtrières, les gens se terrent chez eux. L'assistance à l'office religieux tient de l'héroïsme. On se munit à profusion de substances odoriférantes qui répandent des senteurs encore plus puissantes que chez l'apothicaire ou le droguiste. L'église tout entière ressemble à « un grand flacon de sels[27] ». Parfums, aromates, produits balsamiques, drogues, plantes médicinales, essences de toutes sortes, unissent leurs arômes toniques et salvateurs. Mais un remugle, immédiatement identifié à la peste, suffit à vider l'église : « Dans un banc fermé de l'église d'Algate, une femme crut soudain sentir une mauvaise odeur. S'imaginant aussitôt que la peste était dans l'enclos, elle chuchota cette idée ou soupçon à l'oreille de sa voisine, puis se leva et sortit. La peur gagna sur-le-champ la voisine, puis tous les autres, et tous ceux qui se trouvaient à côté et dans les deux ou trois bancs voisins se levèrent et sortirent de l'église, sans que personne connût le sujet de l'offense ni la personne qui l'avait causée[28]. »

De toutes les émanations morbides, c'est bien l'haleine qui terrifie le plus. Certains savants prétendent qu'elle peut tuer instantanément un oiseau, un coq, une poule, et qu'elle « renferme des créatures vivantes, de formes étranges, monstrueuses et terribles, telles que dragons, serpents ou diables, horribles à voir[29] ».

Polémique sur le rôle de l'air

Malgré le retentissement des travaux d'Athanase Kircher sur les animalcules observés dans le sang et les bubons des pestiférés, c'est encore à la putréfaction atmosphérique et humorale que la plupart des médecins du XVIIe siècle attribuent l'origine de la maladie.

Néanmoins, certains d'entre eux cherchent à se libérer des théories aéristes. En 1668, Rainssant, par exemple, témoigne de cet effort en déclarant que la peste qui frappe Soissons et sa région n'est pas due à une infection de l'air. Et il remarque qu'aucun des signes qui révèlent habituellement sa corruption, comme le dérèglement des saisons, les tempêtes, les tremblements de terre, n'a pu être observé en la circonstance. De même, en 1685, Thomas Sydenham, l'« Hippocrate anglais », estime que la constitution morbifique de l'atmosphère, conçue comme une cause générale, ne saurait, à elle seule, générer la peste. Elle ne peut qu'en favoriser l'apparition[30].

Au XVIIIe siècle, le rôle joué par l'air corrompu dans la genèse du fléau tient une place centrale dans le débat où partisans et adversaires de la contagion, toutes tendances confondues, se trouvent profondément engagés. La polémique éclate lors de la peste de Marseille en 1720 et se poursuivra tout au long du siècle sans que les découvertes de la chimie pneumatique parviennent à y mettre fin.

Envoyée à Marseille sur l'ordre du Régent, une délégation de médecins dirigée par François Chicoyneau, chancelier de l'université de Montpellier, décèle une simple fièvre épidémique non contagieuse. Ce diagnostic a la faveur des autorités peu enclines aux mesures coercitives et qui redoutent la panique et les débordements populaires. Tout en affirmant que l'origine de la maladie qui règne à Marseille ne diffère en rien de celle des épidémies ordinaires, la délégation est embarrassée. Incapable de déterminer la source de cette peste avec précision, elle préfère s'étendre sur ce qui en favorise l'action (mauvaise nourriture, crainte, terreur) et critiquer vigoureusement les thèses contagionnistes. Le peuple aura certes de la peine à comprendre qu'un mal qui tue si subitement et fait périr un si grand nombre de personnes ne soit pas contagieux. Mais « dans le Système de la Contagion on ne sçauroit expliquer pourquoi est-ce que la Peste ne se multiplie pas à l'infini et ne se perpétue point[31] ».

Jeune et manquant encore d'expérience, Jean Fournier, qui faisait partie de cette commission, n'était pas en mesure de s'élever contre des raisonnements qu'il jugeait spécieux. Plus tard, il dénoncera le désir aveugle de ses confrères d'obtenir les faveurs du pouvoir. « La postérité aura peine à croire que trois médecins parmi les quatre envoyés de Montpellier se soient obstinés à publier dans leurs écrits, que le dérangement des saisons, la disette, la terreur, ont été l'unique source de la peste de Marseille, tandis que ces différentes causes ont été démenties par le cri général et le témoignage universel de cette ville, de toute cette contrée[32]. »

Observateur attentif de la terrible maladie qui décime sa ville, le praticien marseillais Jean-Baptiste Bertrand dénonce également les manœuvres qui tendent à la faire passer pour une banale épidémie. À Marseille et dans ses environs, il n'y a point de marécage, de mine de métal, de charnier ni d'embrasement souterrain susceptibles de produire de pernicieuses exhalaisons. Pas de mauvaises odeurs dans le port, pas d'immondices sur la voie publique, l'eau des fontaines qui se répand dans toute la ville lave les rues et les places. L'air de la cité est des plus sains : parfumé par le thym, le romarin et les nombreuses plantes aromatiques qui poussent sur les collines, sa pureté le met au-dessus de tout soupçon. Dans ces conditions, « à quoi donc attribuer cette infection de l'air et l'étrange maladie dont on veut le rendre coupable[33] » ? Toute cause aériste doit, résolument, être rejetée : l'épidémie ne peut venir que d'un venin contagieux apporté par un navire en provenance du Levant.

La peste est dans le coton

Lorsque, le 25 mai 1720, le *Grand-Saint-Antoine* est entré dans le port de Marseille, il apportait la mort dans sa riche cargaison. À son arrivée, le capitaine Chataud avait communiqué aux intendants de la santé le certificat du médecin et du chirurgien des infirmeries de Livourne indiquant que plusieurs matelots avaient péri d'une fièvre maligne. Des présomptions aussi fortes auraient dû s'opposer au débarquement. Mais la cupidité a raison de la prudence : les intérêts des plus puissants négociants qui espèrent une vente lucrative à la foire de Beaucaire l'emportent. L'équipage, les passagers et les funestes ballots sont accueillis « avec autant de confiance et de sécurité que les Troyens introduisirent dans leur ville le fatal cheval qui devait l'embraser et la détruire[34] ».

Sur le rôle décisif de la circulation des objets et des denrées dans la propagation de l'épidémie, les contagionnistes sont tous d'accord. Ce mode de transmission se développe en même temps que les échanges commerciaux avec l'Afrique et les pays du Levant. Richard Mead donne une explication cohérente de ce processus complexe. L'apparition du mal nécessite des « combinatoires » atmosphériques propres aux pays chauds. Il vient donc d'Afrique, l'Éthiopie et l'Égypte en étant, d'ailleurs, les « pépinières[35] » les plus fameuses. La corruption qui sévit dans ces deux régions bénéficie de l'intempérie des saisons. En Éthiopie, le climat torride et l'extrême humidité, due à quatre mois de pluies continuelles, s'allient à la décomposition d'une quantité monstrueuse de cadavres de sauterelles pour lui donner naissance. Au Caire, les ardeurs du soleil et le « silence des vents » renforcent la pourriture et la saleté qui alimentent la maladie. La ville, très peuplée, est parcourue par un grand canal qui reçoit ses eaux des débordements du Nil et où les habitants, miséreux et sales, jettent toutes sortes d'ordures. Il en « résulte un limon d'une puanteur extraordinaire et très nuisible à la santé[36] ». Ainsi, le poison de la peste « se répand au moyen du commerce dans les autres parties du monde : il est plus fixé en Turquie où il se fait une circulation continuelle de contagion des hommes aux marchandises et des marchandises aux hommes[37] ».

Peaux, plume, poils, soie, lin, laine et coton, de texture lâche et poreuse sont particulièrement propres à contracter et propager le fléau. Cependant, en raison de son étonnante aptitude à s'imbiber de toutes sortes d'émanations, le coton est le plus dangereux. L'expérience suivante tend à le prouver. Placé sous un récipient de verre à quelque distance d'un morceau de chair pourrie, un morceau de coton s'imprègne d'une très grande quantité d'atomes putrides. Renfermé ensuite dans une boîte, il conserve au bout de dix mois une odeur de décomposition pouvant persister des années encore. Si l'expérience avait été faite avec de la chair de pestiféré, le coton en aurait absorbé les effluves et communiqué la peste. Les résultats auraient été identiques si on avait remplacé le coton par des poils, de la laine ou de la soie, car, en vertu d'un principe de similitude, les matières animales « ont la plus grande disposition à recevoir les émanations volatiles qui s'exhalent de substances du même genre qu'elles-mêmes[38] ». Elles retiennent donc aisément les exhalaisons « animales » du musc, de la civette et... du pestiféré.

Cette belle unanimité des contagionnistes quant au rôle vecteur des marchandises dans la transmission du mal se brise, en revanche, sur la question de la nature inanimée ou animée de la peste. Astruc imagine un venin se multipliant à la façon d'un morceau de levain, Hecquet un miasme, le médecin anglais Richard Mead une substance active, une sorte de sel[39]. Mais la découverte de l'étiologie acarienne de la gale par Giovan Cosimo Bonomo, celle, par Antonie Van Leeuwenhoek, du monde microbiologique, conduisent plusieurs savants à se prononcer en faveur d'une nature non seulement vivante, mais animale. C'est cette hypothèse qui, selon le Lyonnais Jean-Baptiste Goiffon, permet de comprendre le mieux la durée d'incubation, la diffusion, la résurgence, la force et la ténacité du venin pestilentiel. Pourvus de pieds et de mains, munis d'ailes, ces vermisseaux ou insectes imperceptibles, venus du Levant, demeurent opiniâtrement attachés aux étoffes, aux habits, aux meubles, et s'y tiennent longtemps cachés. Nourris et abrités par tous les corps laineux et spongieux, ils se reproduisent aisément[40].

Découverte de la dégradation de l'air par la respiration

La découverte au XVIIIe siècle que le fluide atmosphérique n'est pas une substance élémentaire homogène mais un mélange de gaz composé d'une partie respirable et d'une autre méphitique apportait dans la chimie une révolution qui, indirectement, aurait dû ébranler les représentations étiologiques anciennes. Systématisant les expériences faites par Boyle, Hales, Black et Priestey sur la dégradation de l'air par la respiration, Lavoisier modifie profondément la vision des échanges respiratoires. Ils ne détruisent pas l'élasticité ou le ressort de l'air mais altèrent, en revanche, « l'air vital[41] » qui en est la partie respirable. Si seule la respiration, identifiée à une combustion, peut détériorer cet air vital en milieu confiné, la prétendue putréfaction du fluide aérien par le dérèglement des qualités de l'atmosphère ou les exhalaisons fétides des marais et des cadavres aurait du être remise en cause. Mais la compréhension scientifique d'un phénomène ne détruit pas le fantasme, elle le nourrit même parfois et les travaux des chimistes ne font qu'ajouter aux peurs séculaires des angoisses nouvelles.

L'*Essai sur l'action de l'air dans les maladies contagieuses* de Ménuret de Chambaud, ouvrage couronné en 1781 par la Société royale de médecine, se fait l'écho de la confrontation des idées anciennes et de la chimie moderne. « Bien des chymistes qui ont assujetti l'air à des analyses aussi exactes que subtiles, ont prétendu que cet élément était inaltérable, qu'on avoit jamais pu retirer autre chose que l'air même[42] ». Malgré de multiples expérimentations, il n'a jamais été possible, déplore-t-il, d'y découvrir ces miasmes dont physiciens et praticiens avaient supposé l'existence. Pour sauver l'aérisme, Ménuret n'hésite pas à exhorter ses confrères à mépriser le « secours faible et incertain des expériences[43] ». Lui-même donne immédiatement l'exemple, emboîtant le pas à Hippocrate : c'est avec raison que le père de la médecine a considéré l'air comme « le véritable auteur, l'unique propagateur » des maladies épidémiques et contagieuses. Ce fluide absorbe comme une éponge les molécules étrangères émanées d'exhalaisons meurtrières. Il se forme même, dans certaines parties de l'atmosphère, de véritables « magasins » de ces matières morbifiques destinées à la reproduction. Et, en plein siècle des Lumières, Ménuret de Chambaud ose même affirmer que le fléau est précédé de météores ignés très fétides.

Dans un autre ouvrage plus tardif, où il loue à nouveau la justesse de vues du « divin vieillard[44] », son « modèle » et son « guide », il tente, cette fois-ci, d'adapter la théorie miasmatique aux révélations des chimistes. Sans s'unir chimiquement à l'air, les matières qui s'exhalent des corps y demeurent mêlées plus ou moins longtemps, par « simple confusion ».

Pourtant tenus par un contagionniste, ces propos suscitent un tollé chez d'autres partisans de la contagion qui condamnent l'amalgame : si l'air vicié peut entraîner certaines épidémies très contagieuses, il ne saurait en aucun cas produire la peste. « Qu'il se corrompe, proteste le médecin russe Samoïlowitz, j'en conviendrai volontiers, mais que cette corruption engendre la peste, c'est ce qui paraît, au premier coup d'œil, contre toute vérité[45] ». La puanteur ne provoque que des fièvres de marais, de prisons, d'hôpitaux. Quant aux vieilles superstitions relatives aux phénomènes célestes, aux malignes influences des astres et des comètes, elles relèvent d'un « délire astrologique ». Comment ajouter foi aujourd'hui aux assertions selon lesquelles, fuyant l'air corrompu, les oiseaux ne volent plus dans les régions pestiférées ! Dans son indignation, Samoïlowitz va jusqu'à exclure radicalement ce fluide de la genèse de la peste : il n'est même pas capable d'en accroître ou diminuer la force.

Les concentrations humaines, foyers d'infection

Dans cette cacophonie d'opinions, Jean-Noël Hallé, membre de la Société royale de médecine, s'efforce, en 1785, de faire entendre un son nouveau. À propos de la « mitte » et du « plomb », maladies qui frappent les vidangeurs, il dénonce la confusion établie entre puanteur et nocivité. « Les fosses les plus infectes ne sont pas les plus dangereuses[46] », déclare-t-il, péremptoire. Toujours est-il que, ni cette distinction pénétrante, ni les découvertes sur la nature de l'air, ne parviendront à saper les représentations étiologiques traditionnelles. Certains rapports de l'Académie des sciences et de la Société royale de médecine, auxquels participera Antoine Lavoisier lui-même, attestent de leur maintien. Les espaces de concentration humaine : prisons, hôpitaux, casernes, navires, salles de spectacles qui, depuis près de quarante ans, concentrent l'attention des hygiénistes, sont sous la double menace de l'air expiré et des exhalaisons fétides.

Les prisons, où croupissent dans la fange des hommes mal tenus, fomentent quantité de maladies contagieuses qui déciment les villages, les villes et les armées et vont porter la désolation jusque dans les colonies. Puanteur des latrines, sols imbibés de crachats, d'urine et d'excréments, entassement, aération et hygiène défectueuses, linges imprégnés d'effluves putrides, concourent à rendre les geôles royales dangereuses pour l'humanité. Neutraliser l'infection devient impératif. Propositions de pavage, de fenêtres « en espagnolettes » permettant le renouvellement de l'air, de tuyaux en grès favorisant son ascension, de vêtements de toile bleue faisant écran aux miasmes, de lits individuels ou, du moins, à deux places, de désinfection et de bains, reflètent inquiétudes séculaires et modernes. Si la circulation de l'air et le désentassement deviennent des soucis majeurs, l'odeur excrémentielle n'a rien perdu de son pouvoir anxiogène. Un extraordinaire projet de sièges d'aisances en est la preuve. Pour éviter les émanations des matières fécales qui s'attachent habituellement aux parois des tuyaux d'évacuation et permettre leur chute directe, il faut que les cuvettes « forment des portions de cônes tronqués dont la base sera en bas... Ces ouvertures pourraient être faites en fonte de fer, mais elles doivent être assez épaisses et assez fortes pour ne pouvoir être brisées par les efforts des prisonniers[47] ».

Autre lieu clos, l'hôpital préoccupe les hygiénistes. L'Hôtel-Dieu de Paris, en particulier, soulève leur colère. L'insalubrité effrayante qui y règne lui vaut le triste privilège de connaître le taux de mortalité le plus élevé d'Europe. Les ravages exercés par la puanteur sont décrits de façon saisissante. L'établissement tout entier n'est qu'un vaste cloaque : salles encombrées, lits souillés où sont empilés les malades, latrines trop petites et « salies dès l'entrée », planchers entachés du sang et du pus des blessés, odeurs repoussantes émanant de la salle d'opération et de la morgue, escaliers fétides, sans ouvertures, où s'élève un air vicié qu'« on ne respire qu'avec peine et avec dégoût », miasmes morbifiques exhalés par les corps et les matelas, vapeurs chaudes et nauséabondes, « sensibles à l'œil et que l'on peut diviser et écarter avec la main », s'échappant des draps des accouchées et qui passent dans la salle des femmes enceintes, relents meurtriers qui emportent les parturientes. « L'air qui circule à l'Hôtel-Dieu, d'une extrémité des salles à l'autre et du rez-de-chaussée au troisième ou au quatrième étage, n'est qu'une grande masse d'air corrompu[48]. » Les vices de construction des bâtiments et le nombre insuffisant de fenêtres, souvent assombries par le linge humide et mal lavé qui sèche, rendent l'aération difficile. L'air altéré doit faire de nombreux détours avant de trouver une issue. Celui du dehors a également un long chemin à faire : il ne parvient dans certaines salles qu'alourdi de la corruption de toutes les autres. Dès lors, comment l'« air vital », qui représente le quart de la masse entière de ce fluide, peut-il se renouveler pour entretenir la vie ? Foyer d'émanations immondes, d'où sortent des convois de cadavres, de paille et de plume infectes, placé en plein centre de la capitale, l'Hôtel-Dieu est un lieu de perdition pour les nécessiteux qu'il accueille et un péril pour la population.

Ventilateurs et appareils divers sont chargés de neutraliser tous ces réservoirs d'infection. En 1796, Garros vante les mérites d'une machine étonnante et extrêmement avantageuse, capable de rafraîchir ou de réchauffer l'air à volonté, de le purifier et de le charger de principes salubres. Selon lui, le « pyroréfrigérent » permettrait d'assainir vaisseaux, hôpitaux, salles de spectacles et « autres lieux publics que le méphitisme rend morbifiques et mortifères[49] ».

Paroxysme de l'entassement et de la corruption, la ville angoisse.

Les gens qui ont la poitrine faible et délicate ne peuvent supporter les émanations fuligineuses de ses feux de charbon et de ses immondices. Même les plus robustes ressentent d'ailleurs immédiatement les bienfaits du bon air de la campagne et sont pris « d'une certaine hilarité qui leur vient d'une respiration plus aisée[50] », note le médecin Stephen Hales en 1735. La concentration de milliers d'êtres humains qui respirent et transpirent est extrêmement préjudiciable à la salubrité atmosphérique. Les mises en garde se font pressantes. Tous les citadins sont exhortés à s'oxygéner : « Quittez l'air stupéfiant des villes, venez faire prendre à votre cerveau une dose salutaire d'air de la campagne ; cessez de vivre comme des automates ; que l'univers sache que vous avez une âme, quoique souvent peu élevée. Si vous respirez constamment l'air de la ville, vous devriez vous faire ramoner le gosier aussi souvent que vos cheminées. Le poisson qui vit dans l'eau bourbeuse a le goût de la vase ; il en est de même de ceux qui ne respirent que la fumée du charbon de terre, et les émanations de l'encens offert à la déesse Cloacine, dont les nombreux autels fument sans cesse. Ceux-ci doivent avoir leur cerveau et leurs poumons imprégnés de pareilles vapeurs[51]... »

L'air le plus pur de tous, célébré par Pott en 1782, est, sans conteste, celui de la montagne. Plus on s'élève, meilleur il est. L'altitude fait de la Suisse le pays le plus sain d'Europe et préserve à jamais Quito d'infections pestilentielles. Tous les montagnards, qu'ils soient suisses, écossais, biscaïens, vivent plus longtemps et éprouvent dans la plaine de l'oppression, des troubles circulatoires, « une mélancolie tourmentante qui produit cette tristesse, cette humeur hypocondriaque et ce grand désir de retourner dans le pays natal, connu sous le nom... de maladie du pays[52] ».

L'idée que le médecin ne saurait, dorénavant, se passer du chimiste est affirmée avec force : « L'usage médical de quelques fluides gazeux tels que le gaz carbonique, le gaz azote, le gaz oxygène ; les moyens de désinfecter les lieux suspects en mettant en état de gaz l'acide muriatique, sont encore d'heureux résultats des connaissances chimiques appliquées à la matière médicale, qui a dû perdre de plus en plus de son luxe, de sa redondance[53]. »

Ces nouvelles préoccupations ne détournent pas l'attention des autorités scientifiques des foyers d'infection les plus traditionnels. Chargée en 1789 par l'Académie des Sciences d'examiner les dangers que font encourir aux Parisiens les « tueries » qui subsistent encore au centre de la capitale, la commission à laquelle participe Lavoisier conclut que même si cela n'a pas été démontré scientifiquement, « l'expérience de toutes les nations et de tous les siècles » montre que « les lieux où l'on tue des animaux pour la boucherie, où l'on fait sécher leurs peaux, où l'on fait fondre leurs suifs, où l'on garde leur fumier mêlé de sang et de chair, doivent être malsains, et que l'influence de ces exhalaisons corrompt l'air[54] ». Il suffit d'ailleurs, pour s'en convaincre, de rappeler le teint blafard des femmes qui habitaient en bordure du cimetière des Innocents, les fièvres qui s'élèvent des marais et des champs de bataille, la peste qui renaît chaque année à Constantinople des immondices et des animaux morts, dans la chaleur humide du printemps.

En fait, ni l'échec de l'eudiomètre conçu pour traquer le miasme et mesurer la salubrité de l'air, ni les révélations de la chimie pneumatique, ne parviennent à affaiblir les anciennes croyances relatives aux « constitutions » de l'air et à sa viciation par toutes sortes d'exhalaisons. Si les nouvelles connaissances concernant l'air interdisent désormais de le considérer comme une substance élémentaire capable de « pourrir » quand un dérèglement dans ses « qualités » intervient ou que des relents putrides le souillent, elles permettent encore de voir dans ce mélange gazeux le réceptacle et le véhicule d'émanations malfaisantes, susceptibles d'engendrer et de propager les épidémies. Auteur d'expériences pourtant décisives sur les altérations de l'air confiné par la respiration, Lavoisier lui-même s'appuie sur les conceptions traditionnelles pour expliquer l'origine de la peste à Constantinople.

Débats autour de la quarantaine

Le conflit qui divise le milieu médical européen depuis 1720 atteint son paroxysme en 1846. Chargée par le ministère de l'Agriculture et du Commerce d'examiner les questions relatives à la peste et aux quarantaines, la commission de l'Académie royale de médecine élabore un volumineux rapport de plus de mille pages. De cette confusion d'opinions émergent deux conceptions particulièrement révélatrices des tendances qui s'affrontent : celle du rapporteur Prus et celle de Pariset, membre de la commission et secrétaire perpétuel de l'Académie.

Pour Prus et la majorité de sa commission, ralliée aux thèses non contagionnistes, l'origine de la peste doit être rapportée, non à des germes imaginaires, mais à un ensemble de causes : insalubrité locale, constitution de l'air, misère physique et morale. L'Égypte, la Syrie, la Turquie, arrivent en tête des pays producteurs du fléau. Mais, contrairement à ce que l'on croyait au XVIIIe siècle, le mal que ces contrées engendrent n'est pas l'œuvre de la nature mais celle de l'homme. Conséquence de l'ignorance et de l'incurie gouvernementale, le villageois égyptien mène une existence infrahumaine, proche de l'animalité. Sa tanière, construite avec de la boue et des ossements d'animaux, est basse, obscure, humide. L'entrée en est si étroite qu'il n'y peut pénétrer qu'en rampant. Dans ces huttes misérables où l'air ne circule pas, hommes, femmes et enfants couchent sur une natte de joncs pourrie déposée à même la terre. Comme s'il cherchait à rassembler toutes les causes de destruction, le « fellah » entoure sa masure d'un monceau d'ordures et de décombres. Enfoncé de la sorte dans l'immondice et la pourriture, il semble « défier une ventilation qui assainirait la localité où il a fixé sa demeure ». La nourriture qu'il absorbe lui est aussi néfaste que l'eau croupie qu'il boit et l'air qu'il respire. Le pain qu'il consomme, imparfaitement cuit sous la cendre, n'a pas le degré de coction suffisant pour en faire un aliment véritablement humain. La viande que son maître lui concède provient d'animaux malades. Son ordinaire consiste en vieux fromage où grouillent des milliers de petits vers et en poisson pourri. Son combustible même, mélange d'excréments humains et animaux, vient encore renforcer cette image d'un homme saprophage, proche du déchet et du cadavre. À la puanteur excrémentielle de son habitat, s'ajoute celle des « tombeaux toujours ouverts et qui laissent exhaler une odeur cadavéreuse que les Européens supportent avec peine[55] ». Des conditions d'existence aussi extraordinairement malsaines ne peuvent que donner naissance aux maladies les plus cruelles.

Faute de la bonne police sanitaire dont bénéficiait l'Égypte ancienne, le sort du citadin n'est pas plus enviable. Au Caire, les rues étroites, ténébreuses et irrégulières, ne sont pas pavées. Elles longent des constructions parfois belles mais sans symétrie, côtoyant des ruines où stagne la pourriture et courent les chiens errants. Un canal immonde où se déversent les égouts traverse cette ville anarchique et sale. Il distribue une eau trouble que boivent les pauvres et dégage des vapeurs méphitiques qui donnent des maux de tête et d'estomac. Les trente-cinq cimetières que possède Le Caire renforcent l'infection générale.

Pariset désapprouve hautement ces conclusions. Selon lui, il ne faut imputer la véritable cause de la peste ni aux états atmosphériques, ni aux miasmes des marais, ni à la malpropreté, ni à une existence misérable. « Oui sans doute, admet-il, je reconnais, le premier, tous les maux que peut faire aux hommes un gouvernement sans tendresse, sans pitié... infatué de cette pensée que, dans ses préceptes d'hygiène et de conservation, l'Europe se nourrit et veut repaître les autres de chimères et de puérilités[56]. » Seules les émanations des cadavres qui contiennent des poisons animaux sont susceptibles de donner naissance à la peste. Le « secret maléfice » dont souffre l'Égypte vient de l'abondance de cette matière putrescible : cimetières si proches des habitations que les « morts semblent faire partie des vivants », quartiers sombres, humides, sans aération, où les maisons regorgent de cadavres ; villages « bâtis de charognes et de boue », « plongés dans une fournaise de mort ». L'abandon des salutaires pratiques d'embaumement a conduit l'Égypte moderne à devenir le berceau du fléau. Toute cette pourriture qui n'est plus préparée, salée, desséchée, enveloppée de bitume, de linges parfumés, recueillie dans des tombes de pierre, des cercueils de sycomore, ou entassée dans des millions et des millions de vases de terre cuite ou ensevelie dans des cavités profondes, mais qui est « aujourd'hui mêlée sans préparation et comme incorporée toute crue avec la terre », transforme ce pays en un vaste cimetière, en une « véritable distillerie de cadavres ».

Le rapporteur de la commission tire argument de l'incroyable insalubrité de l'Égypte pour étayer une explication étiologique classique : celle d'un organisme corrompu exposé à un air vicié. Le secrétaire perpétuel de l'Académie y recourt pour développer la thèse d'un agent vivant élaboré par la dégénérescence des humeurs. Mais il est frappant de constater que ces deux conceptions antagonistes présentent une constante olfactive : la puanteur.

Des débats semblables ont lieu dans toute l'Europe. En Angleterre, par exemple, Edwin Chadwick établit une relation entre les « impuretés » de l'air et les maladies du surpeuplement. À l'opposé, William Budd, à partir d'un cas extrême de « puanteur trois fois digne d'Augias[57] » survenu à Londres, entend démontrer qu'en dépit de prophéties sinistres, aucun accroissement de la mortalité ni des maladies putrides n'a pu être constaté.

Cette confrontation permanente entre contagionnistes et non-contagionnistes se répercute sur les mesures de prévention envisagée. Les premiers souhaitent obtenir l'extension des mesures quarantenaires et accusent leurs adversaires d'en prôner l'abolition pour des raisons essentiellement mercantiles : elles gênent la circulation des hommes et des marchandises. Or, expose Pariset, le coton, le lin et le chanvre venus d'Égypte apportent la peste. Ces plantes textiles absorbent et conservent les germes exhalés par les cadavres. Entreposées dans des magasins ou dans les cales des vaisseaux, les miasmes qu'elles recèlent peuvent, en raison du manque d'air et de la chaleur, réagir les uns sur les autres et se prêter à de dangereuses combinaisons. C'est ce qui explique les cas de morts foudroyantes survenant à l'ouverture des magasins de coton et les maladies mortelles dont sont atteints les ouvriers de Constantinople qui manient le lin et le chanvre en provenance d'Alexandrie. « Il est de toute certitude que du chanvre porté de Damiette à Salonique a introduit plus d'une fois dans cette dernière ville des pestes furieuses[58]. »

Les seconds tentent de ridiculiser les thèses contagionnistes. Selon les « fracastoriens », raille Rochoux, les émanations des pestiférés s'attachent à certains corps susceptibles de les retenir pendant trente ans et plus et de les transporter à des distances illimitées. « Ainsi des brins de paille, quelques morceaux de corde, une toile d'araignée, des mouches, comme l'assure encore M. Pariset, doivent suffire pour contagier des villes entières[59]. » Clot-Bey lui aussi tourne en dérision les contagionnistes qu'effraie un duvet ou une plume voltigeant dans l'air. La peur qu'un bout de fil ne se colle à leurs chaussures les oblige même à tremper dans l'huile leurs semelles avant de sortir !

La commission Prus qui se veut objective dénonce la confusion et l'anarchie qui règnent dans les deux camps. Mais sans récuser de façon absolument catégorique la transmissibilité par le contact médiat et immédiat, elle ne reconnaît véritablement qu'un seul mode de transmission : l'« infection miasmatique », c'est-à-dire l'air chargé de miasmes pestilentiels. Comme le fait remarquer ironiquement Pariset, cette théorie n'est pas une découverte : « Le fond reste le même : un malade, des émanations, un homme sain qui, en les inspirant, devient malade comme le premier[60]. »

Première sensibilisation à la pollution industrielle

Au XIXe siècle, avec l'essor industriel, les établissements où l'on fond du suif, tanne les cuirs, fabrique la colle forte, le bleu de Prusse, le vitriol, le sel de Saturne, le sel ammoniac, l'amidon, la chaux, la soude, les acides minéraux, sont de plus en plus mal tolérés. Ils sont accusés de rejeter des miasmes délétères et de générer des maladies. À partir du Consulat, s'élabore progressivement une véritable réglementation qui définit tout à la fois les nuisances et la politique qu'il convient d'élaborer à leur égard. Le ministre de l'Intérieur charge la classe des sciences physiques et mathématiques de l'Institut d'établir un rapport sur les manufactures qui exhalent une odeur désagréable pouvant être nuisible à la santé.

Le 17 décembre 1804 un premier classement est établi. Mais les mesures prises se révèlent incapables de calmer l'opinion. Elles demeurent trop imprécises et les plaintes se renouvellent. Les mécontents trouvent un puissant appui auprès de Napoléon dont l'odorat très subtil supporte mal l'odeur nauséabonde d'une fabrique d'huile pyrogénée installée à Grenelle et qui vient l'incommoder jusque dans son château de Saint-Cloud. Il est alors demandé aux chimistes de l'Institut un rapport exhaustif qui est présenté le 9 octobre 1810.

En fonction des risques qu'ils font encourir et des désagréments olfactifs produits, les établissements sont répartis en trois classes. Ceux de la première : triperies, tueries, porcheries, ménageries, fabriques d'amidon, de bleu de Prusse, de colle, de suif, de soude, de sel ammoniac, de carton, de rouissage de chanvre, seront éloignées des habitations et soumises à une autorisation du ministre de l'Intérieur. Appartiennent à la deuxième classe : les établissements fabriquant les chandelles, le blanc de céruse, le suif, le plomb de chasse, etc., dont l'éloignement des habitations n'est pas rigoureusement nécessaire mais qui ne peuvent s'installer sans l'accord du préfet. La troisième classe comprend les ateliers qui peuvent rester sans inconvénient auprès des maisons et qui relèvent d'une permission du sous-préfet.

C'est sur ce rapport que se fonde le décret impérial du 15 octobre 1810, relatif aux manufactures et ateliers insalubres, incommodes ou dangereux. L'idée que la puanteur a un pouvoir délétère y est toujours présente.

Il n'empêche qu'un demi-siècle plus tard, dans un mémoire adressé à Napoléon III, un certain Laurent déplore encore que la santé des poissons soit davantage prise en considération que celle des hommes : « Le législateur s'est étendu plus loin, concernant la salubrité qui intéresse les êtres qui habitent l'eau, qu'il ne l'a fait pour ceux qui sont dans l'atmosphère[61]. » Les carences juridiques en la matière favorisent une détérioration génératrice d'épidémies diverses. Le choléra de 1854 n'aurait pas d'autre cause. Pour remédier à cet état de choses, il préconise diverses mesures et envisage notamment une modification du système d'évacuation des fumées produites par les grands établissements industriels : « Si... plutôt que d'avoir jusque dans les nues de ces immenses cheminées qui vomissent ces exhalaisons impropres dans l'atmosphère, on les courbait de manière à faire tomber ces fumées, on obtiendrait par ce moyen la plus forte décomposition possible de la partie gazeuse[62]. » Au-delà de l'image un peu comique que suggère ce texte, est soulevé un problème toujours actuel : celui du retraitement des fumées nocives.

Objet de sollicitude inquiète depuis plusieurs siècles, la pureté de l'air allait encore, en 1880, réveiller les peurs anciennes, lorsqu'une vague inhabituelle de mauvaises odeurs déferla sur Paris. Ce n'est véritablement qu'après les découvertes du vibrion du choléra par Koch en 1883 et du bacille typhique par Gaffky en 1884 que l'identification de la nocivité à la fétidité commencera à perdre toute sa force.

L'odeur du rat

Que, jusqu'à la fin du XIXe siècle, les représentations concernant l'étiologie, la nature et le mode de propagation de la peste soient demeurées liées à l'odeur a de quoi surprendre. Il faut cependant se rendre compte que, forte de racines plongeant dans l'Antiquité du monde méditerranéen, cette idée pouvait se recommander, en outre, d'une quasi-universalité. Ainsi la médecine chinoise, qui avait étudié de façon approfondie les diverses formes de peste et établi, de longue date, une corrélation entre les rats et la peste humaine, faisait-elle une place importante à l'olfactif : « Les rats mouraient parce qu'ils prenaient la mauvaise odeur de la terre, et les hommes avaient ensuite la peste parce qu'ils prenaient la mauvaise odeur des rats[63]. »

Aujourd'hui encore perdure dans certaines sociétés traditionnelles une notion olfactive de l'épidémie. Pour les Sereer ndut du Sénégal, c'est en inspirant l'odeur des génies de la brousse mêlée au brouillard que se contractent fièvres, grippe, paludisme et ce sont les effluves du malade (en particulier celles de la sueur de ses aisselles) qui transmettent le mal. De semblables conceptions survivent chez les populations andines. Lorsque meurt un tuberculeux, il « s'exhale de lui comme une espèce de vapeur qui pénètre les personnes les plus faibles[64] ». Conséquence logique de ces représentations olfactives, on fait appel à des contre-odeurs. Pour lutter efficacement contre la nocivité du souffle du malade, « comparable à celle des airs qui se répandent des fissures de la terre, des sépultures et des crevasses[65] », l'haleine du guérisseur doit être imprégnée d'alcool et de tabac. Le corps du malade est aussi frotté avec une pâte végétale mêlée à de l'urine pour le nettoyer et neutraliser les émanations malignes. Ainsi, en dépit des efforts accomplis par les médecins pour divulguer la théorie microbienne, persistent des représentations où l'odeur continue à jouer un rôle décisif dans la santé et la maladie.

La peste : une puanteur venue de l'enfer

La peste « empeste » la mort. Le caractère insoutenable de cette puanteur la situe au-delà de la nature, de l'humain, l'impose comme une émanation sortie du monde des enfers et répandue un moment à la surface de la terre.

« Maladie surnaturelle échappée de la colère des dieux[66] », la peste n'est pas une odeur comme les autres : aux hommes sourds et rebelles, elle donne un aperçu du châtiment suprême. Déjà pour les Anciens, le feu qui ronge les moribonds a un caractère paroxystique dépeint par Lucrèce en termes saisissants : « À l'intérieur du corps, tout était embrasé jusqu'aux os, une flamme brûlait dans l'estomac comme au fond d'une forge[67]. » Cherchant désespérément la fraîcheur, ne pouvant même plus supporter le contact des plus légers vêtements, ils se jettent tout nus dans l'eau glacée des rivières ou au fond des puits. « Une soif inextinguible qui dévorait leur corps brûlé ne leur permettait pas de faire une différence entre quelques gouttes d'eau et des flots abondants. Point de répit dans leurs souffrances[68]. » Embrasement, désespoir, infection qui éloigne même les vautours, quoi d'étonnant à ce que la peste ait été ultérieurement perçue comme une odeur démoniaque ? Les tourments des pestiférés évoquent ceux des damnés.

Spectacle apocalyptique que ces amas prodigieux de cadavres qui encombrent les places, mangés par les vers, pourrissant à l'air libre. Scènes hallucinantes de corps jetés par les fenêtres et qui s'entassent dans les rues ; de « corbeaux[69] » débordés par l'immensité de la tâche et qui s'écroulent, victimes à leur tour de l'épidémie, sur leur tombereau regorgeant de dépouilles anonymes ; de malades hagards démunis de tout secours, couchés au milieu des mourants et appelant la mort « à grands cris et avec une espèce de fureur[70] » ; de voies publiques, si jonchées de corps qu'il n'y a plus d'espace où placer les pieds. Les abords du palais épiscopal de Marseille en sont à ce point encombrés que l'évêque ne peut sortir sans les fouler. « J'ai eu bien de la peine, écrit-il à l'archevêque d'Arles, de faire tirer cent cinquante cadavres à demi pourris et rongés par les chiens qui étaient à l'entour de ma maison et qui mettaient déjà l'infection chez moi[71]. »

La peste engendre l'inhumain, le monstrueux, étouffe la pitié. Tous les récits s'accordent sur les bouleversements sociaux et moraux qu'elle suscite. Pillages, viols, meurtres, ne pouvant être punis, se succèdent. « Dans l'excès d'affliction et de misère où s'abîmait notre ville, le prestige et l'autorité des lois divines et humaines s'effritaient et croulaient entièrement. Les gardiens et les ministres de la loi étaient tous morts, malades ou si démunis d'auxiliaires, que toute activité leur était interdite[72] », observe Thucydide. Mais c'est la destruction des liens sociaux les plus solides qui constitue le phénomène le plus subversif. Montaigne enregistre les « effets estranges » produits par l'épidémie. Fuyant la pestilence et cherchant un refuge, il fait l'expérience de l'errance, des portes amies qui se ferment, de l'effroi inspiré par lui et les siens et qui, sournoisement, s'insinue même entre eux : « Moy qui suis si hospitalier, fus en très pénible queste de retraicte pour ma famille ; une famille égarée, faisant peur à ses amis, et à soy-mesme, et horreur où qu'elle cherchast à se placer, ayant à changer de demeure soudain qu'un de la troupe commençoit à se douloir du bout du doigt[73]. »

Lors de la peste de Londres, Samuel Pepys note dans son journal : « Cette maladie nous rend plus cruels, les uns pour les autres, que si nous étions des chiens[74]. » La peste de Marseille provoque les mêmes réactions. Les pères et les mères, rapporte le docteur Fournier, chassaient impitoyablement leurs enfants dans les rues et les abandonnaient avec une cruauté inouïe à leur triste destinée, ne leur offrant pour tout secours qu'une cruche remplie d'eau et une écuelle. Les enfants « rendoient à ceux qui leur avaient donné le jour ce même barbare et cruel office ; la voix du sang, de la tendresse, de l'amitié, étoit entièrement étouffée[75] ». Et l'évêque de Marseille de s'écrier : « Toute la France, toute l'Europe est en garde et est armée contre ses infortunés habitants, devenus odieux au reste des mortels[76]. »

La déliquescence de la société accompagne la décomposition des chairs. À l'image des corps pourrissants qui partent en lambeaux dans l'eau du ruisseau, le tissu social, lui aussi, se déchire, part en morceaux, se putréfie et se dissout. Le commerce étant absolument interdit pour éviter la contagion, les habitants manquent de tout et la famine, jointe au fléau de la misère et de la maladie, met le comble à la consternation et au ravage. Le genre humain est en déroute. La barbarie et l'effroi remplacent la sociabilité et la commisération : « Tout fuit dans le désordre et l'épouvante ; les habitants éperdus courent dans les rues sans aucun dessein et sans savoir où ils vont ; ils s'évitent les uns les autres, et n'osent s'approcher : quelques-uns se barricadent dans leurs maisons, sans prévoir les dangers qui les y attendent, les autres se retirent dans leurs bastides... Ils cherchent tous, avec un trouble et un égarement inexprimables, quelque habitation et quelque retraite qui puissent les séparer de l'espèce humaine[77]. »

Au parfum délicat de l'encens qui « s'élevait comme la prière » vers Dieu et scellait l'alliance sacrée, s'est substituée une pestilence, symbole de rupture entre le Ciel et les hommes. L'« odeur de mort[78] » qui émane des âmes des pécheurs brise l'union et attire le courroux divin.

Facteur d'anomie et de discorde, la puanteur de la peste corrompt non seulement les corps, mais aussi les esprits et les cœurs, détruisant les liens entre les hommes qui « ne peuvent plus se sentir ». Elle apparaît bien comme une exhalaison infernale sortie tout droit de l'antre diabolique où, selon sainte Thérèse d'Avila, « il pue et l'on n'aime point[79] ».

CHAPITRE IV

Les pouvoirs curatifs de l'odeur

« Où sont-ils ces temps de la chaleur balsamique et des remèdes aux chauds arômes ! »

Gaston Bachelard,
La Psychanalyse du feu.

La prophylaxie et la thérapeutique de la peste obéissent, dès l'Antiquité, au constant souci de combattre la putridité de l'air et du corps. Toute perturbation, qu'elle soit due au mouvement violent des astres, des planètes, au tonnerre, à la foudre ou au tumulte des passions, rompt l'équilibre atmosphérique ou humoral. De la similitude des conceptions concernant le dérèglement de l'organisme et de l'atmosphère, découle un certain parallélisme des soins à leur apporter. Le rôle essentiel joué par les odeurs dans leur purification s'explique non seulement par la représentation olfactive de l'épidémie que j'ai précédemment décrite, mais aussi par le lien établi, selon une conception héritée de l'Égypte ancienne, entre l'aromate et le principe d'incorruptibilité.

Les feux d'Hippocrate et la thériaque

Bien avant les théories d'Aristote, de Théophraste et de Lucrèce sur la nature chaude, sèche, ignée, imputrescible de la bonne odeur et sur ses effets bénéfiques, les parfums furent associés au feu pour vaincre les épidémies. À en croire Galien, le seul moyen thérapeutique employé par Hippocrate consista à assainir l'air corrompu par des feux aromatiques. Des bûchers de bois odorants et de fleurs arrosés des parfums les plus onctueux furent dressés dans les rues d'Athènes. Et si lui-même prescrit la thériaque dans la prévention comme dans la cure de la peste, c'est parce qu'elle neutralise la malignité de l'air respiré en agissant à la façon d'un « feu purificateur[1] ».

Cet « antivenin » dans lequel entrent un grand nombre d'ingrédients aromatiques et de la chair de vipère combat tous les empoisonnements, y compris ceux de l'air. C'est l'antidote par excellence du poison pestilentiel. Bu préventivement, il procure une bonne température et une constitution saine, absorbe les résidus superflus d'humidité, réchauffe les membres refroidis, renforce la résistance de l'organisme, amène la guérison. Galien affirme que cette médication fut utilisée avec succès lors d'une épidémie de peste qui sévissait en Italie. Mais la thériaque n'est pas la seule préparation odorante employée dans l'Antiquité. Rufus d'Éphèse, par exemple, recommande une composition pharmaceutique incluant de l'aloès, de la myrrhe et de l'encens. « Je ne sache pas, dit-il, de malade qui ne se soit tiré d'affaire avec cette potion[2]. »

Outre les parfums et les produits aromatiques, les médecins grecs et romains font usage d'autres remèdes desséchants associés à diverses pratiques d'épuration pour combattre la menace putride. Saignées, purgations, vomitifs, dessiccatifs, sont largement employés contre la pléthore. C'est en se faisant sur la jambe une scarification qui entraîne une abondante perte de sang que Rufus d'Éphèse, malade de la peste, échappe à la mort.

Le règne de l'aromate

Les bonnes odeurs sont, au Moyen Âge, les armes principales contre la corruption de l'air et du corps. Après les Grecs, les médecins arabes vont jouer un rôle décisif dans la qualification prophylactique et thérapeutique des arômes. Le goût prononcé de Mahomet pour ceux-ci n'y a sans doute pas été étranger. Né à La Mecque, centre commercial du trafic des aromates, il accordait aux parfums de grands pouvoirs hygiéniques et médicaux et voyait dans l'usage des cosmétiques un moyen pour les musulmans de se distinguer des Juifs et des chrétiens. Au XIe siècle, le médecin et philosophe Avicenne, d'origine iranienne, invente l'alambic qui permet l'extraction des huiles volatiles des fleurs. Citant le prophète : « De votre monde, trois choses m'ont été chères : le parfum, les femmes et, ce qui fit ma joie, la prière[3] », Avicenne promeut, à son tour, les vertus vivifiantes des arômes et leurs effets sur la « bonté des mœurs » et la « perfection de l'agir » : « L'intérêt, pour le prophète que Dieu lui donne Sa bénédiction et la paix ! d'utiliser les senteurs excellentes, c'est qu'elles fortifient les sens. Or, quand ceux-ci sont forts, les pensées sont exactes, et leurs conclusions droites. Par contre, quand ils s'affaiblissent, l'état des pensées en vient à se bouleverser, et leurs conclusions sont confuses. »

Cette convergence des conceptions antiques et arabes influence les médecins qui tirent parti des qualités imputrescibles, purifiantes, revigorantes et réjouissantes des substances odorantes. Employées sous des formes très diverses, elles combattent les passions tristes comme la crainte et l'affliction qui, en modifiant la disposition naturelle de l'organisme, favorisent l'arrivée du mal. En les « confortant », « corrigeant », « rectifiant », « rafraîchissant », « réchauffant », « desséchant », elles assurent aussi bien la salubrité de l'air que la santé du corps. Afin d'éviter tout dérèglement, il faut veiller à ce que l'un et l'autre ne soient ni trop humides, ni trop chauds, ni trop secs, ni trop froids. Si la température froide et sèche menace le corps de pourrissement parce qu'elle resserre les pores de la peau et ne permet plus l'évacuation des humeurs, la chaleur et l'humidité sont encore plus redoutables car elles ouvrent les émonctoires à l'air venimeux.

Un classement climatique des senteurs apparaît. Selon les saisons, elles fournissent à l'air et au corps les éléments nécessaires au maintien de leur équilibre. Lors de la peste de 1348, le Collège de la faculté de Paris prescrit de respirer en été « des aromates froids, comme des roses, du santal, du nénuphar, du vinaigre, de l'eau de roses, des trochisques [pastilles] de camphre, avec lesquels aussi le cœur est réconforté et des pommes [de senteur] froides » et, en hiver, « des aromates chauds, tels que le bois d'aloès, l'ambre, la noix muscade, la pomme d'ambre[4] ».

Un second classement d'ordre social vient s'ajouter au premier. En raison de leur prix, le musc, l'ambre, l'aloès, le cinnamome, sont réservés aux « riches et puissans ». Les « mainz suffisans » se procurent du storax, du costus, de l'oliban, de la marjolaine, du mastic. Quant au pauvre

« Qui, en yver ne en esté
Ne peut mie ces choses faire »,
il ne lui reste
« Que prier Dieu, le débonnaire,
À lui faire bonne défense
En tout temps de mal et d'offense[5] ».

L'été, le sol des demeures patriciennes est arrosé d'eau de roses, jonché de fleurs « froides » pour rafraîchir l'atmosphère. L'hiver, des fumigations de musc, d'ambre, d'aloès, de pastilles odorantes, la réchauffent. Le peuple use de produits moins coûteux. Il brûle des grains de genièvre et des coings et, à la belle saison, fait des aspersions d'eau vinaigrée, étend des feuilles de vigne et des plantes qui tempèrent l'excès de chaleur et d'humidité :

« Jonchier la chambre druement,
Et l'arrouser légiérement
D'eau très froide & de vinaigre,
Fort odorant, poignant & maigre,
Et dessus semer volentiers

Des roses & fleurs d'aiglentiers
O feuilles d'ongle cabaline,
Qui est herbe moult froide & digne
Et de choses autres bien fresches,
Bien odorans, plaisans & sèches[6]. »

Aux mesures touchant la désinfection de l'« haleine » des maisons, s'ajoutent des recommandations d'hygiène urbaine : éviter les endroits fétides et bourbeux ; choisir une localité salubre, à l'abri des effluves des marais, des mines, des cimetières ; vitrer les fenêtres ou les garnir de toile cirée pour se protéger du mauvais air. Le voisinage de certains végétaux réputés pour leurs émanations nocives est également proscrit :

« Pour éviter l'infection
Aussi est bon certainement
Quérir un tel hébergement
Où n'ai prez noyers, ne sénes
Figuiers, jusquiame, cicues,
N'autres choses, portant encombre
Par leur oudeur ne par leur ombre[7]. »

Pommes de senteurs et trochisques (pastilles pour fumigations) corrigent l'air venimeux avant son entrée dans les poumons et accroissent les résistances de l'organisme. D'origine orientale, les pommes de senteurs sont des sphères creuses en or ou en argent, souvent incrustées de perles et de pierres précieuses. Elles contiennent des parfums solides de nature animale, rares et très coûteux, comme le musc et l'ambre gris. Leur fabrication serait bien antérieure au XIVe siècle puisque l'empereur Frédéric Barberousse reçut, en 1174, du roi de Jérusalem, plusieurs pommes d'or remplies de musc. La pomme d'ambre, faite avec cette substance odorante extraite des concrétions intestinales du cachalot, est présentée au Moyen Âge comme un préservatif souverain contre la peste. Grâce à la puissance de son odeur, elle possède à un haut degré la propriété de réjouir les sens et de tonifier le corps, de réconforter tous les tempéraments, de faciliter la respiration :

« Car l'ambre pure et excellente
A propriété véhémente
À donner confort et léesce,
Et à tollir toute tristesce[8]. »

Mais ce remède est, en raison de son prix, réservé aux grands de ce monde. Aussi crée-t-on d'autres recettes moins onéreuses, beaucoup d'entre elles ne contenant d'ailleurs plus aucune trace de cet ambre si vanté pour les vertus de son arôme.

Des compositions réputées, telles celles de Jean Mesué et d'Avicenne, comportent de très nombreux ingrédients aromatiques qui sont pulvérisés, tamisés, broyés avec de l'eau de façon à former une pâte. Voici une formule de pomme de senteurs donnée par le collège de la faculté de Paris : « Prenez une pierre très pure de deux onces ; storax, calamite, gomme arabique, myrrhe, encens, aloès, de chacune de ces substances trois gros ; roses rouges choisies, un gros ; santal, musc, deux gros ; noix muscade, girofle, macis, de chacune de ces substances, un gros ; noix de ben, coquille supérieure et inférieure d'huître byzantine, karabé, calame aromatique, semences de basilic, marjolaine, sarriette, menthe sèche, racine de giroflier, de chacune de ces substances, un demi-gros ; bois d'aloès, une demi-once ; ambre, un gros ; musc, un gros et demi ; camphre, un demi-scrupule ; huile de nard, huile de muscatelline, une quantité suffisante pour parfumer ; ajoutez-y un petit fragment de cire blanche[9]. »

Jusqu'au XVIIIe siècle, les pommes de senteurs connaîtront une très grande vogue. Elles inspireront de magnifiques ouvrages d'orfèvrerie, parfois très éloignés de la forme originelle, portés à la ceinture, au cou, voire en bague.

Existent aussi des boîtes de senteurs renfermant soit des parfums solides, soit un linge, une éponge, imbibés de vinaigre. Bien que peu coûteux, celui-ci a la réputation de combattre efficacement la putréfaction en raison de la nature « froide et sèche » de son arôme. Et l'éponge, qui passe pour être la matière la plus propre à contenir les « vertus et espritz des choses aromatiques et odorantes[10] », sera encore utilisée au XVIIIe siècle.

À côté de ces « antidotes » que l'on hume, il en existe d'autres à usage externe ou interne. Lotions, sirops, pilules, électuaires (médicaments pâteux), font partie de l'arsenal antipestilentiel du Moyen Âge : « Toutes ces préparations doivent contenir du parfum et de l'arôme, tels que la saveur du citronnier, le rob des pommes et des citrons, et les grenades fort acidulées[11]. »

L'héritage grec et arabe se manifeste dans certaines de ces compositions par l'introduction de substances réputées antivenimeuses comme les pierres précieuses, les perles, l'or, l'ivoire, la corne de cerf.

L'aromate joue encore un grand rôle dans la purification du linge et des vêtements. Galien pensait déjà que les couvertures, les draps, les matelas malodorants, pouvaient accélérer le processus de pourrissement des humeurs. Quant aux bonnes odeurs des épices, elles empêchent la corruption des aliments. Viandes et poissons sont relevés de gingembre, clous de girofle, poivre de cubèbe, cardamome, noix de muscade, macis (fleur et écorce du muscadier), safran, cannelle. Mais leurs vertus échauffantes ouvrent les pores de la peau à l'air pestilent. Aussi les utilisera-t-on surtout en hiver.

De l'arsenic dans le parfum

Au XVe siècle, l'alliance de substances odorantes et de contrepoisons dans la prévention et le traitement de la peste devient systématique. L'artisan principal de cette transformation est le savant italien Marsile Ficin. La peste est, selon lui, un venin spécifique qui se fixe, telle une odeur, aux êtres et aux choses et qu'il faut combattre en renforçant les produits odorants par des antidotes très puissants et des plus divers. Pierres précieuses tout d'abord : hyacinthe, topaze, grenat, rubis, corail, diamant. Leurs pouvoirs sont soulignés avec insistance. Ainsi l'émeraude a une si grande force qu'elle est capable d'aveugler vipères et crapauds. Ces pierres ne sont pas, toutefois, les seuls composants qui ont « propriété et vertu de chasser le venin[12] ». Il en est beaucoup d'autres, précieux ou non, réels ou mythiques, qui protègent de la mort : les perles, l'or, le corail, la soie, la corne de licorne ou le simple bois de frêne.

Le contrepoison par excellence est la pierre appelée « bézoard », d'origine orientale et de couleur bleu sombre, bleu-vert ou blanc bleuté. Sa puissance d'immunisation est telle que, si l'aiguillon du scorpion la touche, cet animal venimeux devient tout à fait inoffensif. Pilée et placée dans la bouche du serpent, elle le tue. Cette pierre rare (en réalité, une concrétion pierreuse qui se forme dans l'estomac de certains animaux) peut être portée au cou ou montée en bague. Y graver un serpent ou un scorpion augmente son pouvoir protecteur. Elle entre également dans la composition de médications aromatiques : l'encens scellé avec un anneau de cette matière constitue une aussi bonne garantie contre le venin que le véritable bézoard.

Moins précieux et, sans doute, plus facile à se procurer, le frêne fait également partie de ces antidotes qui viennent aider les arômes dans leur combat contre la pestilence : « Pour ce que fresne a telle vertu qu'aucune beste venimeuse n'ose approcher de son ombre ny de la senteur d'iceluy, plustost elle se ieteroit volontiers dans le feu qu'elle ne s'approcheroit de cest arbre[13]. » Respirer une éponge « liée avec bois de fresne » et imbibée de « ceste odeur salutaire » faite avec de l'eau de roses, du vinaigre rosat, du vin de malvoisie, de la racine de zédoaire ou de l'écorce de citron, protège du mauvais air.

L'association de produits parfumés et de contrepoisons se rencontre constamment dans les prescriptions. Outre la thériaque que Ficin considère comme la « royne de toutes les compositions qui a été envoyée du ciel aux hommes » et dont on imprègne son mouchoir, il faut humer toutes sortes de bonnes odeurs : encens, myrrhe, violette, menthe, mélisse, pomme de senteurs faite avec du storax, du santal, du camphre, des roses. On peut également tenir à la main des agrumes, des fleurs et des plantes odorantes, porter au cou ou garder dans la bouche de la corne de licorne, une hyacinthe, une topaze, une émeraude. Les pilules et les électuaires comportent de l'aloès, de la myrrhe, du safran et des ingrédients qui « augmentent leur vertu et forces » : pierres précieuses, perles, « rasclure d'hyvoire », corne de licorne ou de cerf brûlée, « os qui est au cœur de cet animal ». Les poudres de pierres précieuses et d'encens sont également excellentes. On boit aussi des décoctions de petites fleurs qui assèchent les « humiditez venimeuses » ou de plantes antitoxiques comme les raiforts sauvages qui « ont telle force contre le venin qu'ils font crever le scorpion qui les a touchés », des eaux de mélisse, de rose ou de scabieuse, de l'huile de scorpion composée d'huile d'olive vieille de cinquante ans dans laquelle a bouilli le dangereux animal. Les sachets parfumés placés sur le cœur ou l'estomac pour les fortifier comportent désormais aussi du corail et de l'ivoire. Pour accroître l'efficacité des emplâtres qui doivent être « puissants pour tirer le venin hors du corps », on y inclut des produits très toxiques : arsenic, ciguë, vitriol. Et comme les épices assaisonnant la nourriture ont des qualités chaudes et « apéritives » qui « préparent et disposent l'homme à recevoir plus facilement le venin », Ficin propose d'y mêler des matières précieuses propres à contrebalancer cet effet.

En comparant la peste à un dragon qui jette « son haleine venimeuse sur l'homme », il va promouvoir une hygiène différente, fondée sur la nécessité d'écarter ce poison qui s'attache opiniâtrement à la peau, aux vêtements, aux objets et aux murs.

Héritées de l'Antiquité et du Moyen Âge, les méthodes qu'il prône pour assainir la maison n'ont rien d'original. Elle doit être propre, aérée, arrosée de vinaigre et parfumée de bonnes senteurs : « Qu'on espande par tout et qu'on mette par les coings et parois de la chambre des feuilles de vigne, de roseaux, de saules, d'osiers, de petites plantes et feuilles de citronnier et de toutes autres choses verdes, comme fleurs et pommes de bonne senteur. »

En revanche, l'hygiène corporelle obéit à de nouveaux impératifs induisant un recul sensible de l'eau. Alors que, pendant la peste de 1348, les médecins ne déconseillaient que les bains chauds, Ficin considère tous les bains comme dangereux car ils ouvrent les pores de la peau à l'air pestilent. (Cette peur des bains aboutira d'ailleurs à la fermeture des étuves au XVIe siècle.) Visage et mains seront donc lavés à l'aide de lotions aromatiques. Les personnes en contact avec les malades redoubleront de prudence et se nettoieront entièrement et deux fois par jour avec du vinaigre tiède.

Changer de vêtements et se parfumer souvent deviennent des précautions indispensables.

Une incitation pressante à l'usage privé de la literie et de la vaisselle traduit une tendance nouvelle à l'individualisation : « Qu'on aye durant ces temps des vaisseaux séparés pour boire et pour manger, des garnitures de licts aussi et si on ne peut avoir d'autres linceulx et choses necessaires separées, qu'on les nettoye par lavemens et perfums [14]. »

Toutes ces mesures préventives ont un prolongement sur le plan curatif. Lorsque la contagion s'installe, ce qui est recommandé aux personnes saines vaut, à plus forte raison, pour celles qui sont atteintes : « Que sur toutes choses on aye soin de renouveler et changer au malade souvant de chemise, de tous les draps, linges et perfums, et le vaisseau ou se font les perfums [15]. » Les pratiques de nettoiement par les parfums inspirent directement celles de désinfection. Celles-ci prennent également en compte l'aptitude plus ou moins grande de chaque corps à retenir le venin, ce qui induit des durées de traitement spécifiques : « Les hommes sont communément nettoyés dans quatorze jours, les maisons, bois et autres choses en vingt et un. Les draps, vestements et autres choses semblables, dans vingt et huict jours. Les chevaux, les meubles, le bagage et telles choses gardent longtemps le venin si on n'y est advisé [16]. » Hygiène préventive et méthodes curatives ne sont pas clairement distinguées car elles relèvent d'une conception identique. Mais les règles posées par Ficin influenceront les techniques de désinfection qui seront développées et pratiquées de façon systématique au cours des siècles suivants.

Recherche sur le principe actif des bonnes odeurs

L'utilisation des résines aromatiques dans l'embaumement des morts montre à l'évidence, selon Jérôme Fracastor, leur efficacité contre la corruption et la puanteur. Les très fines particules des aromates assèchent et cimentent. Leur action est comparable à celle du sable sur la chaux ou de la farine sur l'eau. « Les infiniment petits humides » pénètrent alors dans « les très petits pores des substances sèches[17]. » Leur union ne laisse plus aucun vide et interdit toute décomposition et toute intrusion. Et cette « antipathie » des substances odorantes à l'égard du putride pourrait bien résider dans leur arôme même.

Pour Ambroise Paré, il ne fait aucun doute que le parfum des matières odoriférantes constitue leur élément actif. De nature aérienne, subtile, « spirituelle[18] », similaire à celle des « esprits vitaux » (vapeurs de sang subtil et principe même de la vie), il pénètre directement et profondément dans les poumons et tout le corps sans rien perdre de sa vertu. C'est pourquoi, à la différence de beaucoup de ses contemporains, Paré condamne les antidotes sans arôme, comme l'or, les perles, les pierres précieuses et surtout la corne de licorne.

En ce qui concerne cette dernière, « on ne sçait à la vérité quelle est ceste beste ». Les bruits les plus contradictoires courent à son sujet. Elle naît aux Indes, en Éthiopie, dans des déserts inaccessibles. Elle ressemble à un cheval, un âne, un cerf, un éléphant, un rhinocéros, un lévrier. Sa corne est noire, blanche, pourpre, rayée comme la coquille de l'escargot. Les uns « disent qu'elle est la plus furieuse et cruelle de toutes les bestes et qu'elle hurle fort hideusement, d'autres au contraire la disent fort douce et bénigne, et s'amouracher des filles, prenant plaisir à les contempler, et qu'elle est souvent prise par ce moyen ». Quand bien même existerait-elle, sa corne ne saurait être efficace : car les cornes n'ont ni saveur, ni odeur, à moins d'être brûlées. Seuls, « le bon air et le bon sang », qui stimulent le cœur, ont la faculté de s'opposer aux venins. Mais « quiconque trouvera de l'air en la corne de licorne, il tirera de l'huile d'un mur[19] ». Cet alexitaire sans arôme, abusant jusqu'aux rois qui en font tremper un morceau dans leur coupe pour éviter d'être empoisonnés, est donc parfaitement illusoire.

Mais quel que soit le principe de leur pouvoir, les senteurs restent, au XVIe siècle, les plus sûres alliées de tous ceux qui assistent les malades. Les conseils donnés, en 1548, par Oger Ferrier à ses confrères mettent en valeur l'importance de la panoplie aromatique des médecins. Avant de pénétrer dans la maison du pestiféré, il faut en faire ouvrir portes et fenêtres pour l'aérer puis la désinfecter par un feu odorant. Précédé d'une « eschauffette » où brûlent, sur des charbons ardents, encens, myrrhe, roses, benjoin, ladanum, styrax et clous de girofle, portant d'une main une branche de genévrier et de l'autre une pomme de senteurs, un bouquet ou une éponge imbibée de vinaigre, le praticien se rend auprès du malade. Dans la chambre assainie par les fumigations, la consultation peut alors commencer. Elle va réclamer de lui des qualités de jongleur, d'équilibriste et une grande perspicacité dans le diagnostic, car c'est seulement à distance ou à tâtons et à reculons qu'il ausculte : « Ainsi, tenant dans la bouche quelque chose de votre massapa [pâte parfumée], et tenant l'une main au près du nez avec lesdites odeurs, et ayant en l'autre ladite piece de genevrier allumée : vous regarderez d'un peu loin votre patient et l'interrogerez de son mal et de ses accidents et s'il a douleur, ou quelque tumeur en aucune partie, le visiterez. Puis vous approcherez, et en lui tournant le dos, baillerez votre piece de boys à quelcun qui la tiene devant votre face. Et avec votre main tournée en arrière, toucherez le pouls du malade, et le front, et la région du cœur, tenant toujours quelque senteur près du nez. » Enfin, le médecin courageux, toujours muni de ses accessoires aromatiques, entreprendra une ultime tâche, la plus périlleuse de toutes : l'examen des urines et des matières fécales, mais seulement « si la condition du malade le mérite [20] ».

La désinfection au canon

Les bonnes senteurs n'ont pas eu les effets que l'on en attendait et l'anxiété devant la peste augmente. L'idée va alors s'imposer qu'on peut essayer de la combattre par des odeurs plus fortes. Deux méthodes apparaissent concevables : opposer à la puanteur d'autres puanteurs ou renforcer l'action des parfums par des senteurs violentes.

En 1634, le médecin Henri de La Cointe préconise de neutraliser les exhalaisons pestilentielles par des relents encore plus infects, tels ceux du bouc ou des charognes. Thomas Jordanus, Alexander Benedictus et Palmarius ont pu constater l'existence de telles pratiques. Le premier expose que, « dans un air pestilent, on a coustume de nourrir les boucs, animaux puants, afin que toutes les odeurs mauvaises ou ingrates se portent sur luy, soit aussi que sa puanteur surmonte toutes les autres et les détruise en sorte qu'à peine en reste-t-il trace[21] ». Les autres relatent que, lors d'une cruelle peste qui ravagea la Pologne et la Scythie, il fut demandé à la population de tuer tous les chats et les chiens et de les laisser pourrir dans les rues « afin que cette vapeur maligne et puante eslevée dans l'air le remplisse soit pour changer cet air pestilent, soit pour l'absorber et consommer ».

Le médecin toulousain Alvarus qui juge par trop sale l'usage de boire chaque matin de sa propre urine est de cet avis : « Il vaut mieux sentir souvent l'urine d'un bouc et le mesme bouc qu'à ces fins on doit tenir dans la maison[22]. » Et Henri de La Cointe, constatant que les travailleurs qui manipulent « choses sordides et puantes » sont moins touchés par l'épidémie, y trouve confirmation du principe selon lequel une puanteur en chasse une autre. Les odeurs nauséabondes des cuirs protègent les corroyeurs, les émanations excrémentielles mithridatisent les vidangeurs. Le personnel hospitalier qui pourtant respire constamment l'air pestilentiel n'est pas le plus frappé. Fétidité n'est donc pas synonyme de nocivité et le nouveau credo aromatique peut être proclamé : « C'est donc procéder peu judicieusement et témérairement que de vouloir dire et affirmer comme une éternelle vérité que les seules bonnes odeurs doivent servir aux parfums des chambres infectées et non pas celles qui sont ingrates et mal-plaisantes[23]. » Plus encore, les exhalaisons agréables sont maintenant accusées de véhiculer l'air pestiféré jusqu'au cœur qui « embrasse promptement par une inclination naturelle ce qui est odorant ou de bonne senteur : comme au contraire il se resserre et se munit à l'encontre des malplaisantes ».

Mais tous les contemporains d'Henri de La Cointe ne prônent pas un renversement aussi complet des valeurs olfactives. La plupart préfèrent une méthode qui associe les odeurs violentes aux bonnes senteurs. Les vertus purifiantes et revigorantes de celles-ci doivent être soutenues et augmentées par des « renforts » adaptés au caractère effrayant de l'adversaire. Pour désinfecter les maisons, les vêtements, les personnes, des produits toxiques qui dégagent des effluves âcres comme le soufre, l'arsenic, l'antimoine, la poudre à canon, la poix, sont ajoutés aux fumigations aromatiques. Marsile Ficin avait déjà recommandé, deux siècles auparavant, l'adjonction de certaines de ces substances aux aromates pour en renforcer le pouvoir antivenimeux. Mais, à partir du XVIIe siècle, on va s'intéresser de façon spécifique aux énergies contenues dans l'odeur irritante de ces adjuvants et en généraliser l'usage. Car il ne s'agit plus, comme le fait remarquer le médecin Angelus Sala, en 1617, de « corriger l'air de quelque puanteur[24] » avec des arômes, mais de résister à une « très subtile vapeur » empoisonnée, ce qui ne peut se faire qu'avec des parfums antivenimeux et violents. L'épidémie est « une infection si maligne et véhémente, qu'elle ne peut non plus estre domptée par la senteur des roses, des violettes, fleurs d'oranges, d'iris, storax, santal, cinnamome, musc, ambre, civette, ou autres choses odorantes ». Et, de même que l'on ne maîtrise pas « la force d'un lion par celle d'un aigneau » ou la puissance du « grand venin de l'arsenic avec le sucre candy », il est impossible de lutter contre la pestilence de l'air en utilisant seulement ce qui flatte l'odorat. Les émanations malodorantes recèlent des énergies supérieures. Leur emploi, malgré le désagrément qu'elles comportent, s'impose car « on ne peut pas toujours conserver sa santé en se tenant le nez dedans les roses ». Illustration de cette tendance nouvelle : on voit apparaître à cette époque des pommes de senteurs composées de soufre, de poix et de castoréum (excrétion sébacée du castor), ainsi que des « pilules fétides pestilentielles[25] » !

Le progrès d'une médecine « dure » des odeurs violentes au détriment de la médecine « douce » des senteurs agréables rencontre des résistances acharnées. Dans cette lutte de spécialistes, tous les arguments sont bons. Les tenants de l'aromathérapie traditionnelle, soucieux de ne pas paraître moins épris de progrès que leurs adversaires, vont essayer de la défendre en proposant des applications nouvelles, parfois ingénieuses. Très représentative de l'affrontement du nouveau courant et des méthodes anciennes est la polémique qui oppose les médecins Jean de Lampérière, auteur du *Traité de la peste, de ses causes et de sa cure*, à David Jouysse qui publie, en 1622, un *Examen du livre de Lampérière sur le sujet de la peste*.

« J'en trouve beaucoup qui réprouvent les bonnes odeurs en la peste et conseillent les mauvaises et semble que cette erreur aye passé à beaucoup en règle[26] », constate, en 1620, Jean de Lampérière. À contre-courant de cette mode, il s'insurge contre l'utilisation des produits fétides. C'est une erreur, proteste-t-il, de croire « trouver un grand préservatif en la puanteur d'un retrait, en la touffeur d'un fumier, au relan et pourry d'un puteau... La force des choses fœtides est grande mais pour corrompre et infecter : non pour se desfendre de la corruption ». Mais revaloriser les exhalaisons agréables exige quelques concessions. Une distinction est faite entre les mauvaises odeurs, très dangereuses, qui naissent de la putréfaction et celles qui résultant d'une combustion ont une qualité ignée de purification et de dessiccation. Fumigations de soufre, de poudre à canon, de salpêtre, « choses fortes d'odeur, sans fœteur », peuvent, à la rigueur, assainir l'atmosphère des maisons. Quant aux arômes, créés pour le plaisir de l'homme, ils lui sont destinés de façon spécifique. À ceux qui confondent délicatesse et faiblesse, et qui critiquent leur manque de force, il riposte que cette douceur recèle des énergies cachées, capables aussi de charmer esprits et démons que la puanteur irrite.

Champion d'un combat d'arrière-garde (il demeure partisan de l'or, des perles, des pierres précieuses, des sels de « bézoard »), Lampérière rêve toutefois de nouvelles compositions odorantes qui témoignent d'une imagination débordante et pourraient faire passer leur inventeur pour un médecin de comédie. Coûte que coûte, il s'obstine à remettre l'arôme à la mode en l'entourant de mystère. Le but est, à l'évidence, de piquer la curiosité d'un public qui doute des vertus des produits aromatiques, et de redorer en quelque sorte leur image de marque. À cette fin, il évoque des pratiques alchimiques secrètes, des coutumes éloignées, ou bien encore des ingrédients imaginaires, toutes choses susceptibles de conforter le halo merveilleux qui entoure l'aromate. Ses efforts sont diversement appréciés par David Jouysse qui l'accuse de se moquer des « langueurs et misères du peuple » et d'offrir « au lieu de vrays remèdes, faciles à avoir... du vent et de la fumée[27] ».

Les « parfums universels » constituent, selon Lampérière, une très bonne protection car leur odeur grasse et fuligineuse pénètre les pores de la peau et bloque l'entrée du mauvais air. Pour les auréoler d'un élément occulte, il raconte avoir vu à Paris, pendant la peste de 1596, un médecin juif, « grand naturaliste et chimiste », qui cherchait la pierre philosophale avec le docteur Cayer dans l'abbaye de Saint-Martin, utiliser un semblable antidote. Deux fois par jour, matin et soir, les deux alchimistes, entièrement nus, exposaient leur corps à des fumigations qui leur noircissaient beaucoup la peau. Ils pouvaient ensuite converser sans crainte et sans danger avec toutes sortes de malades. Cette préparation odorante « pue le bouquin à merveille[28] », s'esclaffe David Jouysse et, au vu de certaines substances entrant dans sa fabrication, en particulier urine de bouc et fiente de paon séchée, elle ne devait effectivement pas manquer de bouquet !

Rappelant l'usage sicilien de se frotter tout le corps avec de la mine de plomb pour boucher les pores de la peau et empêcher ainsi la pénétration des émanations pestilentielles, Lampérière fait également l'éloge d'une lessive aromatique dotée des mêmes vertus. Ses qualités astringentes et desséchantes permettent de se laver sans danger. En réalité, cette composition, qui autorise une toilette « humide » inoffensive parce qu'elle ne fragilise pas la peau, contrairement à l'eau qui la « relasche et attendrit », ne comprend rien d'autre que des produits odoriférants bien connus.

Il veut surtout réactualiser l'usage des préparations aromatiques en proposant des formules améliorées et des produits nouveaux. Particulièrement caractéristiques de sa démarche sont des créations comme la « poudre de belette », le « sparadrap cordial », la « chemise préservative » ou la « toile gommée pour ensevelir les pestiférés », autant de trouvailles destinées à associer les senteurs à une prophylaxie de pointe.

L'obtention de la « poudre de belette » n'est pas des plus aisées. Il faut, tout d'abord, exciter l'animal avec des verges pour le mettre en colère, avant de le jeter dans un récipient rempli de vin bouillant et de plantes aromatiques. On le laisse mijoter de façon à ce que toute l'humidité s'évapore. Après l'avoir bien calciné et passé à l'« eau de petifite », on obtient un sel qui fortifie le cœur. Dans d'autres inventions de la même veine, les produits plus ou moins chimériques abondent, qui les parent de qualités surnaturelles et fournissent un support au phantasme.

Railleur, Jouysse fait remarquer l'absence d'odeur de certains de ces composants extravagants : « Quand vous ordonnez aux parfums de la cendre de belette et de la poudre de larmier de cerf, je vous demande comme bruslera de la cendre, quelle odeur pourra elle donner et n'en ayant point quel effect en parfum ? Le larmier de cerf n'est guere rare, puis que vous en ordonnez une dragme pour brusler[29]. » Pourquoi ne pas recommander aussi, ironise-t-il, d'autres produits aussi faciles à se procurer que « le sang des bestes qui ont plus de quatre pieds, du sperme du premier coït d'une puce hermaphrodite et des furots des chevaux de Phoebus, cela auroit autant ou plus de grace[30] ».

Le « sparadrap cordial » est une version recherchée du mouchoir parfumé ou humecté de vinaigre. L'originalité consiste à le faire macérer avec des plantes de façon à le traiter en profondeur. Le linge ne procure pas seulement un substrat aux parfums, il en est pétri, totalement imbibé. Les médecins devront l'utiliser en toutes circonstances et porter des gants odorants, coupés aux extrémités pour prendre le pouls. Munis de cet attirail et après avoir parfumé leur linge et leurs vêtements, s'être lavé le visage et les mains avec une lotion, enduit les narines, les tempes, les lèvres, avec des baumes et mis dans la bouche des senteurs, ils pourront résister aux effluves pesteux.

La « chemise préservative » associe les parfums au vêtement de travail hospitalier. Lampérière prétend d'ailleurs avoir vu à l'Hôtel-Dieu et dans beaucoup d'autres endroits le personnel revêtir « une certaine sorte d'habit, en façon de rochet, trempée et poistrie dedans certaines liqueurs préservatives[31] ». Sa chemise est taillée dans un tissu préalablement plongé dans un bain de sucs et de cire fondue. Ainsi aromatisée, elle est censée conserver « le flambeau de la vie et le préserver de la rigueur d'un air ennemy[32] ».

La « toile gommée pour ensevelir les pestiférés », linceul enduit de produits aromatiques comme l'aloès mais aussi de substances dégageant des odeurs fortes comme le soufre, est présentée comme indispensable dans la lutte contre le fléau.

Les critiques de Jouysse visent précisément cette volonté opiniâtre de maintenir à tout prix l'usage des senteurs. Il en nie les propriétés thérapeutiques et les juge même néfastes. Elles provoquent des désordres chez les femmes hystériques et ont des effets libidineux sur les hommes. Loin de posséder des vertus fortifiantes et désinfectantes, elles fragilisent le corps. Et toutes ces délicatesses parfumées arrachent à Jouysse un cri d'indignation : « Par les cendres d'Hippocrate, je n'ay point fait de cérémonies, quand j'ay esté à mes sollicitations, j'ay descouvert moy-mesme le lit sans observer cela, je les ay souvent trouvez sur le bassin, sur la chaise percée. C'estoient pour lors les cassolettes et parfums de l'infirmerie publique, et Dieu mercy nous voicy, nous avons tant manié de corps morts, gastez de leurs vuidanges qui avoient esté abandonnez et... je n'avois ni sparadrap ni cassolettes[33] ».

En ce début du XVIIe siècle, le conflit de Lampérière et de Jouysse illustre deux attitudes diamétralement opposées. Entre ces positions extrêmes, on voit se mettre en place des procédures qui confèrent aux odeurs renforcées un rôle éminent, en particulier dans les pratiques de désinfection. La variété des compositions doit permettre de répondre à toutes les situations.

Apparaît à cette époque un classement énergétique des parfums désinfectants. Le « fort » ou « violent » comporte de grandes quantités de produits caustiques, âcres et puants. On l'emploie surtout pour tuer les miasmes qui vicient l'atmosphère des pièces où sont morts des pestiférés. Le « commun » ou « médiocre » est fabriqué avec moins de composants corrosifs et davantage de matières aromatiques. Il s'utilise essentiellement pour traiter les adultes en bonne santé, le linge, les étoffes, les lettres. Quant au « doux », uniquement composé de substances odoriférantes, il est destiné à l'assainissement final des bâtiments et au « parfumage » des enfants et des personnes fragiles.

Les « parfumeurs » exercent une profession honorée. Ils emploient des aides qui exécutent la quasi-totalité des tâches sous leurs ordres et surveillance. Pour éviter les vols, faciles à effectuer dans les maisons désertées, ces derniers doivent revêtir des habits sans poches et être d'une parfaite sobriété en raison des risques d'incendie. Voici comment, selon Arnaud Baric, doit se dérouler la désinfection d'une maison et de ses occupants :

Conduits par le capitaine de la santé[34] qui tient une canne blanche pour signaler aux passants les dangers de contagion, les parfumeurs, suivis de l'« escrivain » chargé des besognes administratives, se dirigent avec leur matériel vers la maison pestiférée : « Deux parfumeurs porteront chacun sa poësle sur le col, un menera un cheval pour porter les hardes aux fours et le linge sale à la lessive ; les autres porteront des poësles, des ballais, et le parfum commun, fort et doux, en trois petits sacs de cuir, afin qu'il n'y ait point de meslange jusques à ce qu'il soit besoin[35]. » Pendant que le capitaine de la santé va chercher les clefs chez le dizainier du quartier, les parfumeurs allument un feu devant la maison, ferment les fenêtres, bouchent les trous, ouvrent les portes des chambres, soulèvent les couvercles des coffres, afin que le « parfumage » puisse détruire tous les miasmes. Le premier entré fait fondre du parfum commun dans une poêle pour « fricasser cette mesgère de peste venue de l'enfer du péché ».

Dans la maison, il faut veiller à ce que le parfum ne cesse de brûler tout en évitant de mettre le feu aux lits, à la paille et au papier. « Trainant la poësle au ras de terre, l'eslevant petit à petit, sans se haster, aussi haut qu'il se peut sans verser le parfum qui est fondu », le parfumeur passe dans toutes les pièces et ne néglige aucune encoignure où l'air pestilentiel pourrait se nicher. Avant de partir, il laisse sa poêle au milieu de la salle basse où le parfum qui reste achèvera de se consumer.

Après cette première désinfection, les autres parfumeurs et l'écrivain qui attendaient dehors peuvent entrer et poursuivre l'assainissement. Ils procèdent à la collecte du linge sale, nettoyé ensuite à l'extérieur par les « buandières », ainsi qu'à celle des vêtements que les « fourniers » mettent dans des fours très chauds pour les débarrasser des exhalaisons putrides. Il faut aussi vider les paillasses et brûler la paille dans la cour ou dans la rue, balayer toutes les pièces, frotter tous les meubles et les ustensiles avec du vinaigre ou du bon vin, laver la vaisselle, retirer le linge blanc des coffres et l'étendre sur des bancs ou des cordes, plonger l'argent et les bijoux dans l'eau bouillante. Le blé et la farine sont également purifiés ; les parfumeurs les retournent avec une pelle pendant que du « parfum commun » se consume dans le grenier et la farinière. L'écrivain surveille avec une extrême attention toutes ces opérations, tenant une liste de tous les objets qui sortent de la maison et prenant garde à ce qu'aucun parfumeur ne parle à un inconnu. Les chambres où ont séjourné les malades font l'objet d'une désinfection intensive avec du « parfum fort et rude » mis dans un grand pot rempli de charbons ardents.

Les parfumeurs se rendent ensuite dans la salle des « estuves » où d'autres spécialistes, les « estuvistes », les attendent. Placés sous des draps disposés en forme de cloche et retenus par des cordes, ils sont enveloppés par les effluves du parfum commun qui se calcine dans une poêle. Leurs vêtements, aussi, sont désinfectés. Buandières et hardiers subissent le même traitement. Même le cheval qui transporte le linge et les hardes est assaini au parfum commun. Quant à la désinfection des habitants, elle est faite en même temps que celle de la maison, avec des parfums adaptés à leur âge et constitution, sinon : « une selle à tous chevaux causeroit désordre[36] ». Pour éviter l'asphyxie, les enfants de moins de six ans sont dispensés des étuves. On se contente de les passer à plusieurs reprises au-dessus d'un mélange de parfums doux et commun. Le parfumage des femmes enceintes et des enfants de six à neuf ans se fait, en revanche, dans les étuves avec du parfum doux et de l'eau-de-vie. Celui des individus robustes s'opère dans des conditions similaires, mais avec du parfum commun mêlé de vinaigre et de sel.

Une fois sortis des étuves, les parfumeurs, sous le contrôle de l'écrivain, rapportent le linge et les vêtements propres, les étendent sur des barres ou des cordes et les traitent avec du parfum commun mêlé à du fort. Ils repassent ensuite ce mélange dans toutes les pièces pour anéantir les exhalaisons putrides qui auraient résisté. Un jour après l'évaporation des dernières fumigations, ils font brûler du « parfum doux » ou des bois aromatiques dans toute la maison. Ce travail achevé, les parfumeurs remettent la clef au dizainier du quartier.

La désinfection des personnes fait, d'ailleurs, à cette époque, figure de nouveauté : « C'est une invention nouvelle que de désinfecter les hommes, les Anciens se contentaient de leur ordonner des quarantaines et laissaient faire le temps, l'air et les vents, hors de la société et de la communication : mais à cette heure l'invention est trouvée pour abréger le terme et pour permettre la communication aux personnes infectes, aussitôt après leur purification[37] », déclare, en 1640, Ranchin, chancelier de la faculté de médecine de Montpellier. Les paysans se servent de leurs fours où « ils font entrer les infects pour y suer et y mettent leurs habits et puis les parfument ». Mais les étuves publiques des villes, « bien préparées et ordonnées, avec les serviteurs nécessaires, sont bien plus commodes ». On peut y traiter jusqu'à trente personnes par jour pour huit à dix sols par tête, les pauvres étant pris en charge gratuitement. Cette pratique n'est d'ailleurs pas limitée aux hommes. Elle concerne aussi tous les animaux domestiques. Avant d'être parfumés, chats, chiens, ânes, chevaux, mulets, seront lavés avec de l'eau et de la lessive ou iront nager quelques heures dans la rivière. Bâts et selles seront nettoyés avec du parfum violent.

Pour parachever l'assainissement urbain, on recourt même au canon ! L'odeur âcre de la poudre a de grandes vertus purificatrices. Mais, déplore Ranchin, cela entraîne quelques désagréments : « Je sais bien qu'après la désinfection des maisons, plusieurs mènent de petits ou de médiocres canons par les villes et qu'ils les font tirer par tous les carrefours, et aux entrées, même au milieu des grandes rues, afin de chasser par le moyen de la grande fumée les infections qui pourraient être par le bois, ou par les murailles des rues. Pour moi j'approuve bien la fumée, mais pour les coups de canon, l'expérience m'a appris qu'ils apportent de grands frais et de grands inconvénients dans les villes ». À Montpellier, il a pu en constater les effets néfastes : vitres brisées, murailles décrépites qui se lézardent et s'effondrent, boutiques qui s'entrouvrent, livrant passage aux voleurs, et, surtout, vins qui « se tournent et se gastent dans leurs tonneaux[38] ».

Heur et malheur de la thérapeutique traditionnelle. Disparition de la momie

Avec les deux grandes pestes qui marquèrent l'Europe en 1720 et 1771, le parfumage vit ses dernières heures de gloire. À Marseille, la désinfection est réglée par ordonnance et contrôlée par des commissaires. Elle est intensive et touche les édifices privés et publics, notamment les églises, ainsi que les navires. Les bâtiments contaminés sont signalés par des croix rouges qui jettent la consternation : « C'est alors que l'on vit bien à découvert les ravages que la peste avoit faits dans la ville. Pas une seule rue qu'elle n'eût désolée, et très peu où il fût resté quelque maison saine. Dans toutes les autres rues elle avoit tout ravagé de suite et toutes ces croix rouges nous retracèrent d'abord toutes les horreurs du plus cruel massacre qu'on ait jamais vu[39]. »

C'est encore aux parfums qu'est attribuée la fin de la peste à Moscou. La désinfection est estimée si efficace que, pour la première fois, les échanges commerciaux ne sont pas suspendus. Chargé de tester les poudres antipestilentielles, le médecin Samoïlowitz s'était livré à une expérience sur sept criminels qui y avaient consenti en échange de leur liberté future. Il fit apporter dans une demeure contaminée des vêtements particulièrement souillés, provenant de l'hôpital des pestiférés et les soumit à des fumigations violentes avant d'en revêtir les cobayes. Ces effets avaient été choisis avec soin de façon à offrir un échantillonnage complet des matières les plus propres à retenir les germes pesteux : fourrure, laine, soie, coton, fil. Le test fut jugé d'autant plus positif que les condamnés passèrent seize jours dans la maison sans qu'aucun n'éprouvât la moindre atteinte de la maladie.

Mais l'extension des pratiques de désinfection à Marseille et à Moscou ne pourra enrayer la remise en cause de plus en plus âpre de l'utilisation prophylactique et thérapeutique des bonnes et mauvaises odeurs, jugées inefficaces ou nocives. Même Samoïlowitz, partisan des parfums corrosifs, ne cache pas le danger que peut comporter leur emploi. Le contrôle de la désinfection des fabriques de Moscou faillit lui coûter la vie. Ayant pénétré à plusieurs reprises dans les locaux où se faisaient les fumigations pour vérifier si elles étaient assez épaisses, il fit la cruelle expérience de leurs pouvoirs délétères : « Toutes mes articulations étaient comme pour ainsi dire disloquées, les sourcils, les paupières, la barbe et tous les autres poils me sont tombés et je suis devenu d'une couleur toute livide, même j'étais menacé de tomber dans un marasme et finir ma vie avant son temps[40]. » En 1777, le docteur Jean Fournier, rescapé d'un « parfumage » qui le laissa à demi asphyxié, révèle que la plus grande partie des parfums expédiés à Marseille a été fort inutile, dispendieuse, souvent dangereuse et quelquefois funeste, plusieurs personnes ayant péri par suffocation et toux convulsive. Et il proteste du caractère calomnieux des bruits qui coururent sur son compte et sur celui du docteur Chicoyneau : « Indépendamment des parfums et des remèdes particuliers dont tout le public prétendait que nous faisions usage pour nous préserver de la peste, on nous avait dépeints, dans différentes Provinces du Royaume, d'une manière grotesque, et surtout M. Chicoyneau, qu'on représentait avec un habillement fort long de toile cirée, un masque, un grand bonnet de maroquin noir, avec une pipe fort longue à la bouche, remplie de substances et drogues pulvérisées[41]. »

Les progrès de la chimie vont encore contribuer au discrédit des parfums dans le combat contre l'épidémie. À la fin du XVIIIe siècle, la recherche se concentre sur un produit capable de neutraliser les exhalaisons mortelles qui émanent des fosses d'aisances et autres lieux nauséabonds, accusés de provoquer la peste et toutes sortes d'autres maux. Chargé, en 1773, de neutraliser l'infection qui s'échappe des caves sépulcrales de la cathédrale de Dijon, le chimiste Guyton de Morveau expérimente en vain les fumigations aromatiques de vinaigre, de nitre et de poudre à canon. Tournant résolument le dos aux méthodes du passé, c'est grâce à l'acide muriatique qu'il vient à bout des miasmes contagieux et de l'odeur putride qui trahit leur présence.

La lutte contre la puanteur prend des allures de croisade. Ecraser « l'hydre » immonde avant qu'elle n' « immole à sa fureur de nouvelles victimes[42] » est la tâche éminente que propose Janin de Combe-Blanche à tous les amis de l'humanité. Les ravages occasionnés par le méphitisme, source de désolation publique, responsable de morts innombrables qui dévastent les villes et les provinces, ne sont plus tolérables. Encouragé par les résultats positifs de ses expériences de désodorisation des cloaques, il proclame la venue de jours meilleurs où vidanger ne menacera plus tout un quartier, n'empestera plus les rues et les chemins, ne déshonorera plus les campagnes et où la vie des vidangeurs ne sera plus exposée ni abrégée. La découverte de « l'antiméphitique vainqueur » instaurera même une véritable paix sociale : « Toutes les classes de citoyens béniront l'Être suprême d'avoir mis dans leurs mains, et de connoître le puissant ennemi capable de détruire et d'anéantir toute fétidité[43]. »

L'abandon d'une drogue médiévale et macabre, recommandée dans le traitement de la peste et de nombreux maux, est encore caractéristique de l'essor des préoccupations hygiénistes au XVIIIe siècle. La « mumie » ou « momie », terme probablement dérivé du persan *mummia*, nom ancien du bitume donné par extension au Moyen Âge aux corps embaumés d'Égypte, est très certainement l'une des plus grandes curiosités des pharmacopées anciennes. Mais, pour bizarres qu'ils puissent nous apparaître aujourd'hui, les remèdes anciens sont, comme le fait remarquer l'épistémologue François Dagognet, de « véritables infrastructures qui éclairent les ensembles sociaux » en même temps qu'une « matière rationnelle[44] ». Le succès pendant plusieurs siècles de cette médication « humaine » que fut la momie trouve son origine dans les vertus antiputrides et énergisantes prêtées aux aromates.

La genèse du médicament est lacunaire et obscure. Selon Jean de Renou, médecin et conseiller du roi, « quelques centaines d'années » après que la guerre eut éclaté en Égypte (il s'agit probablement de l'invasion arabe du VIIe siècle après J.-C.), les envahisseurs qui ravageaient le pays pénétrèrent dans les tombeaux des pharaons embaumés de précieuses substances aromatiques et trouvèrent dans leurs sarcophages « une certaine liqueur odorante liquide et de consistance de miel qui en distilloit[45] ». Ils la recueillirent pour la vendre aux médecins du pays qui surent en tirer parti et profit. Poussés par l'appât du gain et l'intérêt thérapeutique qu'ils accordaient à cette nouvelle drogue, ceux-ci en vinrent à fouiller, outre de nouveaux sépulcres royaux et princiers, les caveaux des plus pauvres. Tout en sachant que l'exsudat qui ne provenait pas de morts embaumés avec des gommes odoriférantes n'était pas aussi excellent, les médecins le donnèrent néanmoins à leurs malades.

Une autre version situe l'apparition de la « mumie » à une époque plus récente mais confirme la substitution aux momies « riches » de momies « pauvres ». En l'an 1003 ou 1100, « un juif malin nommé Elmagar, natif d'Alexandrie, tenu pour expert médecin suivant la doctrine des doctes Arabes[46] », aurait ordonné de la chair momifiée aux chrétiens et aux musulmans qui « debatoyent alors en Orient à qui feroit la Palestine ». Les médecins de toutes les nations, affirme, en 1625, Louis Guyon, s'inspirèrent ensuite de cet exemple et conseillèrent ce remède dans « les maladies froides et les corps meurtris ». En raison de leur rareté, de leur prix et de la difficulté de se les procurer, les riches momies, éviscérées, ointes et « farcies » de coûteux aromates selon les règles de l'art, devinrent rapidement introuvables et ce furent les corps des pauvres qui passèrent dans les mortiers des apothicaires.

Le développement de l'utilisation de la momie dans la médecine médiévale fut favorisé par une confusion établie entre les résines servant à la momification et le bitume ou asphalte, connu dès l'Antiquité pour ses nombreuses applications médicinales. Au XIIe siècle ou peut-être même avant, les Juifs d'Alexandrie, s'appuyant sur les affirmations erronées de Diodore de Sicile et de Strabon qui prétendaient que le bitume entrait dans la préparation des momies, se seraient mis à prélever la résine dont elles étaient recouvertes. Encouragé par la rumeur selon laquelle ce bitume « humain » était le plus efficace, on crédita des mêmes qualités les corps embaumés eux-mêmes qui, dès lors, furent utilisés pour la fabrication de la drogue : « Ainsi, pauvre Égypte ! après avoir vu la civilisation atteindre son apogée, après avoir tout sacrifié au respect des morts, elle devait voir les demeures éternelles de ses chefs vénérés, spoliées, profanées et violées, et les corps des siens servir de drogues aux étrangers[47]. »

Quoi qu'il en soit, momie riche ou momie pauvre, cette substance devient au XVIe siècle, époque à laquelle le nombre de médicaments animaux et humains augmente, l'objet d'un extraordinaire engouement. Le naturaliste Pierre Belon rapporte que « l'usage desdicts corps embaumés en Égypte, c'est-à-dire nostre Mumie, est en si grand usage en France[48] » que le roi François Ier en portait toujours sur lui. Mais l'origine des produits offerts aux consommateurs est devenue de plus en plus douteuse.

Il ne s'agit plus, selon le savant italien Jérôme Cardan, de la véritable momie provenant des « cors des Égyptiens aromatisés de myrrhe, d'aloe et d'autres odeurs aromatiques[49] ». Ambroise Paré déniaise les naïfs qui croient encore avoir affaire à elle : comment imaginer que les puissants d'Égypte se fussent donné tant de mal pour accommoder leurs parents et amis d'aromates de grand prix pour les servir « à manger et à boire aux vivants[50] » ? Comment admettre qu'ils eussent toléré l'ouverture des tombeaux et l'enlèvement des corps « hors de leurs pays pour estre mangé des Chrestiens » ? Les seules momies qui sortirent d'Égypte, s'il y en eut, furent celles « de la populace, qui ont esté embaumés de la seule poix asphalte ou pisasphalte dequoy on poisse les navires ».

La falsification règne et s'amplifie. L'exportation des momies ayant été interdite et la demande croissant toujours, les trafiquants recourent à toutes sortes de succédanés. L'ersatz constitué par les cadavres desséchés par les sables et la chaleur des déserts est un « genre de moumie » « fétide », « triste » et « horrible[51] », déclare Jérôme Cardan. Mais des contrefaçons bien pires encore sont apparues sur le marché aux dires de certains témoins. Le célèbre médecin du roi de Navarre, Guy de La Fontaine, confia à Ambroise Paré avoir rendu visite, en 1564, à un Juif qui trafiquait des momies à Alexandrie. Sans se faire prier, celui-ci le fit entrer dans un magasin où étaient entassés pêle-mêle une trentaine ou une quarantaine de « corps mumiez[52] ». Mais lorsque La Fontaine s'inquiéta de savoir s'ils provenaient bien de nécropoles égyptiennes, le trafiquant éclata de rire et lui révéla que c'était lui-même qui les avait embaumés. Comme La Fontaine se plaignait de cette tromperie, le trafiquant lui fit remarquer qu'il eût été invraisemblable que l'Égypte, où la pratique de l'embaumement avait cessé depuis bien longtemps, pût fournir aux chrétiens tant de momies. Interrogé encore sur l'origine des défunts et les causes de leur décès, il répondit qu'« il ne se soucioit point d'où qu'ils fussent, ny de quelle mort ils estoient morts, ou s'ils estoient vieils ou jeunes, masles ou femelles, pourveu qu'il en eust, et qu'on ne les pouvoit connoistre quand ils estoient embaumés [53] ». Quant à la façon de procéder, il déclara qu'il ôtait le cerveau et les entrailles, faisait de grandes et profondes incisions dans les muscles, les remplissait de bitume de Judée et de vieux linges trempés dans ce liquide, bandait chaque partie séparément, enveloppait le corps d'un drap imprégné de bitume et les laissait « confire » deux ou trois mois. Il avoua même, non sans ironie, s'étonner que les chrétiens fussent si friands de cadavres.

D'aucuns prétendent, selon Paré, que la momie se fabrique en France même et que des apothicaires audacieux et avides vont voler la nuit les corps au gibet. Après les avoir vidés, desséchés au four et trempés dans la poix, ils les vendent pour de la vraie et bonne momie importée d'Égypte. Lui-même affirme avoir vu chez certains apothicaires des membres et morceaux de cadavres, voire des cadavres entiers embaumés de poix noire et dégageant une odeur répugnante. Tout cela montre bien, conclut-il, qu'« on nous fait avaler indiscrètement et brutalement la charogne puante et infecte des pendus, ou de la plus vile canaille de la populace d'Égypte, ou de vérolés, ou pestiférés, ou ladres [54] ».

La condamnation de cette pratique, qui consiste en fait à vouloir guérir un homme en lui insérant « un autre homme dedans le corps [55] », ne se fonde pas au premier chef sur son immoralité mais sur sa nocivité. L'Église paraît d'ailleurs avoir eu en la matière une position parfois ambiguë. Si certains ecclésiastiques refusent cette « spoliation des corps humains nés à l'image de Dieu [56] », d'autres sont plus accommodants. Ainsi le jésuite Bernard Caesius ira-t-il jusqu'à soutenir que l'absorption de la momie a une vertu morale car elle oblige les mortels à se remémorer qu'ils ne sont pas éternels et que le Christ est mort pour eux !

Aussi, malgré les nombreuses attaques dont elles sont l'objet, les falsifications continuent au siècle suivant d'envahir le marché. À son retour en France, La Martinière, apprenti barbier, capturé par les corsaires et vendu comme esclave, dévoilera à ses compatriotes les arcanes du trafic des momies à Alger. Dès 1626, Jean de Renou observe que l'usage de la fausse momie s'est à ce point imposé que d'aucuns la tiennent pour la seule authentique. La scène qu'il rapporte est révélatrice de cette croyance pernicieuse. Participant un jour à la conversation de gens cultivés qui évoquaient les vertus admirables de la véritable momie, celle « odorante et aromatique[57] » des Égyptiens, il entendit un homme fort savant, mais au demeurant très ignorant de la matière médicale, soutenir que la seule et authentique momie n'était rien d'autre que la chair desséchée des cadavres. « Voilà comment peu à peu ceste impie et barbare opinion s'est glissée dans l'esprit foible de ceux qui se plaisent à estre pipez, s'estans laissez persuader par des personnes athées et perdues que ceste horrible puanteur et corruption qui sort du corps de l'homme estoit propre pour la guérison de toutes et plusieurs autres maladies. Or tant s'en faut que nous ayons de vraye momie toute telle qu'estoit celle qui se trouvoit iadis dans les sepulchres des Roys d'Égypte (laquelle se trouvoit en fort petite quantité et a duré fort peu de temps) que mesme nous n'avons pas celle d'Avicenne ny des autres Arabes, encore qu'elle ne soit composée que de la pourriture des corps humains et de bitume ; ains tant seulement à la place d'icelle une certaine liqueur espaisse, laquelle on exprime des cadavres et de laquelle on se sert aujourd'hui à la grande honte des médecins et plus grande horreur des malades[58]. »

Certains apothicaires s'efforcent d'orienter au mieux les consommateurs et de leur éviter les acquisitions les plus dangereuses. Impuissants à « empêcher tous les abus[59] » et à dissuader les amateurs de momie, Pomet et Lémery recommandent de la choisir belle, bien noire, luisante, sans os ni poussière et d'une bonne odeur.

Selon l'ancien garde des marchands apothicaires de Paris Pénicher, c'est ce critère olfactif qui doit présider à tout achat. Mais il existe un moyen plus sûr encore de contrôler la qualité du produit : fabriquer soi-même sa momie. Cette idée hardie n'était pas nouvelle. Au siècle précédent, l'illustre médecin suisse Paracelse avait élaboré d'intéressantes recettes. S'adressant à ses confrères, ces « asnes[60] » qui ignoraient la chimie et ne savaient rien des mystères de la nature, ce grand novateur leur faisait remarquer que ce qu'ils allaient chercher au loin dans les déserts ou chez les « Barbares » pouvait se trouver chez eux à meilleur compte.

Grâce à la distillation chère aux alchimistes, il est possible, selon Paracelse, de préparer trois sortes de momie : récente, sèche et liquide. Pour la première, on procédera ainsi : couper en petits morceaux de la chair provenant d'un cadavre bien sain ; la mettre dans un vase en verre de moyenne ouverture ; recouvrir d'huile d'olive ; envelopper le récipient de linges épais ; creuser une fosse large et profonde dans un jardin éloigné de toute habitation ; la remplir de fumier de cheval frais tassé très fort pour que sa chaleur continue à se dégager pendant plusieurs semaines ; y enfouir le vase de façon à ce qu'il soit entièrement caché à l'exception du col qui doit dépasser de deux ou trois doigts ; verser sur le fumier trois ou quatre « sapinées[61] » (mesure en bois de sapin) pour activer sa chaleur ; laisser reposer un mois ou plus jusqu'à ce que la chair, s'étant putréfiée et ayant exhalé son aquosité puante, il ne reste que l'huile d'olive, le sel et l'huile de momie ; transvaser le tout dans une cornue placée sur un fourneau et dans de la cendre ; distiller. Le baume ainsi obtenu est très efficace contre les douleurs et la goutte. En y ajoutant six onces de thériaque et une dragme de musc par livre, on confectionne un souverain remède contre la peste et autres venins.

La deuxième formule, nettement moins complexe et d'exécution plus rapide, nécessite en revanche un ingrédient qu'il n'est pas toujours facile de se procurer : la « liqueur » de corps embaumés. Pour la réussir, il faut observer la marche suivante : jeter cet exsudat en poudre grossière dans un vase en verre sur lequel on versera de l'esprit de vin simple non alcalin ; couvrir ; au bout de vingt-quatre heures, retirer l'esprit, en mettre d'autre ; répéter l'opération précédente ; distiller ; coaguler l'extrait. On aura ainsi une momie qui pourra être utilisée pure ou mêlée à d'autres compositions.

Pour réaliser la dernière variété, il faut conserver, dans un vase d'argent ou de verre et à l'abri du soleil et du vent, le sang d'une personne jeune et en bonne santé jusqu'à ce que l'humeur aqueuse se sépare de la masse sanguine ; incliner alors le récipient pour ôter la sérosité ; remplacer celle-ci par une quantité égale d'eau de sel ; laisser le mélange se faire. Ainsi préparé, le fluide vital ne pourrit point et demeure toujours rouge. Ce « baume des baumes » ou « secret du sang » préserve celui-ci de toute corruption et a des effets admirables contre l'épilepsie et la lèpre.

De ces trois momies obtenues par « extraction », les émules de Paracelse retiendront surtout l'exigence d'un cadavre jeune et sain. Pour obtenir une qualité maximale, on utilisera, à défaut d'un « homme vivant », un condamné et si possible roux. Les exécutés ont des vertus plus grandes, la pression sanguine augmentée par la peur empêchant la décomposition des corps. Quant à ceux qui ont le poil roux, observe Pénicher, leur sang est plus ténu, leur chair imprégnée d'« aromats[62] » est meilleure, car remplie d'un soufre, d'un sel balsamique.

La recette de Crollius, très prisée au XVIIe siècle, allie ces nouveaux impératifs à des pratiques qui s'inspirent moins de l'embaumement à l'égyptienne que du séchage des viandes. Il faut prélever sur un supplicié jeune et roux les cuisses et les fesses ; ôter les vaisseaux, les veines, les artères, les nerfs et la graisse ; laver abondamment avec de l'esprit de vin ; exposer aux rayons du soleil et de la lune pendant deux jours, par temps sec et « serain » afin d'exhaler les principes concentrés dans les chairs ; frotter de vrai baume ; saupoudrer de myrrhe, de styrax-calamite, d'aloès, de safran ; faire macérer dans un récipient bien bouché avec d'excellents esprits de vin et de sel pendant douze ou quinze jours ; retirer, égoutter, sécher au soleil ; refaire macérer ; exposer au soleil ou au feu « comme il se pratique à l'égard des langues de bœuf ou de porc et des jambons que l'on met à la cheminée, qui bien loin de contracter une odeur fâcheuse et une mauvaise qualité, deviennent une nourriture très exquise et très agréable[63] ».

À cette période qui correspond à l'âge d'or de la médication, les formules se complexifient et servent de base à d'autres compositions. Le médecin saxon Gabriel Clauder propose une préparation « toute extraordinaire[64] » où entrent de la suie et des feuilles d'or. Teintures, extraits, élixirs, huiles « mumiées » se multiplient. Et Pénicher d'observer que si « l'on vouloit rapporter et insérer dans un ouvrage toutes ces excellentes, ces curieuses et ces savantes préparations que l'on peut tirer de ces Mumies si précieuses et si rares... jamais on ne trouveroit la fin[65] ».

Mais ce brillant essor ne se poursuivra pas au siècle suivant. Malgré quelques succès thérapeutiques enregistrés par des médecins de province, la momie est en net recul et, dès 1749, on ne la prescrit quasiment plus à Paris. Ses détracteurs n'ont désormais plus aucun mal à rallier une opinion qui la juge « dégoûtante[66] ».

L'inquiétude des osphrésiologues

Déjà largement amorcée au siècle précédent, la critique de l'ensemble des parfums dans le traitement de la peste est entérinée au XIXe siècle. Reconnus inefficaces, ils vont être délaissés dans la prévention et le traitement du fléau. Cependant, les pouvoirs purificateurs et vitaux dont ils furent investis pendant des siècles les protègent d'un complet abandon thérapeutique et on observe encore, à cette époque, la persistance de leur emploi dans la cure de nombreuses autres maladies.

Au premier abord pourtant, les règlements sanitaires de 1835 renvoient du médecin une image digne de Chicoyneau : chaussé de sabots et vêtu de toile cirée, il doit faire brûler des parfums en entrant dans la chambre du malade. Mais ces précautions ont un caractère résiduel. L'article 616 précise que les parfums peuvent tout au plus « affaiblir » l'action morbifique des émanations pestilentielles, et il est conseillé de recourir en même temps au chlorure de chaux ! L'accent est mis très nettement sur des méthodes d'investigation et de traitement à distance. L'examen médical doit se faire au moins à douze mètres et derrière une barrière de fer. Des instruments à longue queue permettent d'intervenir sans toucher le pestiféré et, lorsque le « secours manuel » de quelque chirurgien devient absolument nécessaire, « on invite un élève en chirurgie à s'enfermer avec le malade ; mais ce n'est jamais qu'à la dernière extrémité qu'on en vient là[67] ». Mieux encore, l'ouverture d'un bubon représente une telle menace que tous les moyens sont mis en œuvre pour engager le patient, avant qu'il ait perdu connaissance et même si son bubon n'est pas encore mûr, à s'opérer lui-même ! Faut-il voir dans la cruauté de ces réglementations l'angoisse des praticiens qui ont perdu foi dans leurs talismans odorants ?

Ceux-ci sont de plus en plus contestés. En 1839, le contagionniste Grassi, médecin-chef du lazaret d'Alexandrie, rend les parfums responsables du malheur de sa famille. À la même époque, Clot-Bey, chef de file des anticontagionnistes, accuse les pratiques de parfumage d'être « plutôt l'effet d'une routine que d'un raisonnement scientifique[68] ». La chimie moderne offre des méthodes plus rationnelles et plus puissantes pour neutraliser les miasmes. Mais un fossé existe encore entre les espoirs fondés sur cette science et l'assistance réelle qu'elle peut apporter puisque Clot-Bey reconnaît n'avoir rien de particulier à proposer, si ce n'est le simple lavage, l'action de l'air et celle du chlore. En 1843, Aubert-Roche, qui exerça longtemps la médecine à Alexandrie, tourne en dérision des usages sanitaires qui ne s'attaquent pas aux vraies causes : manque d'hygiène et mauvaises conditions de vie. L'association du parfum et de la quarantaine, telle qu'elle existe dans tout le Levant, représente un système de protection parfaitement illusoire.

Lorsque la peste éclate en Égypte, en Syrie, à Smyrne ou à Constantinople, les Européens et les riches chrétiens observent la quarantaine. Ils commencent par placer à la porte de leur maison deux grilles en bois, à quelque distance l'une de l'autre. Devant la première, ils mettent un baquet d'eau et, entre les deux barrières, un vase où brûle un parfum composé principalement de storax et des pinces de fer pour saisir les objets. Tout ce qui pénètre chez eux doit être préalablement purifié par l'eau et le parfum. Certaines personnes plus évoluées utilisent le chlore. Quand le parfum ou le chlore vient à manquer, on utilise de la paille hachée et mouillée. « Ainsi le parfum, l'eau et la barrière passent pour les seuls préservatifs de la peste. Il importe peu que vous soyez misérable, sale ; que vos habitations soient mal construites, basses et mal aérées. Si vous venez à contracter la peste dans ces habitations, c'est que vous n'avez ni barrière, ni eau, ni parfum, en un mot, c'est que vous ne faites pas la quarantaine[69] ». Sans remettre franchement en cause les mesures quarantenaires, l'Académie de

Médecine récuse en revanche, en 1846, l'utilisation des parfums dans les lazarets. Les fumigations aromatiques, de soufre et de sels arsenicaux sont jugées inefficaces et dangereuses. Dans l'attente d'un procédé plus radical pour détruire les émanations pestilentielles, elle leur préfère un « prophylactique » plus moderne : le chlore.

Délaissés dans le traitement de la peste, les produits aromatiques conservent une certaine emprise sur celui d'autres maladies. La chimiothérapie, encore à ses premiers balbutiements, n'est pas en mesure de supplanter immédiatement une aromathérapie ancrée dans des siècles de pratiques. Chez les ruraux surtout, on note au XIXe siècle un vif engouement pour le camphre et l'aloès. Considérés comme des panacées permettant de se passer du médecin, ils soignent sous des formes très diverses des maux aussi différents que l'angine, l'anémie, le catarrhe, le cor aux pieds, le coryza, les hémorragies, l'indigestion, l'insomnie, le mal de mer... Le pharmacien en vend des quantités prodigieuses. Chaque famille possède son sac de camphre et d'aloès. On en met partout, entre les lames du parquet, dans la laine des matelas, dans les armoires pour tuer les mites et même dans la colle pour poser le papier sur les murs. « Il résulte de tout cela que, lorsqu'on pénètre dans la plupart des maisons, c'est l'odeur du camphre qui vous prend à la gorge. Le dimanche, l'église est envahie de cette odeur[70]. »

Le camphre, affirme en 1843 le célèbre médecin Raspail, est bien supérieur à toutes les autres huiles essentielles. D'usage multiple et aisé (il ne poisse pas et ne tache pas les vêtements), ce remède possède toutes les qualités requises pour constituer à lui seul une véritable « petite pharmacie de poche ». Porté dans des « camphatières hygiéniques », boîtes à quadruple fond qui ne laissent rien échapper de ses vertus, il soulage de nombreuses affections. Sa prescription en grumeaux, trois fois par jour, aurait sauvé une jeune femme paraplégique si l'abus d'absinthe n'avait eu raison de la malheureuse. Un enfant de deux ans, de tendance rachitique, doit sa bonne santé à une cigarette de camphre fumée quotidiennement après déjeuner. En os, ivoire, bois des îles, tuyaux de plume ou de paille, la cigarette doit être fréquemment remplie afin que l'air aspiré s'imprègne de vapeurs. Par temps froid, il est conseillé de favoriser l'exhalation du camphre en réchauffant la cigarette dans la main ou dans une poche de gilet. L'emploi de cette médication est relativement économique : « Une cigarette ordinaire, si on ne la machotte pas, peut servir au moins une semaine[71]. »

L'alcool camphré renforce la santé et la force musculaire. Les hommes sédentaires sont invités à prendre matin et soir un « bain d'air » de la manière suivante : « Dans une pièce à la température de 15° à 18°, on se lotionne le corps tout nu avec de l'alcool camphré, en exécutant les mouvements gymnastiques dont chacun se sent capable : on se baisse sur ses talons, on se redresse, on agite les mains en se frictionnant et en boxant, les jambes en talonnant ; on tire au mur[72]. » Introduites dans le rectum ou le vagin, les bougies camphrées traitent hémorroïdes, vaginites, maladies de la matrice, fistules : « Une bougie camphrée dure toute une nuit, en fondant peu à peu par la chaleur de l'organe[73]. » Les bienfaits du produit semblent illimités. Il préserve aussi bien les hôpitaux, les casernes et les prisons des fièvres épidémiques que les orifices naturels de l'invasion des parasites. « Tout prurit à l'anus cesse quand on en place au fondement, tout spasme érotique tombe dès qu'on en saupoudre les organes génitaux... le camphre ramène ainsi le calme dans le physique et la pudeur dans le moral[74]. » Son utilisation dans la chirurgie des voies urinaires s'impose : le chirurgien aura ainsi un puissant moyen d'enrayer les « érections opiniâtres qui compromettent ou suspendent les opérations les plus pressantes[75] ». Son adoption dans les collèges devient impérative. Versée dans les draps de lit et les caleçons de natation « à la hauteur des parties », la poudre de camphre sera la meilleure alliée du travail et de la moralité.

Cet ardent plaidoyer vient d'un homme profondément attentif aux pouvoirs des odeurs. Convaincu que le lait de la nourrice qui mange de l'ail est un puissant vermifuge, il incite les riches citadines à abandonner une nourriture « édulcorée » : « J'invite nos dames riches qui veulent nourrir nos enfants de se nourrir comme à la campagne et d'aromatiser tous leurs mets ; elles feront ainsi pour leurs enfants une médecine préventive[76]. »

Mais son intérêt pour les odeurs ne se borne pas à décrire leur action bénéfique ou nocive sur l'« économie animale[77] » ; en bon osphrésiologue, il rappelle aussi que ce sont des éléments importants de la sémiologie médicale. Cette discipline n'est pas nouvelle. Dès la fin du XVIIIe siècle, les médecins Bordeu et Brieude s'étaient attachés à développer une conception héritée d'Hippocrate selon laquelle chaque affection dégage des effluves spécifiques qui permettent de l'identifier. La gale sent le moisi, la teigne faveuse pue l'urine de souris, les croûtes scrofuleuses et lactées ont une odeur acide, relève, en 1821, l'osphrésiologue Hippolyte Cloquet. Un odorat éduqué doit permettre au clinicien qui pénètre dans la chambre d'une accouchée de reconnaître à l'odeur aigre ou ammoniacale qui flotte dans la pièce si la sécrétion du lait se fait convenablement ou si une fièvre puerpérale se prépare[78].

Révélatrices de changements chimiques importants, variant de façon très sensible selon la nature et le degré de l'altération organique, les odeurs et en particulier celle de la sueur sont même parfois symptomatiques de certaines maladies mentales. Nauséabonde et pénétrante, l'odeur de la folie évoque les mains constamment fermées, la bête fauve et la souris... Elle est si caractéristique que certains psychiatres n'hésiteraient pas à déclarer l'aliénation sur cette seule preuve et, en son absence, à conclure à la simulation de la folie. Il importe donc que le médecin et le chirurgien développent leur perspicacité pituitaire et soient l'un et l'autre le « vir bene munctae naris », l'homme aux narines bien mouchées[79]. « L'odeur est l'âme subtile de la clinique : son langage éveille obscurément, dans l'esprit du praticien, la première idée du diagnostic et fouette, en quelque sorte, l'intérêt de l'observateur intime. Avec l'habitude acquise, les narines médicales frémissent sans cesse, cherchant à noter les mystérieuses correspondances et les secrètes affinités des symptômes odorants, surpris dans la variété de leurs nuances infinies[80]. »

Mais ce lyrisme ne peut dissimuler une inquiétude lancinante : la longue tradition du diagnostic olfactif est déjà sur son déclin. En 1885, l'osphrésiologue Monin s'indigne de l'indifférence dans laquelle tombe ce mode d'observation « victime du plus injuste discrédit[81] ». Le nez, organe sagace, « sentinelle avancée » du corps et précieux auxiliaire de l'acuité intellectuelle, est hélas devenu, faute d'exercice, « une sorte de roi fainéant au centre de la physionomie dont on ne saurait trop déplorer la déchéance [82] ». L'homme moderne, le médecin contemporain, perdent malheureusement toute finesse nasale. Ils réservent tous leurs efforts à éduquer la vue, ce roi des sens, l'ouïe et le toucher, pourtant peu fiables et, sacrifiant à dessein l'éducation de l'odorat, ils deviennent anosmiques ! Cri d'alarme qui répercute le désarroi du praticien formé à l'école des Anciens et qui aborde l'ère pasteurienne...

Pratiques réelles ou phantasmes ?

Si les écrits des médecins permettent de suivre l'évolution des conceptions thérapeutiques, comment savoir si les pratiques et les remèdes proposés pour les mettre en œuvre ont trouvé une application effective ou s'ils ont simplement nourri l'imaginaire social ?

Un exemple des difficultés soulevées par cette question est offert par l'histoire contestée du « costume de peste » dont l'image plus ou moins déformée qui traverse maints récits relatifs à l'épidémie est évoquée de façon saisissante par Antonin Artaud : « Sur les ruisseaux sanglants, épais, vireux, couleur d'angoisse et d'opium, qui rejaillissent des cadavres, d'étranges personnages vêtus de cire, avec des nez longs d'une aune, des yeux de verre et montés sur des sortes de souliers japonais... passent psalmodiant des litanies absurdes [83]. » L'accoutrement, créé par Charles Delorme en 1619 et, surtout, le fameux masque protecteur avec son bec rempli d'aromates ont-ils réellement été portés par ceux qui luttèrent contre le fléau, en particulier lors des pestes de Rome en 1656 et de Marseille en 1720 ? Nombreux sont les textes et les gravures qui, répandus à travers toute l'Europe, accréditèrent cette idée. Les docteurs Bertrand et Fournier, présents à Marseille, s'élèvent avec véhémence contre ces assertions « grotesques », déshonorantes pour le corps médical. Mais d'autres témoignages, comme celui de Manget, sont ambigus ou même franchement contradictoires. En définitive, il se pourrait bien que la rumeur persistante qui s'attacha au docteur Chicoyneau et à ses collaborateurs fut le résultat d'une cabale liée à la polémique entre non-contagionnistes et contagionnistes, les seconds voulant insinuer que les premiers n'avaient qu'une foi limitée dans leur propre théorie[84].

À l'inverse, les recoupements m'ont souvent convaincue de la réalité des mesures préconisées. C'est le cas pour certaines méthodes de désinfection dont la violence pourrait faire douter qu'elles soient jamais entrées en application. Le « parfumage » des adultes avec des fumigations caustiques est confirmé par les témoignages des médecins qui reconnaissent le décès par suffocation de plusieurs patients et déclarent avoir eux-mêmes frôlé la mort en s'y soumettant. De la même façon, l'assainissement des rues au moyen du tir de petits canons est attesté par les protestations que soulèvent les dégâts causés aux immeubles (vitres brisées, lézardes, effondrements).

Reste que l'examen et la comparaison des sources ne mènent parfois qu'à des déductions purement conjecturales. Il en est ainsi d'une pratique non pas médicale mais plutôt antimédicale, révélatrice d'une certaine notion de la contagion : celle du « graissage » à l'aide de mélanges malodorants, incorporant des déjections ou du pus de pestiféré et destinés à propager l'épidémie. De multiples textes d'origines diverses en ont fait état, l'attribuant, selon les lieux et les époques, aux lépreux, aux Juifs, aux sorciers, aux calvinistes, aux barbiers-chirurgiens désireux d'accroître leur clientèle ou à des malfaiteurs préparant leurs pillages futurs. Ces accusations motivent de fréquentes interventions des autorités, parfois pressées d'agir par les médecins eux-mêmes. En 1581, un édit royal autorise les Parisiens à tuer sur place les graisseurs pris en flagrant délit et les archives juridiques conservent les traces de quantité de procès, souvent suivis d'exécutions capitales[85]. Mais, la plupart des aveux étant obtenus sous la torture, il me paraît bien difficile de faire la part entre ceux qui pourraient correspondre à des agissements véritablement criminels et ceux qui ne sont que l'exutoire des angoisses développées au sein d'un corps social terrorisé par l'épidémie.

Quoi qu'il en soit de l'application réelle des méthodes qu'elle élabore, la pensée médicale a donc accordé à l'olfactif une importance qui peut sembler démesurée. Il est omniprésent dans les théories comme dans les pratiques. Et ce dernier aspect est, je crois, particulièrement important en raison de ses répercussions dans la vie quotidienne. De ce point de vue, les pouvoirs de l'odeur ne sont pas seulement l'affaire des médecins mais aussi celle des malades et de toute la population. Cela ressort d'innombrables sources extra-médicales qui vont des *Métamorphoses* d'Ovide au *Journal de peste* de Daniel Defoe, en passant par le *Décaméron* de Boccace. Elles attestent que les croyances populaires se sont trouvées en symbiose avec la médecine.

Le recours à une thérapeutique fondée sur les odeurs met en évidence l'extraordinaire crédit dont celles-ci bénéficièrent. De l'Antiquité à la fin du XIXe siècle, tout l'effort préventif et curatif reste axé sur l'emploi et l'amélioration de procédés et de produits odorants. Partant des simples fumigations aromatiques pour aboutir aux fumigations chimiques, après avoir développé les compositions les plus complexes, les plus étranges et les plus raffinées, alternant ou mariant senteurs douces ou fortes, exhalaisons fétides, violentes ou délicates, l'arsenal antipestilentiel est avant tout fait d'odeurs. Que, jusqu'au XIXe siècle, des médecins aient pu croire à son efficacité et, malgré des échecs patents, lui attribuer le recul ou la fin de telle épidémie ne s'explique que par ce concept profondément ancré dans l'héritage médical : la peste est odeur. Aux exhalaisons mortelles, on essaiera d'opposer des parfums vitaux ; les vertus curatives extraordinaires dont sont investis certains effluves sont d'abord la contrepartie naturelle de pouvoirs mortifères.

Les médecins ont éprouvé pour l'effluve une véritable fascination dont l'un des ressorts réside dans la « conviction substantialiste ». Analysée par le philosophe Gaston Bachelard qui la désigne comme responsable de maints errements préscientifiques, elle conduit notamment à affirmer que l'odeur exprime l'essence même des choses. Cette croyance, qui, à mon avis, comportait certains éléments de réalité (les neurophysiologistes considèrent que l'odorat, sens chimique, nous met directement en relation avec la substance même des êtres et des choses), a longtemps donné à la démarche médicale une « orientation sensualiste ». Cela est très frappant en ce qui concerne les remèdes et, en particulier, les plantes médicinales dont la vertu a été étroitement liée à l'odeur. S'il s'agit en réalité d'une conception fort ancienne, elle fait l'objet au XVIIe et, surtout, au XVIIIe siècle de nombreuses tentatives d'explication scientifique. Boyle s'était essayé dans de nombreuses expériences rapportées dans son *De mira effluviorum subtilitate*[86] à capter les molécules odorantes. Le chimiste Boerhaave tenta, quant à lui, de les fixer dans divers fluides, concluant que leur odeur était constituée d'un principe qu'il qualifia, selon une terminologie héritée des alchimistes, d'« esprit recteur ».

L'idée qu'il se dégage des corps, et spécialement des plantes, « une espèce de vapeur... imprégnée de ce qui constitue la nature propre du corps où elle réside[87] » oriente de nombreux travaux. De nature saline ou huileuse, selon les cas, l'esprit recteur est toujours caractérisé par sa prodigieuse subtilité, sa volatilité, son expansibilité, qualités qui incitent le chimiste Pierre-Joseph Macquer à soupçonner qu'il s'agit d'un gaz d'une nature particulière. S'il varie en quantité et en force, certaines plantes en étant plus abondamment pourvues, il est présent même dans celles réputées les plus inodores qui donnent au bain-marie une eau répandant leur odeur spécifique. Traquer cet élément instable, le fixer le plus longtemps possible, devient un objectif majeur qu'on s'efforcera d'atteindre en distillant des huiles essentielles. Victoire éphémère car ces huiles, qui « tiennent tout leur caractère spécifique du principe volatil odorant, c'est-à-dire de l'esprit recteur, perdent toutes ces propriétés à mesure qu'il s'évapore[88] ».

L'odeur est, en effet, « l'âme du médicament », conviction qui conduit Fourcroy, membre de la Société royale de Médecine et professeur de chimie au Jardin du roi, à établir un classement des médicaments d'après leur odeur. Et, en 1820 encore, Jean-Jacques Virey affirmera dans son *Histoire naturelle des medicamens, des alimens et des poisons* : « Les arômes sont appropriés à la vertu principale de chaque substance... il y a même des médicaments qui ne consistent que dans une faculté odorante : telles les fleurs d'orange, celles de tilleul, la plupart des labiées, des aromates, des antiscorbutiques, le musc, qui perdent toute vertu en perdant toute odeur[89]. »

L'esprit recteur ne s'évanouira que lentement de l'univers des scientifiques et il n'a pas cessé de hanter celui des artistes et des écrivains. N'est-ce pas lui qu'a voulu saisir le photographe Joseph Breitenbach dans l'extraordinaire série de clichés où il a réussi à matérialiser l'aura des arômes se dégageant des fleurs ? N'est-ce pas lui que veut s'approprier Jean-Baptiste Grenouille, le héros du romancier Patrick Süskind, lorsqu'il assassine de belles jeunes filles pour recueillir la quintessence de leur être et élaborer le parfum qui rend maître du cœur des hommes ?

Troisième partie

LE SANG ET L'ENCENS : RECHERCHE SUR L'ORIGINE DES POUVOIRS DU PARFUM

En recherchant l'origine des pouvoirs extraordinaires attribués au parfum, j'ai été frappée par la constatation suivante : l'odeur et le sang ont été pensés dans la médecine ancienne de façon analogique. Mauvaise, l'odeur est source de maladie, d'épidémie et de mort ; bonne, elle fortifie, désinfecte, guérit. Le bon sang, le « sang vermeil[1] », est le support de la santé et de la vie et rien n'est plus propre, selon Ambroise Paré, à conforter le cœur. Mais il est susceptible de se corrompre et cette putridité interne rend l'organisme réceptif aux attaques venues de l'extérieur. C'est cette conception duelle qu'exprime le docteur Philippe Hecquet vers le milieu du XVIIIe siècle : « Le sang est le trésor de vie, mais il est aussi le trésor de mort, c'est-à-dire le fond des plus cruelles maladies[2]. » En pratiquant conjointement pendant des siècles l'aromathérapie et la saignée, la médecine suggère un rapport plus singulier entre deux substances apparemment étrangères l'une à l'autre.

Il est vrai que la naissance des parfums comme de la saignée baigne dans un fort contexte mythique. L'origine des diverses gommes aromatiques demeura, dans les civilisations antiques qui en firent grand usage, empreinte d'un certain mystère. Leurs variétés, les lieux et les conditions de leur exploitation n'étaient connus que d'une manière imprécise. Pour les Égyptiens, les aromates rares et exotiques provenaient du « Pays du dieu et de

Pount » qui correspondait approximativement aux terres bordant la mer Rouge. Hérodote, quant à lui, situait leur berceau en Arabie, « seul pays du monde qui produise l'encens, la myrrhe, la cassia, le cinnamome et le ladanum[3] ». Les naturalistes grecs allaient parfois jusqu'à imaginer que l'encens et la myrrhe provenaient d'un même arbre.

Ce halo mystérieux a été favorable à l'élaboration de nombreuses représentations mythiques. Ainsi la légende du « Naufragé » nous donne une idée de la façon dont les Égyptiens du Moyen Empire imaginaient la terre des parfums. Échoué sur une île luxuriante, le narrateur voit apparaître un serpent gigantesque, long de trente coudées, au corps couvert d'or et aux sourcils de lapis-lazuli, qui lui dit : « Je suis le souverain de Pount, et c'est à moi qu'appartient la myrrhe[4]. »

Les récits grecs sont, eux aussi, fortement mêlés de merveilleux. Pline l'Ancien et Théophraste insistent sur le caractère sacré de l'exploitation de l'encens. D'après Hérodote, la récolte de la cassie et du cinnamome est une aventure dangereuse. Ceux qui la pratiquent doivent affronter des animaux ailés, qui menacent leurs yeux, ou user de ruse pour parvenir à leurs fins. C'est aussi de cette contrée que vient le phénix, l'oiseau fantastique qui renaît de ses cendres, dont on a pu dire qu'il y a entre lui et les aromates une « consubstantialité[5] ».

La saignée a également une aura mythique. Selon une légende dont Pline se fait l'écho, ce serait l'hippopotame qui, en pratiquant sur lui-même la saignée, en aurait donné l'idée aux hommes. Une autre tradition rapporte que le médecin grec Podalire, revenant de la guerre de Troie, fut jeté par une tempête sur les côtes de Carie. Un pâtre le conduisit auprès du roi de cette province dont la fille, Syrna, était tombée du haut de son palais. « Podalire, en saignant les deux bras de la princesse, réussit à lui conserver la vie ; ce fut du moins l'opinion du père, qui, pour récompense, lui donna sa fille en mariage et la Chersonèse en dot[6]. »

D'origine pareillement fabuleuse, les parfums et la saignée ont connu un destin thérapeutique commun. L'émission de sang précède ou suit l'application de médications parfumées : « Quelques-uns après qu'on a esté saigné la première fois, indique

Ficin, appliquent un épithème (lotion ou poudre parfumé) mais les plus sages le font au commencement et le renouvellent[7]. » L'excès de sang, même pur (ainsi que d'humeurs, considérées comme des « sortes » de sang), représente un danger. Trop abondant dans les veines, il est susceptible de modifications néfastes car « tant plus y a de vin dans un vaisseau tant plus fort et piquant vinaigre devient-il ».

Ambroise Paré approuve la saignée lorsque les veines sont trop gonflées : une surabondance de sang étouffe la chaleur naturelle de même que « la mèche s'éteint en une lampe lors qu'il y a trop d'huile[8] ». Mais elle doit être pratiquée avec prudence et discernement.

Au XVIIe et au XVIIIe siècle, pourtant, la saignée va donner lieu à bien des outrances dont témoigne la princesse Palatine : « Les docteurs ont fait dix saignées si terribles à mon cousin de La Trémoille que, quand on l'ouvrit, on n'a découvert d'autre cause à sa mort que celle-ci : il n'avait plus une goutte de sang dans les veines. Il y a deux ans, le même médecin a exécuté de la même façon la femme de ce seigneur[9]. » Ces excès sont à rapprocher de ceux suscités par l'extraordinaire engouement pour les senteurs. C'est pour en avoir abusé que Louis XIV leur devint complètement allergique.

Aux frontières de la médecine et de la magie, j'ai rencontré une conjonction identique entre le sang et le parfum dans les écrits des médecins spagiriques. La *Philosophie occulte* de Cornélius Agrippa, par exemple, perpétue au XVIe siècle les recettes de l'alchimie médiévale. Liés à tout un système de sympathies énergétiques ou d'antipathies répulsives, les parfums recommandés pour bénéficier d'une conjonction planétaire favorable sont tirés, à quelques détails près, des *Secrets* du Petit Albert[10]. Le parfum à la Lune est élaboré avec la tête d'une grenouille, les yeux d'un taureau, de la graine de pavot blanc, du camphre, de l'encens, du sang menstruel ou celui d'une oie. Dans le parfum à Saturne entrent pavot noir, jusquiame, racine de mandragore, sang de chat et de chauve-souris. La faveur de Jupiter se gagne avec la semence de frêne, le bois d'aloès, le storax, le benjoin, la cervelle de cerf, le sang de cigogne ou d'hirondelle. Celle de Vénus, avec le musc, l'ambre, les roses rouges, des cervelles de passereaux et du sang de pigeon. La protection de Mercure s'obtient par le mastic, les girofles, la cervelle de renard ou de belette et le sang d'une pie.

Certains commentateurs ont avancé que ces formules avaient un sens caché. Ainsi, la « tête de grenouille » renverrait à la renoncule, l'« œil de taureau » à l'œillet rouge, la « cervelle » à la cérase ou gomme du cerisier, le « sang » au sang-dragon, c'est-à-dire à la résine du dragonnier [11]. Cependant, lorsqu'il veut justifier l'efficacité de certains baumes « pour faire aimer », Agrippa présente une explication qui paraît impliquer l'utilisation effective de sang. L'« esprit » de l'homme étant constitué d'une vapeur de sang, « il est bon de composer ces emplâtres des onguents de semblables vapeurs, qui aient plus de rapport en substance avec notre esprit, l'attirent plus par leur ressemblance et le transforment [12] ». Mais que l'on fasse une lecture directe ou cryptographique de ces « parfums » destinés à se concilier la faveur des planètes ou de la personne convoitée, il est indiscutable que les matières odorantes et le sang, symbolisé ou non, concourent à leur fonction médiatrice.

J'ai trouvé d'autres illustrations de cette médiation concurrente dans les civilisations les plus différentes, en particulier lorsqu'il s'agit d'interroger les dieux ou de solenniser les pactes entre les hommes. C'est au milieu des fumigations odorantes du laurier sacré que la prêtresse d'Apollon rendait ses oracles ; c'est par le rite de la main plongée dans le parfum que se scellait chez les Arabes une alliance importante. À Argos, la pythie prophétisait après avoir bu le sang d'un agneau et la main plongée dans le sang avait précédé, chez les Arabes, le pacte des « Parfumés [13] ». Que les deux substances soient si souvent impliquées dans des actes qui relèvent du sacré m'a conduit à me demander s'il n'y aurait pas entre le sang et le parfum une correspondance plus profonde qu'une simple similitude fonctionnelle et qui permettrait d'expliquer l'importance des pouvoirs accordés à ce dernier.

CHAPITRE V

Le sang, l'encens et le sacré

> « Les parfums, le sacrifice et l'onction entrent et portent leur odeur partout, et ouvrent les portes des éléments et des cieux, afin que l'homme puisse voir par ces portes les secrets du Créateur. »
>
> H. C. Agrippa,
> *La Philosophie occulte*, 1531.

Pratiques rituelles

Les cultes archaïques attestent déjà de l'utilisation conjointe du sang et des parfums. Arbres, poteaux et pierres sacrés étaient fréquemment parés, encensés, oints d'huiles odorantes et du sang des victimes. En Grèce et, en particulier, en Crète, certaines pierres et certains arbres faisaient l'objet d'onctions de sang et de libations parfumées. En Inde, on suspendait les victimes animales ou humaines aux branches de l'arbre vénéré dont le tronc était enduit de substances aromatiques. La linguistique révèle l'existence de pratiques analogues en Palestine : un important site mégalithique du pays de Moab, en Judée, s'appelle El-Mareighât, « les pierres enduites », et un dolmen de Galilée porte le nom de Hajr ed-Damn, « la pierre du sang[1] ». Mais cette alliance du sang et des parfums n'est pas l'apanage des manifestations religieuses les plus primitives. Elle se rencontre dans les religions de sociétés évoluées, qu'elles soient d'ailleurs polythéistes ou monothéistes. Trois exemples, empruntés aux Égyptiens, aux Hébreux et aux Aztèques, mettent en évidence la connexité du sang et de l'encens, tant dans les rites sacrificiels que dans des actes solennels tels que les onctions destinées à marquer du sceau divin les prêtres ou les rois.

• Le bœuf à l'égyptienne et la momie

Sur les murs du temple d'Edfou, une recette est gravée en caractères hiéroglyphiques, celle du kyphi, le parfum « deux fois bon ». Le miel, le vin, le chypre, les raisins, la myrrhe, le genêt, le stœnanthe, le séséli, le safran, le genièvre, la cardamome, la patience, le roseau, en sont les principaux ingrédients. Il faut les piler finement, les passer au crible, en prélever la partie la plus odorante, broyer le mélange en le mouillant de vin d'oasis. Plutarque lui-même a consigné cette composition raffinée, adoptée par les Grecs et les Romains.

Un spectacle maintenant : celui qui se déroule sur les parois du temple de Deir el-Bahari et qui retrace l'expédition envoyée par la reine Hatshepsout au pays de Pount. Cinq navires, mus chacun par trente rameurs et une voile immense, ont abordé au pays du dieu où les émissaires royaux sont accueillis par Parohou, le « Grand de Pount », entouré de sa femme, de ses enfants et de ses serviteurs. Les navires égyptiens repartent, chargés d'une cargaison précieuse : ivoire, or, singes, léopards, esclaves, myrrhe et encens. À leur arrivée, parmi les présents rapportés à la reine, ce sont surtout trente et un plants verts d'arbres à encens qui suscitent l'admiration.

C'est bien, avant tout, à une fonction sacrée des parfums et des aromates, offrandes destinées aux dieux, au souverain et aux morts, que renvoient papyrus et bas-reliefs. La fabrication même des parfums est étroitement liée à la religion. Si la formule du kyphi apparaît à Edfou, c'est que les temples renfermaient en leurs enceintes les laboratoires dont les parfumeurs étaient des prêtres. Quotidiennement, ceux-ci offraient aux divinités trois sortes de parfums : résine le matin, myrrhe à midi et kyphi le soir. Les grandes fêtes religieuses entraînaient une consommation considérable de substances odoriférantes, présentées en de solennelles processions que mentionnent les annales de Tahutimes III, de Râmessu III et d'Usermâât-Râ IV : « Dans une cérémonie de ce genre, on vit figurer 120 enfants portant dans des vases d'or de l'encens, de la myrrhe et du safran, et une quantité de dromadaires chargés, les uns de 300 livres d'encens, les autres de safran, de cannelle, de cinnamome, d'iris et d'autres précieux aromates[2]. » Les effigies des dieux recevaient jusqu'à neuf onctions d'huiles parfumées les jours de fête, et une seule, le mezet, les jours ordinaires. Ces huiles étaient également utilisées pour l'onction royale qui affirmait l'identité du roi avec les dieux.

Si développé qu'il fût, l'usage des substances aromatiques dans les cérémonies religieuses n'excluait pas cependant les sacrifices sanglants. Un exemple en est fourni par le culte rendu au dieu Râ. Les hiéroglyphes de Panhy-Mery-Amen montrent le roi offrant en sacrifice, au lever du soleil, des vaches, des gommes odorantes et se purifiant ensuite avec de l'encens. Hérodote a rapporté maints détails sur la façon dont on préparait les carcasses. Avant d'être livrées aux flammes, elles étaient « farcies » de pain, de miel, de raisins, de figues, mais aussi d'encens, de myrrhe et de parfums divers. Et dans le poème de Pen-Fa-Our qui figure sur les murs du temple de Karnak, c'est en ces termes que Ramsès II, allant à la bataille, rappelle au dieu Ammon les offrandes qu'il lui a faites : « Ne t'ai-je pas célébré par des fêtes éclatantes et nombreuses ?... J'ai immolé trente mille bœufs avec toutes les herbes odoriférantes et les meilleurs parfums[3]. »

Les pratiques funéraires des anciens Égyptiens attestent encore de l'extrême importance des parfums. Conçus comme l'expression intime de la divinité, ils interviennent à deux niveaux. Ils empêchent la putréfaction du défunt (condition nécessaire à sa survie après la mort) et, en lui communiquant une bonne odeur, font de lui un « Parfumé », un dieu. Ce double rôle joué par les produits aromatiques se retrouve dans les deux séquences des rituels d'embaumement : indications techniques destinées aux prêtres opérateurs et formules liturgiques d'accompagnement.

Après une longue période de traitement variant de quarante à soixante-dix jours et au cours de laquelle sont effectuées par divers spécialistes de nombreuses opérations (épilation, ablation du cerveau, éviscération, lavages au vin de palme mêlé d'épices et d'aromates, bourrage avec des sachets de natron sec et de gomme résine pour absorber les humeurs, salage, puis rebourrage avec diverses substances pour lui redonner du volume), le cadavre reçoit toute une série d'onctions d'huiles saintes.

La première concerne la tête. Tout en l'oignant avec de l'huile d'oliban d'excellente qualité, les officiants prononcent les paroles magiques qui permettent à l'encens (« celui qui divinise » et émanation divine) d'opérer la subtile transmutation : « O Osiris N ! [N désigne le nom du défunt qui est embaumé.] Pour toi est l'oliban originaire du pays d'Opone, afin de rendre ton odeur meilleure et d'en faire l'odeur du dieu. Pour toi est l'humeur issue de Rê pour rendre meilleure ton odeur... La senteur du dieu grand est ton encens ; la senteur parfaite ne se volatilisera pas sur ta momie[4]. »

Vient ensuite le parfumage du corps, des épaules à la plante des pieds, par dix onctions qui régénèrent le défunt et lui confèrent l'indispensable viatique pour son voyage dans l'empire des morts : « Reçois le parfum de fête qui embellira ton corps !... Pour toi vient l'onguent au ladanum afin de créer ton corps et de stimuler ton cœur grâce à ce qui est issu de Rê. Il te permettra d'aller en paix jusqu'à la grande Douat[5] et son parfum de ladanum est ton odeur dans les nomes[6] d'en bas !... Que la sueur des dieux pénètre jusqu'à toi, que les protections de Rê s'étendent à tout ton corps, que tu puisses avoir accès au territoire saint, au sol sacré dans les nomes, que tu fasses ce que tu aimes dans les Deux Pays grâce à la divine sueur originaire du pays d'Opone[7] ! »

Pendant que les prêtres placent les entrailles dans des vases remplis d'onguents, pétrissent les chairs avec des huiles parfumées, roulent des bandelettes, les rapports organiques, charnels, humoraux que les parfums entretiennent avec les dieux, source de leurs merveilleuses vertus, sont constamment évoqués. Après lui avoir massé le dos pour l'assouplir avec une huile odorante, les embaumeurs s'adressent au mort en ces termes : « Reçois cette huile, reçois cet onguent ! Reçois l'onction de vie... Reçois la sueur des dieux, l'humeur issue de Rê, l'expectoration de Chou, la sueur qui émane de Geb, le corps divin issu d'Osiris, les liquides régénérants. »

Les rites de l'ouverture de la bouche, destinés à animer les statues royales et divines et intégrés à l'époque des pharaons thinites aux pratiques funéraires, recourent aux pouvoirs reconstituants, purifiants, protecteurs et médiumniques des substances odoriférantes. Avant de réinsuffler le souffle vital, l'officiant principal, le prêtre-Sem, purifie le corps momifié ou la statue en appliquant sur sa bouche, ses yeux, ses bras, cinq boulettes d'encens. Les paroles prononcées renforcent la purification. Le prêtre procède ensuite à des fumigations d'encens très pur qui « lavent », « embellissent », enveloppent le mort complètement, le pénètrent de cette substance divine qui le déifie à son tour, en proférant la formule : « Salut à toi, Encens ! Salut à toi, Encens ! Salut à toi, produit engendré par Horus... Grande est ta pureté par l'encens, N, en ce tien nom de "Purifié par l'encens"... en ce tien nom de "Parfumé". » Précieuse senteur, le défunt peut désormais entrer en relation avec les dieux, s'exhaler vers leur royaume et se mêler à leurs sublimes effluves :

> « Voici venir ton parfum, N, sous forme d'encens,
> Voici venir vers N, votre parfum, dieux !
> Voici venir vers vous, le parfum de N, dieux !
> Puisse N être avec vous, dieux, puissiez-vous être avec N !
> Puisse N vivre avec vous, dieux, puissiez-vous vivre avec N !
> Puissiez-vous aimer N, dieux. Aimez-le, dieux[8] ! »

• Le « parfum perpétuel » et le « sang de l'alliance »

C'est aussi par le sang et le parfum que s'établit le pacte fondamental entre Yahvé et son peuple. Leur relation privilégiée se manifeste d'abord par le « sang de l'alliance » et le « parfum perpétuel ». Dans la religion hébraïque, ces deux substances médiatrices, soumises à des interdits et à des codifications strictes, sont d'ailleurs associées en maintes occasions.

Le parfum sacré que les prêtres offrent à Dieu est différent des parfums profanes. La formule en a été révélée à Moïse : « Prends des substances aromatiques : de la résine, de la chéhélet, du galbanum et de l'encens pur par parties égales ; tu en feras un parfum, une mixture parfumée, composée suivant les procédés du parfumeur, salée, pure, sainte[9]. » Il doit brûler sur l'autel des parfums, lui-même construit selon les instructions divines : « Tu feras aussi un autel pour y faire fumer le parfum. Tu le feras en bois d'acacia. Il aura une coudée de long et une coudée de large : il sera carré. Sa hauteur sera de deux coudées. Ses cornes feront corps avec lui. Tu le revêtiras d'or pur : sa face supérieure, toutes ses parois et ses cornes ; et tu l'entoureras d'une moulure d'or. Tu y adapteras deux anneaux d'or, au-dessous de la moulure, sur ses deux côtés. Tu feras ces barres en bois d'acacia et tu les revêtiras d'or[10]. »

L'huile d'onction sainte — qui sert à oindre le tabernacle, l'Arche d'alliance, les autels et tous les instruments du culte, et qui consacra Aaron et ses fils, leur conférant la prêtrise de génération en génération — est « un mélange odoriférant composé selon l'art du parfumeur[11] ». Des règles rigoureuses soulignent l'importance de ces compositions aromatiques dans le culte. Préparées par les prêtres, elles sont exclusivement réservées à Yahvé. Sous peine de mort, elles ne doivent être ni imitées, ni employées à des usages profanes. Seuls, les prêtres de la race d'Aaron peuvent offrir le parfum perpétuel sans s'exposer à mourir, comme en atteste le sort subi par Coré et ses partisans qui avaient négligé l'avertissement solennel de Moïse[12].

Le sang est le principe d'alliance originel entre Dieu et son peuple. Le pacte de sang, affirmé dans la Bible[13] et reconduit dans le Nouveau Testament[14], est renouvelé et perpétué par la pratique de la circoncision : « À l'âge de huit jours, tout mâle, parmi vous, sera circoncis, à chaque génération, qu'il soit né dans la maison, ou qu'il ait été acheté à prix d'argent : ainsi sera marquée dans votre chair l'alliance perpétuelle que je conclus avec vous[15]. » Lors des sacrifices, le sang des animaux immolés est utilisé selon des rituels que la Bible détaille avec minutie. Répandu sur l'autel, sur les corps des victimes, il est encore employé à l'aspersion des fidèles et des prêtres. Les offrandes du sang ont deux fonctions dont l'une conditionne l'autre : purifier et communiquer avec Dieu. Elles permettent d'abord l'expiation et la purification de l'offrant : « Je vous ai permis d'employer le sang sur l'autel à faire l'expiation pour vos vies, car c'est par le principe de vie qui est en lui que le sang fait l'expiation[16]. »

Nombreux sont les passages de la Bible qui associent étroitement le parfum et le sang. C'est au pays de Moria (*mor* signifie parfum en hébreu) qu'Abraham s'apprête à offrir son fils unique à Dieu. Le récit de la consécration d'Aaron et de ses fils montre Moïse répandant sur eux l'huile d'onction et le sang des victimes : « Tu immoleras le bélier et tu prendras une partie de son sang ; tu [en] mettras sur la partie supérieure de l'oreille d'Aaron et sur la partie supérieure de l'oreille de ses fils... puis tu prendras du sang qui est sur l'autel et de l'huile d'onction et tu aspergeras Aaron et ses vêtements, ses fils et les vêtements de ses fils avec lui. Et il sera sanctifié, lui et ses vêtements ainsi que ses fils et les vêtements de ses fils avec lui[17]. » On trouve cette conjonction dans le sacrifice *hattat*, prescrit dans le cas où un Juif transgressait par mégarde l'un des commandements de Yahvé. Il est également remarquable que la consécration de l'autel de l'holocauste fasse appel à une onction d'huile aromatique alors que la purification annuelle de l'autel des parfums, qui ne pouvait recevoir aucun holocauste, se réalise par une onction de sang.

• L'« eau précieuse » et le copal

La religion aztèque a poussé à son paroxysme les offrandes de sang humain. Cette pratique s'enracine dans une cosmogonie où les libations sanglantes sont indispensables à la marche de l'univers. À l'origine étaient les ténèbres. Pour éclairer le monde, les dieux se réunirent et deux d'entre eux se jetèrent dans un brasier, donnant ainsi naissance au Soleil et à la Lune. Mais les deux astres, s'étant levés au-dessus de l'horizon, restaient immobiles. Les dieux, inquiets, envoyèrent un messager questionner le soleil sur les raisons de son inertie. Pour prendre vie et poursuivre sa course, il lui fallait, répondit-il, le sang des autres dieux. Alors, tous décidèrent de se sacrifier et de nourrir de leur sang le Soleil et la Lune.

La pratique des sacrifices humains reconduit l'holocauste divin originel. C'est souvent par un aigle tenant un cœur ensanglanté entre ses serres que l'iconographie et la statuaire aztèques représentent le soleil. Il faut satisfaire sans cesse la voracité de ce prédateur assoiffé de sang pour que le monde ne retombe pas dans les ténèbres initiales.

Dans ce système, le sacrifice par arrachement du cœur, qui provoque l'épanchement le plus abondant, s'impose comme exemplaire. La victime montait l'escalier conduisant au sommet du temple. Là, les prêtres la saisissaient et l'allongeaient sur la pierre sacrificielle légèrement bombée de façon à ce que la poitrine du condamné saillît. Alors que quatre d'entre eux maintenaient fermement sa tête et ses membres, le prêtre sacrificateur lui ouvrait la poitrine avec un couteau de silex et plongeait la main dans la déchirure pour arracher le cœur. Il l'offrait au soleil et le plaçait ensuite dans le vase cérémoniel. À l'aide d'un chalumeau placé dans la plaie béante de la victime, un autre officiant tirait du sang et le répandait abondamment sur le corps du supplicié. Puis, le cadavre encore chaud, jeté du haut de la pyramide, roulait jusqu'au bas des marches.

Le sang est encore présent dans les pratiques observées par les prêtres. Selon le frère Bernardino de Sahagun, ils interrompaient leur sommeil à l'appel du cor et se faisaient des entailles aux oreilles avec de petits couteaux d'obsidienne. Ils trempaient ensuite des épines de maguey dans leurs blessures. L'effusion était proportionnelle au degré de dévotion de chacun.

Mais les rituels font également une place importante au parfum. La gomme aromatique utilisée était une résine blanche : le copal. Les prêtres l'offraient jour et nuit à l'intérieur des temples, dans des poêlons de terre cuite à long manche, ornés de sculptures et munis de grelots. Le peuple lui-même encensait matin et soir de nombreuses idoles placées dans les maisons et les cours. L'encensement était d'ailleurs pratiqué en dehors de la vie religieuse proprement dite, par exemple par les juges qui, avant leurs travaux, brûlaient du copal pour honorer les dieux et demander leur protection.

L'union du parfum et du sang apparaît étroite dans les cérémonies religieuses d'abord, mais aussi à l'occasion d'autres actes solennels. La guerre, qui fournit, grâce aux captifs, l'essentiel des victimes sacrées, s'appelle *xochiyaoyotl*, la « guerre fleurie ». Durant les veillées présacrificielles, les condamnés respirent des herbes aromatiques aux parfums enivrants et, avant sa mort, la victime offerte à Xilonen, déesse du maïs, va faire des offrandes d'encens en quatre lieux symboliques du calendrier aztèque. Au cours des sacrifices, cette alliance éclate constamment : « Lorsque les satrapes venaient à passer devant la déesse Xilonen, ils répandaient de l'encens sur leurs pas... On faisait monter la femme jusqu'au haut du temple. Là l'un des satrapes la prenait sur lui dos à dos ; un autre survenait qui lui coupait la tête. Immédiatement après, il lui ouvrait la poitrine et lui arrachait le cœur qu'il jetait dans une écuelle[18]... » C'est parée de guirlandes de fleurs et de « couronnes faites de cette herbe odoriférante qui s'appelle "iztauhyatl" et qui ressemble à l'encens de Castille[19] » que la femme qui doit être immolée à « Uixtociuatl », déesse du sel, marche à la mort. Ceux qui avaient pour tâche de jeter les victimes dans le brasier parfumaient les suppliciés en « leur poudrant la figure avec de l'encens qu'ils portaient dans de petites bourses, en le projetant à pleines mains[20] ».

Cette connexité se manifeste encore dans le cérémonial de l'élection du roi. L'élu tenait de la main gauche une bourse pleine d'encens et, de la main droite, un encensoir orné de têtes de morts. Sous les regards de la foule assemblée, il montait les marches du temple d'Uitzilopochtli et encensait sa statue. Ses conseillers observaient ensuite le même rituel. Puis le roi et ses ministres pénétraient dans l'édifice pour y faire pénitence et, deux fois par jour, à midi et à minuit, ils offraient du sang et de l'encens.

Dans les vestiges du grand temple de Tenochtitlan ont été retrouvés des couteaux de pierre portant, à leur base, une boule de copal. Ces objets étranges pourraient symboliser la conjonction révélée par des pratiques cérémonielles empruntées à des traditions aussi diverses que celles des Aztèques, des Juifs et des

Égyptiens. L'arme, prête à faire jaillir l'« eau précieuse », exhale un parfum pénétrant. Le sang et l'encens semblent voués tout naturellement à remplir une fonction identique : établir la communication avec la divinité.

L'odeur de sainteté

« Être en odeur de sainteté », « mourir en odeur de sainteté », ne sont pas des expressions purement abstraites. Les récits hagiographiques tendent à leur donner un contenu concret. Certains saints ou mystiques auraient le privilège d'émettre, de leur vivant ou après leur mort, des senteurs délicates, souvent considérées comme des manifestations tangibles d'une participation au surnaturel. « Que le corps humain puisse naturellement ne pas sentir mauvais, écrivait le pape Benoît XIV, c'est chose possible, mais qu'il sente bon, cela est en dehors de la nature... » Et cette agréable odeur, ajoutait-il, « s'il n'existe ou n'a existé aucune cause naturelle capable de la produire, on doit la rapporter à une cause supérieure et tenir le fait pour miraculeux[21] ».

Plus encore que l'incorruption des chairs, la bonne odeur qui émane du cadavre scelle la sainteté. Le *Dictionnaire critique des reliques et des images* de Collin de Plancy relate qu'au XIIIe siècle furent apportés dans un couvent cistercien les restes de quelques-unes des onze mille vierges compagnes de sainte Ursule. Déposés dans le chœur de l'église, les ossements sacrés se mirent à dégager une odeur insupportable. Décelant une malice du diable, l'abbé adjura l'esprit immonde de se découvrir. « Tout à coup, on vit une grande mâchoire de cheval sortir du milieu de la pile de reliques ; on la jeta dehors, et à l'horrible puanteur qu'on avait sentie jusqu'alors succéda l'odeur la plus suave : de quoi les moines rendirent grâces à Dieu[22]. » La carcasse d'un saint ne peut puer si le diable ne s'y mêle et Collin de Plancy ajoute avec une ironie iconoclaste : « Cet article de foi n'est un doute que pour les impies. »

• Les senteurs de l'au-delà

L'association de la bonne odeur à la sainteté n'a rien qui puisse étonner. Le saint, en effet, a un contact privilégié avec l'au-delà et, de son vivant même, se trouve, en quelque sorte, dans l'antichambre du paradis. Or, ce lieu est traditionnellement représenté comme rempli d'odeurs exquises, conception directement héritée de l'Antiquité païenne. Du Léthé, s'exhalait, selon Plutarque, « un souffle délicat et suave qui apportait des effluves étrangement voluptueux et créait une griserie semblable à celle que provoque le vin chez ceux que gagne l'ivresse. Les âmes se gorgeaient de ces parfums délicieux, s'épanouissaient et fraternisaient entre elles[23] ». Et Lucien évoque les îles parfumées où vivent les Bienheureux dans une ville d'or traversée par un fleuve de myrrhe. Aucune rupture, sur ce point, entre l'éden païen et le paradis chrétien. Grégoire de Tours dépeint celui-ci comme « une vaste prairie où diffuse sans cesse un extraordinaire parfum[24] ». Saint Maxime y respire « un inimitable *ambroseus odor* qui se dégage des fleurs plus belles que tous les printemps ». Quant à saint Sauve, les effluves paradisiaques lui tiennent lieu de nourriture et de breuvage. Et lorsque, sur un ordre de Dieu, il doit revenir sur terre, il s'écrie en pleurant : « Le parfum m'abandonne ».

Contrepoint naturel de cette représentation olfactive, l'enfer et le purgatoire, comme l'hadès antique, ne sont que fétidité et suffocation. Les îles enflammées et empuanties où coulent le sang et la boue, imaginées par Lucien, ressemblent étrangement à l'enfer décrit au XIIe siècle par le cistercien Henry de Saltrey. Son héros, le chevalier Œnus, découvre tout d'abord le purgatoire où coule un fleuve fétide et glacé et où un puits crache des flammes ; il gagne ensuite l'enfer, plus nauséabond encore, saturé de vapeurs sulfureuses. « Odeur pestilentielle[25] » et « puanteur horrible » caractérisent également les visions infernales de sainte Thérèse et de sainte Véronique.

Tous les visionnaires de l'au-delà s'accordent sur la pestilence de l'enfer et le parfum inimitable du paradis comme si, de tous les sens, l'odorat était le plus à même d'en donner une perception concrète.

• Le parfum des mystiques

« Nous sommes la bonne odeur du Christ devant Dieu », écrit Paul dans sa deuxième épître aux Corinthiens. Cette métaphore utilisée par l'apôtre peut être prise au pied de la lettre en ce qui concerne de nombreux saints et mystiques. Récits et témoignages leur attribuent fréquemment le pouvoir d'émettre des exhalaisons, pour la plupart végétales. L'examen des sources hagiographiques révèle qu'il n'existe pas une mais des odeurs de sainteté, diversement composées. D'après Hubert Larcher, celle de Lydwyne de Schiedam était constituée de sept senteurs : cannelle, fleurs coupées, gingembre, girofle, lis, rose, violette. Le Padre Pio ne pouvait en revendiquer que six, sainte Thérèse d'Avila quatre, Trévère trois, Basilissa deux. Tous ces composants forment, à l'instar des parfums profanes, de véritables bouquets.

L'analogie ne se limite pas là. Comme les parfums profanes, les parfums sacrés se développent et évoluent dans le temps. Pour employer le langage des parfumeurs, on pourrait dire qu'aux notes de tête succèdent les notes de cœur, puis celles de queue. L'odeur de sainteté de Thérèse d'Avila, par exemple, évolua après sa mort. Les arômes de lis et d'iris furent suivis par ceux de violette et de jasmin. Celle de sainte Lydwyne fut également sujette à des modifications. Aux parfums de cannelle, de gingembre, de girofle, qui composaient les notes de tête, se substituèrent ceux de rose, de violette et de lis.

La bonne odeur du saint, du mystique, est donc perçue comme un témoignage de son rapport privilégié avec le divin. Elle en est, d'ailleurs, le moyen et la conséquence. La tension spirituelle et l'ascèse détachent l'être humain de son animalité et, par conséquent, des odeurs liées à la corruption. En même temps, la sublimation des besoins organiques et l'élévation d'une âme toute tendue vers un autre monde permettent de participer au parfum de la divinité. À la fois offrande à Dieu et don de Dieu, l'odeur de sainteté est, pour le commun des mortels, signe de la singularité de celui qui l'exhale. Qu'elle soit, en particulier, l'apanage d'hommes qui ont renoncé à la chair et à ses désirs souligne le premier de ses aspects. C'est, en quelque sorte, en immolant son corps que le saint se rapproche de Dieu mais, au lieu d'offrir son sang, il lui substitue le parfum d'un corps sanctifié par la pénitence.

• Le sang et l'odeur de sainteté

D'un point de vue que l'on pourrait qualifier d'idéaliste, l'odeur de sainteté traduit la bonne santé d'une âme qui est parvenue à entraîner le corps dans son ascension spirituelle. Elle correspond à un affranchissement des liens somatiques. Le corps en devient même « plus agile, plus souple, plus ferme, plus fort[26] ». Cette conception ne saurait satisfaire les rationalistes pour qui d'autres explications sont susceptibles d'être proposées. Ainsi un lien a-t-il parfois été établi entre la continence et l'émission d'odeurs corporelles agréables. Certaines substances qui ne seraient pas libérées dans l'activité sexuelle auraient, sur le métabolisme, une action inhibitrice favorisant la production de ces parfums. Mais c'est surtout sur les phénomènes sanguins que s'est concentrée l'attention de la critique scientifique.

Les hagiographes eux-mêmes avaient ouvert cette voie en rapprochant le phénomène des odeurs de sainteté de celui de l'incorruption des chairs. C'est fréquemment après la mort du saint que ces parfums s'exhalent, persistant parfois pendant une très longue durée. Or, cet état d'incorruption est étroitement lié à la non-putréfaction du sang. Cette corrélation est soulignée avec force dans une relation concernant Thérèse d'Avila. Le témoin qui examine le corps insiste d'abord sur « la suave odeur qu'il répand, la fraîcheur, la beauté des chairs qui semblent encore vivantes[27] ». Puis, il observe d'un œil plus clinique : « Je me mis à le remuer et à le considérer avec attention ; je remarquai vers les épaules un endroit si coloré que je le montrai aux autres, et je leur dis qu'il y avait là du sang vif. J'y appliquai un linge qui se teignit aussitôt de sang ; j'en demandai un autre qui s'imbiba de la même manière. Cependant, la peau demeurait intacte et sans aucune marque de plaie ni de déchirure. J'appuyai mon visage sur l'épaule de notre Sainte Mère, réfléchissant à la grandeur de cette merveille, car il y avait douze ans qu'elle était morte et son sang coulait comme celui d'une personne en vie. »

Il n'est pas étonnant que ceux qui ont recherché une explication positiviste aux odeurs de sainteté se soient essentiellement orientés vers l'étude du sang, élément scientifiquement descriptible et observable, d'autant que les stigmates et les plaies se trouvent être ordinairement les foyers de ces senteurs agréables.

Aussi l'idée d'une relation entre l'odeur de sainteté et les modifications de la formule sanguine a-t-elle été fréquemment avancée. Mais l'origine de ces variations est attribuée à des raisons très diverses. Pour certains, c'est le régime alimentaire de l'ascète qui est en cause. Une alimentation exclusivement végétarienne, entrecoupée de jeûnes, purifierait le sang des sécrétions habituelles et exhalerait l'odeur végétale de la nourriture ingérée : il n'y aurait plus ou presque plus d'urée dans le sang qui renfermerait d'autres éléments que ceux qui y sont apportés par la nourriture habituelle, et comme les végétaux nourris différemment, il présenterait un autre arôme... « Ici l'odeur est produite, non plus par une foule de sécrétions, soit liquides, soit gazeuses, mais seulement par les gaz qui se trouvent dans le sang[28]. »

Ces changements dans la composition du sang résultent, selon certains médecins, de troubles nerveux. Des rapports entre des cas d'hystérie et l'émission de bonnes odeurs ont ainsi été mis en évidence. Pour d'autres encore, comme le docteur Georges Dumas, ces phénomènes proviendraient de troubles à la fois nutritifs et nerveux. Les parfums de cannelle, de girofle, d'oranger, d'ananas, de rose, de violette, de benjoin, etc., seraient dus à l'apparition, dans le sang, de liquides aromatiques dérivés d'alcools (aldéhydes, acétones) et d'éthers, lorsque les combustions sont incomplètes. Si celles-ci sont normales, tous ces corps sont brûlés, oxydés jusqu'au bout et donnent de l'eau, de l'acide carbonique et de l'urée. Mais qu'un ralentissement se produise dans la nutrition des tissus, et ces corps odorants s'éliminent par l'haleine, la sueur et par la peau : « Troubles nutritifs et troubles nerveux paraissent suffire pour nous rendre compte du phénomène qui a tant frappé les hagiographes et, comme la nutrition profonde dépend en définitive du système nerveux qui modère ou accélère les échanges, c'est sans doute chez les névropathes que l'odeur de sainteté s'est presque toujours rencontrée[29]. »

En particulier, la présence d'acétone dans le sang communiquerait à l'haleine et à l'urine des malades cette odeur agréable que les hagiographes qualifient de sainte. Les suaves arômes perdent alors tout leur mystère et les effluves floraux de Thérèse d'Avila se réduisent à ceux de l'acétonémie diabétique.

Toutes ces hypothèses ramènent l'origine des modifications sanguines génératrices d'« odeur de sainteté » à des causes somatiques ou pathologiques. Mais une autre conception, que l'on peut qualifier de psychosomatique, s'oppose à ce courant qui limite les senteurs mystiques aux émanations d'un sang purifié par l'ascèse ou, au contraire, altéré par la maladie ou une « sainte névrose ». Soutenue notamment par le docteur Larcher, elle cherche à intégrer à ce système de causes purement matérielles la dimension spirituelle. Ce dernier tente de concilier les points de vue rationnels et idéalistes et affirme le substrat chimique de ces odeurs ainsi que les dérèglements métaboliques qui les créent. Toutefois, les variations de la formule sanguine engendrant les parfums sacrés ne seraient pas réductibles à des phénomènes somatiques ou pathologiques. La vie mystique, par les profondes modifications organiques qu'elle entraîne, agirait sur le métabolisme et la composition du sang. L'extase expliquerait ces combustions incomplètes et la présence dans le milieu sanguin de ces nouvelles substances aromatiques. Les alcools, les éthers, les cétones, libérés par ces oxydations ralenties, établiraient des synthèses avec des corps contenus dans les pigments rouges du sang, permettant ainsi l'exhalaison de parfums végétaux : « En effet, il est parfaitement concevable que la vie mystique puisse avoir pour conséquence de ralentir, en certains cas, le métabolisme et notamment la combustion des sucres, d'où formation de composés odoriférants[30]. »

En dernier ressort, l'esprit agissant sur le corps déterminerait l'enchaînement des phénomènes aboutissant à la manifestation des parfums sacrés : les situations extatiques freineraient les combustions et il en résulterait une formation d'alcools et autres substances inhabituelles dans l'organisme, « de telle sorte que ce serait l'état de l'âme qui commanderait en définitive une chimie propre à la délivrer de quelques-uns de ses liens somatiques et à favoriser ainsi son envol[31] ».

Les moments d'acmé spirituelle bouleverseraient tout l'organisme qui, n'ayant plus les mêmes besoins, laisserait le sang établir des synthèses plus libres, plus détachées des liens corporels, plus esthétiques, plus odorantes. Née des ferments sanguins les plus spiritueux et les plus « spirituels », l'odeur de sainteté tirerait de cette origine ses capacités très remarquables : suavité, puissance, ténacité, diffusion exceptionnelles, ainsi que des propriétés antiseptiques et anticréophagiques.

La thèse avancée par Larcher lui permet également d'expliquer certains phénomènes annexes engendrés par l'odeur de sainteté. Les alcools déversés dans le sang lors de l'extase ne seraient pas étrangers aux ivresses mystiques. Comme certaines drogues qui procurent des paradis artificiels, ils ouvriraient les portes de la perception de l'au-delà. Ces griseries olfactives illumineraient l'esprit au lieu de l'obscurcir, rendant visibles et sensibles des mondes qui restent cachés au commun des mortels. Les « visions célestes » concordantes dont firent état plusieurs des religieuses qui entouraient le lit de mort de sainte Thérèse d'Avila pourraient être reliées à ce processus. « Cependant, il faut songer à l'action possible des molécules de l'odeur de sainteté — qui était alors très violente et presque insupportable — sur le système nerveux et sur les fonctions psychiques de ces religieuses[32]. »

D'une opiniâtreté et d'une force étonnantes, l'odeur de sainteté apparaît symboliquement comme une offrande susceptible, plus qu'aucune autre, de plaire à Dieu, puisqu'elle allie les deux éléments sacrificiels fondamentaux : le sang et le parfum.

CHAPITRE VI

Le sang et l'encens, principes de vie

« À elles seules les odeurs préparent les mythes. »

G. Bachelard,
Fragments d'une poétique du feu.

Le sang, symbole vital

C'est tout naturellement que le sang a pu être considéré, dès les temps les plus reculés, comme l'essence même de la vie, conception probablement fondée sur l'observation suivante : la perte de sang entraîne une diminution de la force vitale et, trop importante, elle provoque inéluctablement la mort. Lorsque le sang s'écoule du corps, la vie s'enfuit avec lui. « Le principe de vie de la créature vivante est dans le sang », énonce le Lévitique[1]. Cette considération « objective » a nourri l'idée selon laquelle le précieux liquide renferme l'âme ou, encore, la pensée. À l'invocation du *Livre des morts* : « Salut, âme qui es dans son sang, le soleil[2] », répond l'affirmation d'Empédocle : « le siège principal de ce qu'on nomme la pensée[3] » est le sang qui circule dans le cœur.

Cette « spiritualisation » du sang explique les interdits et codifications dont il a fréquemment été l'objet. Le refus de l'ingérer se rencontre aussi bien chez les Juifs que chez les Indiens Hare et Dogrib ou chez les Malépas, tribu bantoue du nord du Transvaal.

L'Ancien Testament condamne son absorption de façon catégorique : « Prends la ferme résolution de ne pas consommer le sang car le sang, c'est l'âme, et tu ne dois pas manger l'âme avec la chair[4]. »

Pour certains peuples, verser le sang libère l'âme, libération qui peut avoir des conséquences néfastes. Maints tabous visent à éviter sa perte. Les Siamois exécutaient les criminels royaux en les affamant, en les étouffant, en leur enfonçant une bûche de bois de santal odorant dans l'estomac, en les mettant dans des chaudrons et en les broyant avec des pilons de bois. Des populations très différentes recouraient à ces exécutions « blanches » dont la liste est longue. Pour empêcher que le sang du capitaine Christian, mis à mort par le gouvernement de l'île de Man en 1660, ne se répandît sur le sol, on disposa des couvertures sur le lieu du supplice. Des tribus australiennes plaçaient les enfants qui allaient être circoncis sur une estrade formée de corps d'hommes vivants afin que leur sang n'entre pas en contact avec la terre. Celui de l'accouchée, dans les îles Marquises et Célèbes, était recueilli pour les mêmes raisons : « Dans le sud des îles Célèbes, pendant un accouchement, une femme esclave est debout sous la maison (car les maisons sont bâties sur pilotis) et reçoit, dans une cuvette placée sur sa tête, le sang qui coule goutte à goutte à travers le plancher en bambous. Chez les Latukas de l'Afrique centrale, on enlève soigneusement, avec une pelle en fer, la terre sur laquelle une goutte de sang est tombée lors d'un enfantement ; on la met dans un pot avec l'eau qui a servi à laver la mère et on l'enterre à une certaine profondeur, en dehors de la maison du côté gauche[5]. » Les hommes appelés « ramanga » ou « sang bleu », affectés au service des nobles chez les Betsiléos de Madagascar, avaient pour curieuse tâche de boire le sang de leur maître lorsqu'il se blessait afin que ce liquide, qui contenait son âme, ne tombât pas entre les mains de sorciers.

L'idée que le sang véhicule l'âme préside également aux rituels de la vengeance chez les Arabes antéislamiques. L'âme de la victime, échappée avec l'effusion sanguine, était condamnée à l'errance et ne pouvait réintégrer son corps tant qu'elle n'avait pu se désaltérer du sang du meurtrier. Transformée en oiseau appelé *hama*[6], elle réclamait lugubrement vengeance. Le justicier devait cependant concilier deux exigences contradictoires : faire couler le sang de l'assassin mais en verser le moins possible pour ne pas être harcelé par l'âme de celui-ci, le sang répandu à terre demandant réparation.

Équivalence de la sève et du sang

Une équivalence primaire existe entre la sève et le sang, l'une étant au règne végétal ce que l'autre est au monde animal. La sève irrigue et nourrit la plante comme le sang irrigue et nourrit les tissus. Elle s'écoule du végétal blessé et son épanchement en entraîne le dépérissement. Mais, bien au-delà d'un simple parallélisme entre deux ordres séparés, la sève et le sang apparaissent très tôt, dans les représentations humaines, comme affectés d'interférences très nombreuses. Aux temps préhistoriques déjà, l'arbre fait l'objet d'un culte très important. Source de subsistance, arbre nourricier ou protecteur, il est divinité ou résidence de la divinité. Dès lors, la sève n'est pas seulement principe végétal, elle est sang et d'abord, sans doute, sang féminin. C'est ainsi que la gomme de l'acacia a été imaginée comme le sang menstruel de la déesse habitant cet arbre. Cette sève-sang est chargée d'un pouvoir fécondant car, avant d'être déclarées impures, les menstrues ont pu représenter, au contraire, le sang pur contenant toutes les mystérieuses énergies de la vie [7]. Porteurs des pouvoirs occultes de la génération, sève et sang furent tous deux pensés comme des sources de vie.

Les liens étroits entre les deux substances ont entraîné un véritable processus d'identification perceptible dans de nombreuses croyances ou coutumes primitives. Lorsqu'il voulait abattre un arbre, le bûcheron basoga d'Afrique centrale, après avoir porté le premier coup de hache, appliquait sa bouche sur l'entaille et en suçait la sève. L'alliance qu'il établissait de cette façon était comparable au pacte qui scellait les liens parentaux par succion mutuelle du sang. Ainsi pactisait-il avec l'arbre qui ne pouvait en vouloir à un frère de l'abattre. L'anthropomorphisme est parfois plus marqué encore. Un exemple frappant en est donné par le châtiment cruel que les anciens Germains infligeaient à celui qui était surpris en train d'arracher l'écorce d'un arbre. Le coupable devait alors remplacer la partie manquante par de l'« écorce » humaine. On lui coupait le nombril qui était cloué à l'endroit dénudé. Puis on l'obligeait à faire le tour du tronc afin que ses entrailles s'y enroulent. Jusqu'en 1859, il existait à Nauders, au Tyrol, un mélèze sacré qui saignait à chaque entaille. La croyance populaire imaginait que le fer pénétrait dans le corps du bûcheron sacrilège aussi profondément que dans l'arbre et que la blessure de l'homme ne se fermait pas tant que le tronc ne s'était pas cicatrisé.

Une interpénétration aussi poussée du végétal et de l'humain traduit une unité fondamentale entre l'arbre « animé » et la « plante de chair », la sève-sang qui circule en eux, véhiculant l'âme d'un homme ou d'un dieu. Sève et sang ne constituent pas des principes vitaux différents mais un principe vital unique dont les pratiques primitives, les croyances, les mythes, peuvent permettre de déceler l'existence sous-jacente [8].

Le sang a été fréquemment pensé comme susceptible d'engendrer le végétal. Cette croyance s'est traduite dans la métaphore d'un sang assimilé à la pluie fécondante régénérant la terre desséchée, ou encore de fleurs et d'arbres jaillissant du sang répandu. Les exemples abondent dans la tradition égyptienne. D'un saignement de nez de Seth croissent des cèdres, du sang des rebelles massacrés, ennemis de Rê, sort la vigne et, dans *Le Conte des deux frères*, ce sont deux perséas qui poussent d'un taureau immolé. Or, bien des civilisations ont intégré des éléments analogues : vers le milieu de l'été, on voit poindre dans les champs de minuscules fleurs rouges, celles de l'*Adonis aestivalis* ou « Adonis goutte de sang ». Elles attestent de l'une des composantes du célèbre mythe grec : du sang d'Adonis blessé à mort par un sanglier naquirent les anémones rouges. L'origine du dragonnier, arbre célèbre pour sa sève rouge, ne serait pas moins sanglante. Pour éteindre le feu qui lui dévorait les entrailles, le dragon suça les veines de l'éléphant mais fut écrasé par la chute de celui-ci. Du sang qu'il régurgita naquit cet arbre dont « le fruict porte la figure d'un dragon, si expressément empreinte, qu'on diroit y avoir esté apposé par un peintre [9] ». Le symbolisme chrétien a développé toute une iconographie où, des plaies du Crucifié, s'épanouissent des roses. Lien étroit également entre la fleur et le sang dans la religion aztèque : les instruments de sacrifice, couteaux de silex, lames d'obsidienne, vases destinés à contenir les cœurs humains, sont décorés de fleurs. Les sacrifiés sont désignés comme les « morts fleuris [10] » et les manuscrits pictographiques représentent fréquemment les flots de sang fleuri qui coulent de leur poitrine.

La mauvaise réputation attachée à certaines plantes comme la mandragore ou l'ache a sa source lointaine dans leur filiation sanglante. Un tableau du peintre anversois Frans Francken, *L'Assemblée des sorcières,* révèle la persistance au XVIIe siècle de superstitions remontant à l'Antiquité. Dans le bois de la potence sous laquelle se déroule le sabbat, est fiché un couteau dégoulinant. Le filet de sang dessine peu à peu les contours dentelés d'une feuille d'ache. Née du sang des morts injustement condamnés, cette herbacée était censée contenir leur âme. Le sang du supplicié, bouleversé par une émotion très intense, transmettait au végétal qui se substituait à lui toute cette énergie paroxystique. La croyance en une transfusion du sang dans la sève faisant passer l'âme du condamné dans la plante est sans doute la cause des interdits qui l'ont frappée : « Les médecins grecs défendaient d'utiliser l'ache pour assaisonner les viandes, car elle était supposée provoquer un accès de haut mal. L'épilepsie étant jusqu'au XVIIe siècle considérée comme une possession, il est simple de comprendre les raisons de cette prohibition : l'âme du mort, passée dans la plante, pouvait s'emparer du convive [11]. »

Les représentations anciennes révèlent également la présence d'une chaîne sève-sang qui vient conforter l'idée d'une unité fondamentale entre les deux substances. On trouve des exemples de ce rapport inversé dans des cultures aussi différentes que celles des populations ouralo-altaïques et des îles Samoa. Le déluge, selon la tradition des Iouraks, fut déclenché par la chute d'un bouleau sacré qui répandit son sang en s'écroulant. Les légendes de Samoa font état d'arbres qui saignent. Ainsi, celle d'un bosquet que nul n'osait abattre : « Un jour, des étrangers tentèrent de le jeter à bas, mais le sang jaillit des arbres, et les profanateurs tombèrent malades et moururent [12]. » De même, lorsque dans *La Quête du*

Graal des bûcherons portent leur cognée sur l'Arbre de Vie, ils voient à leur grande terreur sourdre « des gouttes de sang vermeilles comme des roses[13] ».

Mais, s'il ne fallait retenir qu'une illustration de cette filiation de la sève au sang, je choisirais sans doute celle que fournit un extraordinaire mythe maya rapporté dans le *Popol-Vuh* ou « Livre du Conseil », qui fut rédigé en langue quiché vers le milieu du XVIe siècle. Défiés au jeu de paume par les divinités de Xibalba, « lieu de la disparition, de l'évanouissement », les « Maîtres Magiciens » sont descendus dans ce monde souterrain où ils sont mis à mort par traîtrise. La tête de « Suprême Maître Magicien » est placée dans un arbre, jusque-là stérile, qui se couvre alors de fruits. L'arbre est aussitôt soumis à des tabous : il est interdit d'en cueillir les fruits et, même, d'en approcher. « Dès lors, la tête de Suprême Maître Magicien ne se manifesta plus, elle ne fit qu'un avec les fruits de l'arbre appelé calebassier[14]. »

Or, une vierge nommée « Sang », fille d'un chef de Xibalba appelé « Assemble-Sang », décide de braver les interdits. Véritable Ève maya, elle se rend au pied de l'arbre. « Sont-ce les fruits de cet arbre, pourrai-je, me perdrai-je si j'en cueille ? » La tête de Suprême Maître Magicien se met soudain à parler : « Que désires-tu ? Ces boules rondes dans les branches de l'arbre ne sont que des ossements. En désires-tu encore ? » Sang persiste dans son désir. « Très bien, étends seulement le bout de ta main. » L'adolescente s'exécute. « Alors l'ossement lança avec force de la salive dans la main tendue de la jeune fille ; celle-ci aussitôt regarda avec curiosité le creux de sa main, mais la salive de l'ossement n'était plus dans sa main. — Dans cette salive, cette bave, je t'ai donné ma postérité », dit la voix venue de l'arbre.

Quelques mois après, Sang, enceinte, est accusée de fornication. Sommée de livrer le nom de son amant, elle répond qu'elle n'a connu aucun homme. Après avoir tenu conseil, les chefs de Xibalba, « Suprême Mort », « Principal Mort » et son père, Assemble-Sang, décident qu'elle sera sacrifiée. Ils donnent l'ordre de lui arracher le cœur et de le rapporter dans une coupe. Sur le chemin de son supplice, Sang parvient cependant à convaincre les exécuteurs de son innocence. Prêts à l'épargner, ceux-ci s'inquiètent : « Que mettrons-nous en échange de ton cœur ? » Sang leur enjoint alors d'inciser l'écorce d'un arbre, le dragonnier, et d'en recueillir la sève dans une coupe. « Alors le sang, la sève de l'arbre rouge, se forma en boule ; semblable à du sang, elle apparut brillante, rougeâtre, en boule dans la coupe. » Tandis que Sang fuit vers la surface de la terre, les sacrificateurs rendent compte de leur mission aux chefs de Xibalba. « Est-ce achevé ? dit alors Suprême Mort. — Achevé, ô chefs. Voici maintenant le cœur dans la coupe. — Très bien. Que je voie, dit Suprême Mort. Alors il souleva cela. La sève rougeâtre se répandit comme du sang. — Avivez bien l'éclat du feu. Mettez ceci sur le feu, ajouta Suprême Mort. Après qu'on l'eut mis sur le feu, les Xibalba commencèrent à sentir [l'odeur] ; tous commencèrent à être étourdis car véritablement agréable était le parfum qu'ils sentaient de la fumée du sang. »

Le calebassier se présente comme un arbre magique, arbre de la connaissance, arbre de vie et de mort. Magique, il l'est devenu quand les chefs de Xibalba y ont placé la tête de leur victime. L'arbre improductif s'est couvert de fruits parmi lesquels se confond désormais la tête de Suprême Maître Magicien. La tête-fruit qui crache sa salive dans la main de Sang va non seulement la féconder, mais lui transmettre révélations et immunité qui lui permettront de quitter le monde souterrain pour le monde terrestre sans être soumise au passage obligé de la mort : « Monte donc sur la terre sans mourir. Qu'en toi pénètre ma parole. »

Magique également apparaît le dragonnier. La sève qui coule dans la coupe se gonfle, prend la forme d'un cœur humain et, lorsque Suprême Mort, soupçonneux peut-être, demande à voir de près et le prend dans sa paume pour vérifier la bonne exécution de ses ordres, il est parfaitement abusé par la sève qui coule « comme du sang ». Enfin, lorsque ce « cœur » est jeté au feu, il s'en dégage une odeur à la fois délicieuse et entêtante, qui laisse les chefs de Xibalba comme étourdis, paralysés, tandis que les sacrificateurs en profitent pour rejoindre la jeune fille qu'ils ont aidée et s'échapper avec elle à la surface de la terre.

Les rôles respectivement tenus par le calebassier et le dragonnier dans le mythe expriment de façon différente mais convergente le cheminement qui conduit de la sève au sang. Que la jeune fille soit magiquement fécondée par le jet de salive projeté dans sa paume relève d'une symbolique évidente : la salive représente le liquide séminal. Mais, issue de la calebasse, de la tête-fruit, elle est aussi suc végétal. Le passage au sang, s'il se produit de façon indirecte, n'en est pas moins effectif. Du suc fécondant la jeune fille seront engendrés deux enfants, deux êtres de sang qui puniront plus tard l'injustice des chefs de Xibalba. À la différence de celle du calebassier, la sève du dragonnier est l'objet d'une mutation directe. « Semblable à du sang, la sève sortie en échange du sang » et qui coule du tronc incisé dans la coupe sacrificielle va sauver la vie de la jeune fille.

Ainsi le mythe maya fournit-il un double exemple de la chaîne sève-sang. Mais il intègre également la chaîne sang-sève : si le calebassier porte un fruit magique au suc créateur, c'est parce que la tête sanglante du Magicien a été placée dans ses branches et que l'esprit du supplicié s'est incarné dans l'arbre. Il illustre donc pleinement cette équivalence de la sève et du sang dont j'ai avancé le principe.

Ultime transformation : jeté au feu, le cœur issu du dragonnier brûle en dégageant une fumée puissamment odorante. Surgit alors dans le cycle du sang et de la sève un élément supplémentaire : le parfum.

Le cycle du sang et de l'encens

L'épisode final de l'histoire de la jeune fille Sang est révélateur, au-delà du lien unissant le sang et la sève, d'un lien plus étroit encore entre le sang et certaines sèves dotées de propriétés aromatiques. Ces dernières ont une vocation particulière à manifester ostensiblement l'équivalence première des principes vitaux des végétaux et des êtres de chair. Les mythologies associent en effet fréquemment l'origine des dieux aux végétaux odorants, par leur gomme, leur bois ou leurs fleurs. Adonis sort de l'arbre à myrrhe. Amon-Rê comme Brahma naît du lotus. À l'inverse, le lotus jaillit du sein de Vishnou, la rose de celui de la déesse Gaïa-Terre et l'encens est, pour les Égyptiens, la « transpiration du dieu ». Une relation privilégiée existe entre la divinité et les parfums.

Un aspect de ce rapport à la divinité a été dégagé par William Robertson Smith[15] pour qui l'utilisation de l'encens à des fins sacrées était liée à l'idée qu'il était le sang d'une plante animée et divine. Mais je pense que l'ordre des facteurs peut être inversé. C'est probablement le parfum de l'encens qui a conduit à la sacralisation de l'arbre producteur. Les gommes et résines aromatiques et, plus tard, les parfums obtenus par broyage des pétales ou des fibres ont dû apparaître comme imprimant au végétal le sceau du surnaturel.

L'encens, comme toute sève, est principe vital, mais sa vertu odorante en fait, avec le sang, le symbole le plus accompli. Nombre de pratiques trouvent alors une explication nouvelle. C'est le cas de l'utilisation concurrente de l'aromathérapie et de la phlébotomie. Le corps assaini et revigoré par les « parfumages » est, en même temps, débarrassé du sang superflu ou vicié grâce à la saignée. Opération double qui offre l'image d'une sorte de compensation, les arômes salvateurs venant suppléer le fluide vital défaillant.

La momie égyptienne offre la forme la plus concrète de substitution de l'aromate au sang. Devenue remède et extrêmement prisée, elle ne tarde pas à manquer. Qu'à cela ne tienne, on en fabriquera ! En 1536, l'illustre médecin suisse Paracelse recommande à ceux qui ne peuvent se procurer la véritable « liqueur de momie » une recette de sa composition incluant du sang humain et qui porte les noms révélateurs de « baume des baumes » ou « secret du sang ». Cette interpénétration du sang et de l'aromate dont la « momie » offre une représentation quasi paroxystique est en relation avec l'idée que l'efficace du sang, comme celle des plantes médicinales, réside dans un esprit balsamique mystérieux, « arcane par lequel les maladies sont ôtées comme taches du drap par le savon[16] ». L'alchimiste, Cornélius Agrippa le décrit comme étant une « vapeur de sang, subtile, pure, brillante, aérée et onctueuse[17] », termes qui caractérisent également l'esprit recteur des plantes aromatiques[18].

Les rites religieux, l'odeur de sainteté trahissent des liens tout aussi étroits entre les deux substances. Leurs effluves mêlés s'élèvent des autels vers les cieux, tandis que sur terre, répandant sa merveilleuse odeur, le corps du saint, comme le corps momifié, « devient dispensateur de vie et de santé [19] ».

Associé ou substitué au sang dans le discours mythique, les serments solennels, les manifestations sacrées, les pratiques magiques et médicales, l'aromate représente comme lui ce que les hommes possèdent de plus précieux et tiennent des dieux eux-mêmes : la vie. La puissance prodigieuse jadis accordée aux parfums trouve alors une légitimation : celle d'une équivalence fondamentale incarnée par leur archétype.

L'encens est sang, chargé comme lui de mystérieuses énergies vitales. Parfum primordial, il a communiqué à tous les autres quelque chose de ses vertus. Malgré l'écoulement du temps et l'oubli des raisons originelles, les pouvoirs qui leur sont encore attribués aujourd'hui dans les sociétés occidentales en gardent l'empreinte estompée mais indélébile.

Quatrième partie

LE NEZ DES PHILOSOPHES

« Le profil grec, loin d'être une forme purement extérieure et accidentelle, incarne l'idéal même de la beauté... Grâce à lui se trouve réalisée une conformation du visage où l'expression du spirituel occupe le premier plan. »

Hegel, *Esthétique.*

« Annaïk Labornez était un gros poupon rose et dodu. Elle avait des yeux et une bouche minuscules, son nez était si petit qu'on le voyait à peine. Et cela désolait ses parents qui, chaque jour, mesuraient le pauvre petit nez : « Y pousse pas, disaient-ils. Quel malheur ! On va être la risée de tout le pays ! » On est, en effet, persuadé, à Clocher-les-Bécasses, que l'intelligence est en proportion de la longueur du nez. Cette croyance bizarre tient sans doute à ce qu'on voit, dans le petit bourg, à l'époque des bains de mer, un grand savant, membre de nombreuses académies, qui est doué d'un appendice formidable. »

Caumery, *L'Enfance de Bécassine.*

Les philosophes ont-ils un nez ? La question, à mon sens, mérite d'être posée. Contrairement aux écrivains et aux poètes qui ont largement recouru à la puissance incantatoire des odeurs, la plupart des philosophes sont restés très réservés à l'égard des effluves. Leur extraordinaire diversité, en effet, tient en échec le vocabulaire. On les reconnaît plus aisément qu'on ne les caractérise car aucune des références spatiales applicables aux autres informations sensorielles ne les concerne : « Seule, la source d'une odeur est véritablement appréhendée comme un objet, à telle enseigne que nous ne savons nommer celle-ci que d'après celle-là. Dès que nous voulons aller plus loin dans la description, un langage rigoureux nous fait défaut et nous devons recourir aux métaphores [1]. » N'adhérant pas à des lieux précis, possédant, selon l'expression du philosophe allemand Ernst Cassirer, « une élasticité caoutchouteuse [2] », les odeurs résistent à une appréciation objective. Nombreux pourtant sont ceux qui, depuis Aristote, ont tenté une classification des odeurs. Les parfumeurs distinguent quelques séries (hespéridée, anisée, musquée, verdurée, animale...). Les œnologues classent les arômes de façon analogique (arômes de fleurs, de fruits, d'épices, de torréfaction...). Quant aux scientifiques, depuis la répartition en sept groupes proposée par Linné en 1756, ils ont multiplié les classements. Toutes ces tentatives sont restées vaines. Elles demeurent empreintes de subjectivité comme d'ailleurs la terminologie utilisée.

Subjectivité, absence de vocabulaire spécifique, ont lourdement pesé sur la façon dont les philosophes ont appréhendé l'odorat et les odeurs, leur ont dénié ou reconnu valeur cognitive, esthétique et éthique. Leur point de vue me semble néanmoins indispensable pour mieux mesurer la distance séparant un monde dans lequel « tout passait à travers l'odorat[3] » où « le sacré et les catégories morales avaient leur propre odeur », et notre monde aseptisé où, comme le déplore le philosophe Gaston Bachelard, « l'on converse loin des odeurs de cuisine[4] » et qui ne permet plus de rêver.

CHAPITRE VII

Ambivalence de l'odorat et de l'odeur dans la philosophie gréco-latine

Le plus médiocre de tous nos sens pour Aristote, notre « nez », s'avère bien inférieur au flair de l'animal. Théophraste partage cette opinion : chaque animal, chaque plante et même certaines choses inanimées dégagent une odeur spécifique que nous ne percevons pas toujours alors que les animaux y sont sensibles. C'est ainsi, par exemple, que l'orge cédropolitain, réputé inodore, est si nauséabond à la jument qu'elle refuse de le manger. Cette médiocrité dépend essentiellement de l'imperfection de notre appareil olfactif, de la fugacité naturelle des odeurs et de l'emprise de l'affectivité.

Nos conduits olfactifs n'ont pas les dimensions appropriées. Platon accuse les « veines » d'être trop étroites pour percevoir les corpuscules de terre et d'eau et trop larges pour ceux de feu et d'air. Aristote rend responsable la largeur des « canaux » du manque de finesse de l'olfaction et de la fréquence des éternuements.

Au handicap d'un instrument de perception inadéquat viennent encore s'ajouter l'inachèvement et la fugacité propres à l'exhalaison, deux caractéristiques que Platon attribue à son mode de formation. L'odeur émane de corps en train de se modifier et, par là même, instables. Née d'une « condition intermédiaire », d'une mutation, l'odeur « n'a de nature qu'à moitié[1] », ce qui rend sa perception malaisée. Pour Aristote, elle ne détermine que des sensations difficilement analysables. Situé à la charnière des sens de la « distance », la vue et l'ouïe qui supposent une médiation externe, et de ceux du « contact », le goût et le toucher qui s'exercent à travers la chair, milieu interne au sujet, l'odorat est ambivalent. Il appartient à un double registre sensoriel, d'où une ambiguïté qui pourrait expliquer l'imprécision et l'évanescence de l'odeur.

Pour Lucrèce, la faiblesse de l'odorat humain ne provient pas d'une quelconque déficience du sens (après tout, même le flair du chien qui passe pour être excellent est sujet à des défaillances). Seule l'odeur doit être incriminée. C'est dans sa composition, son mode de production et de propagation, qu'il faut chercher les raisons de l'insuffisance de son impact. Les particules qui la composent ne peuvent franchir les obstacles : « Les odeurs, il est aisé de s'en rendre compte, sont formées de principes plus grands que ceux de la voix, puisque des murailles les arrêtent, qui laissent passer sans peine la voix et le son. Voilà pourquoi d'ailleurs, quand un objet odorant est à rechercher, on ne découvre pas aisément sa place. En effet, les émanations se refroidissent en s'attardant dans les airs, elles ne courent pas toutes chaudes faire leur rapport à l'odorat. Ainsi arrive-t-il souvent que les chiens se trompent et doivent chercher la piste[2]. » De plus, l'odeur naît et se transmet avec difficulté : « Elle chemine lentement en vagabonde, meurt en route peu à peu, se dissipant dans l'air qui l'absorbe ; car c'est avec peine qu'elle sort des profondeurs du corps où elle s'est formée. » Contrairement à la couleur qui se fixe de façon superficielle et qui se détache aisément, l'odeur gîte au cœur même des substances. Lucrèce en voit la preuve dans les parfums violents qu'exhalent les matières brisées, consumées : les corpuscules odorants s'échappent alors immédiatement sans avoir à se frayer un chemin ardu jusqu'à la surface au risque de se perdre en route.

En filigrane se lisent certaines analogies entre l'odeur et l'âme. Enfouies, cachées, toutes deux sont composées d'atomes minuscules dont la perte n'entraîne aucune modification corporelle de poids et de forme. L'évasion de l'âme hors de l'enveloppe charnelle rappelle celle d'une exhalaison : elle monte des profondeurs, suit les méandres des canaux internes jusqu'aux pores. Une fois à l'extérieur, elle flotte dans l'atmosphère comme un parfum. Mais la vie à l'air libre de l'une comme de l'autre est des plus brèves : l'âme sans abri qui la protège ne peut subsister ; quant à l'odeur, elle s'évanouit rapidement.

À l'imperfection de l'appareil sensoriel et à la fugacité des odeurs, Aristote ajoute une troisième explication : les liens étroits de l'olfaction et de l'affectivité. Que la perception de toute odeur s'accompagne nécessairement d'un sentiment de douleur ou de plaisir révèle l'incapacité de l'organe à transcender sa gangue corporelle. Inapte à l'abstraction, il est donc privé de vocabulaire spécifique. Les différentes espèces d'odeurs, affirme Platon, « se répartissent en deux types qui n'ont pas de noms parce qu'elles dérivent de formes qui ne sont ni nombreuses ni simples. La seule distinction nette qui soit entre elles est celle du plaisir et de la peine qu'elles causent[3] ». Pour Aristote, les odeurs ne possèdent pas davantage d'identité propre. Elles s'apparentent aux saveurs et leur empruntent certains qualificatifs : « Les odeurs sont, elles aussi, aigres et douces, âpres, astringentes et grasses, et on peut regarder les odeurs fétides comme analogues aux saveurs amères[4]. » Mais le vocabulaire gustatif s'avère insuffisant à les dénommer toutes et le recours aux classifications affectives, constate Théophraste, est inévitable.

Platon témoigne d'une certaine estime pour les plaisirs du nez en les classant au même titre que ceux de la vue, de l'ouïe et de la science parmi les contentements purs. Seules sont valorisées les jouissances qui ne dépendent d'aucun besoin, d'aucun désir et que leur vérité et leur pureté rattachent à la sagesse et à l'intellect. L'odorat peut donc être l'instrument de joies nobles que ni le goût ni le toucher n'autorisent. Une discrimination se fait ainsi entre les sens capables de dispenser des satisfactions qui élèvent l'âme et ceux qui, source de voluptés uniquement charnelles, détournent de la connaissance et de la contemplation. Néanmoins, parfums et fleurs peuvent flatter les passions de l'homme déréglé et contribuer à sa perte : « Quand donc les autres désirs, bourdonnant autour de l'amour, parmi les nuages d'encens, les parfums, les couronnes de fleurs, les vins et tous les plaisirs dissolus... réussissent à implanter l'aiguillon du désir en ce frelon, alors on voit ce beau chef de l'âme, escorté par la folie, se démener comme un frénétique[5]... » L'odorat et l'odeur ont donc un statut variable selon les agréments qu'ils procurent : positif quand ceux-ci sont esthétiques, négatif lorsqu'ils encouragent la concupiscence.

La même ambiguïté se rencontre chez Aristote qui établit une distinction ontologique entre les odeurs spécifiquement « humaines » et celles qui sont « communes » à l'homme et à l'animal. La position médiane de l'odorat dans l'échelle des sens détermine deux sortes d'odeurs. Les premières, qui ne jouent aucun rôle dans la nutrition, ont une valeur absolue. Leur caractère agréable ou déplaisant ne se trouve pas soumis aux aléas de l'appétit. Elles peuvent donc être la source de plaisirs esthétiques propres à la nature humaine, « parce que, de tous les animaux, l'homme a la perception et la jouissance des fleurs et autres substances analogues[6] ». Leur action asséchante et réchauffante sur le cerveau leur confère également une utilité physiologique : « C'est dans l'intérêt de l'homme et pour la préservation de sa santé qu'a été produite cette espèce de l'odeur, car elle n'a aucune autre fonction que celle-là[7]. » Les émanations de la seconde espèce sont bonnes ou mauvaises par « accident », agréables, par exemple, quand on a faim, et déplaisantes dans le cas contraire. Dépendant de la subjectivité de chacun, leur valeur est relative. Dépréciées déjà ontologiquement, ces odeurs suscitent en outre une certaine réprobation. Elles sont susceptibles de flatter la luxure et la gourmandise : « Ceux qui se plaisent à l'odeur des pommes ou des roses, nous ne les appelons pas des hommes déréglés, mais nous appelons plutôt ainsi ceux qui se délectent à l'odeur d'onguents ou de mets, car les gens déréglés y trouvent leur plaisir du fait que ces odeurs leur rappellent les objets de leur concupiscence[8]. » Aristote rejoint Platon. Les parfums doivent éveiller des plaisirs esthétiques mais non charnels. Mais, en dépit de certains « libertinages », l'odorat fait partie des sens nobles qui ne menacent pas la tempérance et la liberté.

Cette classification ontologique des exhalaisons est reprise par Théophraste qui tente, en outre, de définir objectivement le suave et le nauséabond. La bonne odeur est en relation avec le cuit, l'imputréfiable. La mauvaise, avec la terre et la pourriture. Les odeurs corporelles varient avec l'âge, la constitution, l'état de santé, les dépenses organiques. Plaisantes chez l'être jeune et vigoureux, elles sont désagréables lorsqu'il est vieux, malade ou en rut.

Lucrèce est très éloigné de toutes ces conceptions à dominante ontologique et éthique. S'inspirant de la théorie atomiste d'Épicure, c'est la forme des atomes affectant l'odorat qui détermine, selon lui, la sensation fétide ou agréable. Lisses, ils s'insinuent en douceur dans les narines, rugueux et piquants, ils déchirent le tissu olfactif. Néanmoins il existe des attirances électives : « Telle odeur convient mieux à telle créature et telle à telle autre, suivant leur différence d'espèce : ainsi les abeilles sont attirées à de grandes distances par l'odeur de miel, les vautours par celle de cadavres ; là où une bête fauve a laissé sa trace, les chiens lâchés vous y conduisent ; et l'odeur humaine excite de loin le flair de l'oiseau qui sauva la citadelle des fils de Romulus, l'oie au blanc plumage[9]. »

Pour expliquer ces différences spécifiques et individuelles de sensibilité olfactive, Lucrèce fait aussi intervenir dans la perception des odeurs l'« ordre des atomes[10] » du corps réceptif. Cette notion permet de comprendre qu'un individu puisse apprécier différemment une même odeur en fonction des variations de son organisme : si une exhalaison qu'il aimait auparavant est devenue repoussante, c'est qu'un changement dans l'ordre de ses atomes corporels l'a rendu sensible à d'autres éléments.

Enfin, en admettant l'absolue équivalence de tous les sens et leur prééminence sur la raison, Lucrèce réhabilite l'odorat. Au même titre que les autres, c'est un guide indispensable à la vie. Son rôle dans la nutrition, contrairement à ce qu'on observe chez Platon et Aristote, ne provoque aucune appréciation péjorative.

Ainsi se révèlent dans la pensée antique deux attitudes antagonistes. Le matérialisme d'un Lucrèce donne à l'odorat un rôle important dans la connaissance. L'idéalisme platonicien et le courant qu'il engendre lui dénient la valeur scientifique attribuée à la vue, tandis qu'Aristote, sans être « idéaliste », adopte une conception très proche de celle de Platon par sa hiérarchie sensorielle. Chez l'un comme chez l'autre, l'odorat est à la charnière des sens purs et impurs, uniquement valorisé lorsqu'il détermine un certain type de sensations. Sans entraîner un jugement totalement négatif sur l'olfactif, ces réserves n'en contiennent pas moins les germes d'une condamnation future.

CHAPITRE VIII

L'influence du christianisme dans la dévaluation de l'odorat et de l'odeur

En accentuant l'opposition entre le corps et l'esprit déjà présente dans la philosophie idéaliste grecque, le christianisme va conduire à un renforcement de la condamnation des plaisirs olfactifs. Cet antagonisme n'existait pas dans l'Ancien Testament.

Aucun mépris pour le corps et la parure dans la Bible. Le Cantique des Cantiques, pour louer la beauté, « objet même du désir », utilise les métaphores les plus sensuelles et les plus raffinées. Il compare le corps des amants à des pierres, des matières et des métaux précieux, des parfums rares, des fleurs odorantes, des jardins embaumés distillant à profusion des senteurs exquises. « Ta personne est un jardin raffiné », dit la fiancée à son bien-aimé. C'est un « sachet de myrrhe », une « grappe de henné ». Ses joues sont un parterre odorant qui produit des aromates ; ses lèvres, des lis qui répandent de la myrrhe. Ses membres, son ventre, ses mains, sont faits d'or, d'albâtre, d'ivoire et couverts de saphirs, de topazes... Quant à la jeune fille, c'est un « narcisse de la plaine », un « lis des vallées », un jardin rempli de henné, de nard, de safran, de cannelle, d'aloès, d'arbres à encens. Nulle censure à l'égard de ce qui embellit le corps et le rend désirable. Il est vrai que l'histoire mouvementée du peuple juif l'a mis fréquemment au contact des peuples orientaux chez qui l'usage des bijoux, des parfums et des onguents était particulièrement en honneur.

On trouve, par contre, dans les Évangiles une critique voilée de l'usage profane du parfum. Lorsque Marie-Madeleine, en signe de repentir, lave les pieds du Christ avec une livre de nard pur, Judas Iscariote la désapprouve en s'écriant : « Pourquoi n'a-t-on pas vendu ce parfum trois cents deniers pour le donner aux pauvres ? — Laisse-la, lui répond Jésus, elle observe cet usage en vue de mon ensevelissement[1]. » Face à la réaction indignée de l'argentier des apôtres devant un gaspillage inutile, le Christ légitime ainsi le geste de Marie-Madeleine (qui deviendra la patronne des parfumeurs) en lui donnant un sens sacré : le coûteux nard a été versé à une fin religieuse, en vue d'un rite funéraire.

La défiance vis-à-vis des parfums trouve un appui dans les écrits de saint Paul. Tout ce qui flatte le corps élève un obstacle entre l'homme et Dieu : « Écoutez-moi : marchez sous l'impulsion de l'Esprit et vous n'accomplirez plus ce que la chair désire. Car la chair, en ses désirs, s'oppose à l'Esprit et l'Esprit à la chair ; entre eux, c'est l'antagonisme[2]. » Ce rejet de l'enveloppe charnelle conduit à celui de la parure. Saint Pierre demande son abandon : « Que votre parure ne soit pas extérieure : cheveux tressés, bijoux d'or, toilettes élégantes ; mais qu'elle soit la disposition cachée du cœur, parure incorruptible d'un esprit doux et paisible[3]. »

Une étape supplémentaire dans cette condamnation est franchie avec certains Pères de l'Église qui incitent à la mortification et jettent l'anathème sur tous les artifices de beauté liés à la prostitution et à la débauche. « Il n'y a rien de bon dans la chair[4] », déclare saint Clément. Aussi l'homme de Dieu doit-il « mortifier les œuvres de la chair... assujettir son corps, le réduire en servitude et le châtier[5] ». Tertullien exhorte les chrétiennes à ne pas travailler à la perte de leurs frères par de vains embellissements qui portent dans les cœurs le feu de la convoitise. Il les engage même à s'enlaidir pour refréner les élans impudiques : « Puisque donc l'empressement pour des attraits pleins de dangers met en cause à la fois notre sort et celui des autres, sachez que vous êtes désormais tenues non seulement de repousser loin de vous les artifices calculés qui rehaussent la beauté, mais encore de faire oublier, en le dissimulant et en le négligeant, votre charme naturel, comme également préjudiciable aux yeux qui le rencontrent[6]. » Une réprobation générale englobe tous les ornements qui mettent en valeur le corps et l'amollissent, ne le préparant ni à la chasteté ni à résister aux persécutions dont sont victimes les chrétiens : « Je me demande d'ailleurs si la main qu'enserre habituellement un bracelet supportera de s'engourdir dans la dureté d'une chaîne, je me demande si la jambe dont un anneau fait le charme endurera d'être serrée dans les fers. Je crains qu'une nuque encombrée d'un lacis de perles et d'émeraudes ne laisse de place pour l'épée[7]. »

Dans le monde antique finissant, la lutte contre le désir menée par les évêques a pour but de promouvoir un idéal de chasteté conçu comme la voie royale pour approcher Dieu. La morale chrétienne se présente d'ailleurs sans déguisement comme castratrice : « ... c'est nous que le Seigneur forme à sacrifier en quelque sorte et à châtrer, si j'ose dire, le monde. Nous sommes, nous, les parfaits circoncis, dans l'esprit comme dans la chair, car c'est à la fois spirituellement et charnellement que nous pratiquons la circoncision des biens du monde[8] ». Dans cette perspective, tout ce qui avantage le corps et favorise la concupiscence est proscrit. Alors que les onguents et les parfums de la courtisane grecque ne font que souligner sa position en marge des liens légitimes de l'institution matrimoniale, la femme chrétienne qui se pare ne se démarque pas de la païenne et commet un péché puisqu'elle excite la convoitise. « Fardons-nous pour perdre les autres[9] », fulmine Tertullien.

Pour engager les « servantes de Dieu » à se différencier de celles « du diable », le théologien carthaginois ne craint pas d'agiter un spectre plus effrayant peut-être encore que celui de la damnation éternelle : la calvitie et la folie ! « Mauvais présage pour elles qu'une tête couleur de flamme ! De plus, elles croient embellir ce qu'elles dégradent : c'est un fait que la puissance corrosive des drogues nuit à la chevelure et que, d'autre part, l'application répétée de n'importe quel liquide, même pur, est la ruine assurée du cerveau[10]. » Non contentes de détourner toutes ces substances aromatiques de l'usage pieux auquel elles sont destinées, les chrétiennes font de leur tête un autel qu'elles inondent de parfum en l'honneur de l'esprit immonde. Au jour du jugement dernier, toutes ces coquettes s'imaginent-elles ressusciter avec leur fard, leur vermillon, leurs parfums et leurs superbes chevelures ? Les seules senteurs désormais tolérées sont celles offertes à Dieu par des âmes ferventes.

Saint Jean Chrysostome oppose le parfum délicieux du repentir et de la prière à la « fumée noire et puante[11] » qui émane des pécheurs. Une nouvelle symbolique de l'odeur est ainsi affirmée. Alors que les cœurs purs exhalent des senteurs délicates qui leur font obtenir pardon et protection, les pécheurs, malades d'une « invisible peste », dégagent des relents qui attirent le courroux divin : « Si l'on voyait dans cette ville un homme porter de rue en rue un corps mort plein de puanteur, qui ne le fuirait et n'en aurait de l'aversion ? Vous êtes vous-même cet homme et c'est ainsi que vous portez partout une âme morte, rongée de vers et pleine de pourriture. Comment osez-vous, étant rempli de tant d'ordures et de saletés, entrer dans l'église de Dieu et vous présenter dans son Saint Temple ? Que ne devez-vous point attendre, vous qui pouvez sans rougir aller infecter ce temple sacré de Jésus-Christ par vos puanteurs insupportables ? Que n'imitez-vous cette sainte pécheresse qui parfuma les pieds du Sauveur d'une huile précieuse dont l'odeur excellente remplit toute la maison ? Vous faites tout le contraire en vous présentant plein de puanteur. Il est vrai que vous ne la sentez pas[12]. »

Cette lutte contre la concupiscence, pièce maîtresse de l'éthique chrétienne, se poursuivra pendant des siècles. La répression de la volupté, condition du salut, est prônée sans relâche. Le corps parfumé, paré et désiré du Cantique des Cantiques a cédé progressivement la place à un corps mortifié qui ne doit en aucun cas exciter la convoitise. Les ascètes s'efforcent, par la continence, de devenir des offrandes odorantes. Leur parfum de sainteté, émanant d'un corps devenu inaltérable, établit ici-bas un lien avec l'au-delà. « Baume précieux qui donne l'incorruptibilité[13] », la chasteté met sur terre, au rang des bienheureux, celui qui a renoncé à vivre selon la chair. L'effort du saint ne consiste pas seulement à produire de son corps châtié de suaves effluves, il lui faut aussi « jardiner » pour les narines divines : « Combien je m'estimerais heureux de pouvoir cultiver la fleur de votre jeunesse et d'en offrir à Dieu l'agréable parfum ! » écrit saint Bernard au prévôt de Beverla. La seule odeur désormais agréée a une fonction mystique : celle de l'encens qui s'élève vers Dieu comme la prière, celle de la chair devenue incorruptible sous l'effet de la chasteté, celle immatérielle des élus et, odeur exemplaire entre toutes, celle du Christ sacrifié.

Chez saint Thomas d'Aquin, la représentation de l'odorat et de l'odeur est révélatrice de son souci de concilier l'aristotélisme et la foi chrétienne. Elle s'élabore à partir d'une hiérarchie des sens établie en fonction du « mode de modification[14] » susceptible d'affecter tant l'organe lui-même que l'objet de sa perception. La vue qui s'exerce sans aucune variation physique de l'organe est la plus parfaite, la plus universelle, la plus spirituelle de toutes les facultés. Ensuite viennent l'ouïe et l'odorat qui supposent une modification physique de l'objet. Quant au goût et au toucher, qui subissent un changement physique, et de l'organe, et de l'objet, ce sont les plus matériels de tous les sens. À mi-chemin entre les sens nobles et grossiers, l'olfaction possède un statut proche de celui que lui conférait Aristote. Mais elle sera capable de procurer des plaisirs d'un niveau encore supérieur, non plus simplement esthétiques mais « immatériels ». Ces jouissances olfactives ne seront accessibles qu'aux seuls élus qui bénéficieront de l'acuité olfactive nécessaire pour percevoir les senteurs les plus subtiles.

Les élus eux-mêmes répandent un parfum particulier, sublimation de l'odeur charnelle parvenue « à son dernier degré de perfection ». L'odeur de ces corps glorieux ne sera ni émanation ni corruption. Elle aura perdu son substrat sensible habituel. Pour convaincre les sceptiques qu'il existe des cas où l'odeur « ne produit dans le milieu et dans l'organe qu'une impression immatérielle, sans émanation qui les atteigne[15] », saint Thomas recourt à cet exemple : le cadavre qui, de fort loin, attire les vautours ne saurait dégager d'effluves portant à de telles distances et, pourtant, les rapaces les perçoivent.

Mais la quintessence de l'odeur, c'est celle du Christ offerte à Dieu en sacrifice, parfum de la Sagesse et de la Connaissance. Le rite de l'encensement la matérialise ; encensement de l'autel d'abord, symbole de la grâce dont le Christ fut rempli comme d'un parfum agréable selon la parole de la Genèse : « Voici que le parfum de mon fils est comme le parfum d'un champ fertile », encensement des fidèles ensuite, image de cette grâce déversée sur eux ainsi qu'il est dit dans la deuxième épître aux Corinthiens : « Par nous [le Christ] répand en tous lieux le parfum de sa connaissance [16]. »

Il n'y a en définitive, dans la philosophie thomiste, ni rejet du corps ni dépréciation manifeste de l'olfactif. Mais pour Thomas d'Aquin comme pour Aristote, l'âme est « forme » du corps, autrement dit principe de vie et d'organisation de celui-ci. Aussi l'odorat et l'odeur ne sont-ils valorisés que lorsqu'ils sont épurés, spiritualisés.

CHAPITRE IX

Montaigne et les odeurs

Du XIVe au XVIe siècle, les représentations philosophiques du statut de l'odorat et de l'odeur sont fort peu élaborées. Durant cette période où la peste, après six siècles d'oubli, refait son apparition en Occident « avec une brutalité inouïe [1] », la réflexion sur l'olfactif est centrée sur l'interprétation de la terrible épidémie et des exhalaisons qui lui sont liées. Mais, avec Montaigne, se développe à nouveau une thématique de l'odorat et de l'odeur dans une perspective qui n'est pas toutefois immédiatement éthique.

Évoquant Du Bellay et les hommes de la Renaissance, Lucien Febvre les décrit comme « des hommes de plein air, voyant mais sentant aussi, humant, écoutant, palpant, aspirant la nature par tous leurs sens... et qui se défendaient de déterminer entre ces organes de liaison et de sécurité,

Lesquels pour présider en la part plus insigne
Sont de plus grand service et qualité plus digne [2] »...

De ces gens qui vivaient par le corps autant que par l'esprit, Montaigne est particulièrement représentatif. Chez lui, aucun souci de séparer l'âme et la chair. Affirmant l'unité de toute la personne humaine, il cherche un équilibre entre les plaisirs sensuels et spirituels. Aucune volonté de départager sens nobles et grossiers. Même s'ils doivent être subordonnés à la raison, « ce sont nos maistres... la science commence par eux et se résout en eux. Après tout, nous ne sçaurions non plus qu'une pierre, si nous ne sçavions qu'il y a son, odeur, lumière, saveur, mesure... Quiconque me peut pousser à contredire les sens, il me tient à la gorge, il ne me sçauroit faire reculer plus arrière. Les sens sont le commencement et la fin de l'humaine cognoissance[3]... » Les *Essais* révèlent une hypersensibilité olfactive et une attention particulière aux odeurs : « J'ayme pourtant bien fort à estre entretenu de bonnes senteurs, et hay outre mesure les mauvaises, que je tire de plus loing que tout autre :

Namque sagacius unus odoror
Polypus, an gravis hirsutis cubet hircus in alis,
Quam canis acer ubi lateat sus[4] »

(« Car, Polype, j'ai un nez d'une subtilité unique pour sentir la lourde odeur de bouc des aisselles velues, plus subtil que celui du chien qui découvre la cachette du sanglier à l'âcre senteur. »)

Cette finesse de nez se conjugue avec une aptitude remarquable de son corps à fixer les odeurs. Sa peau, et plus encore ses moustaches qu'il a « pleines », s'en « abreuvent ». « Elles accusent le lieu d'où je viens. Les estroits baisers de la jeunesse, savoureux, gloutons et gluans, s'y colloyent autrefois, et s'y tenoient plusieurs heures après. »

Les exhalaisons produisent sur lui des effets très divers : « J'ay souvent aperçeu qu'elles me changent, et agissent en mes esprits selon qu'elles sont. » C'est pour lui l'explication de l'utilisation religieuse de l'encens et des parfums : en éveillant et purifiant les sens, ils favorisent la contemplation. Esprit curieux de tout et soucieux de progrès scientifique, il prône le développement de la thérapeutique des odeurs dont les médecins pourraient « tirer plus d'usage qu'ils ne font ». Mais c'est aussi un sensuel qui déplore ne pas posséder l'art d'aromatiser les mets dont les cuisiniers du roi de Thunes ont le secret. C'est avec une nostalgie gourmande qu'il évoque leurs viandes farcies de coûteuses « drogues odoriférantes », exhalant au découpage de très suaves vapeurs qui se répandaient dans toutes les pièces du palais et jusqu'aux maisons du voisinage.

Cette extrême sensibilité olfactive a toutefois un revers : plus qu'un autre, Montaigne se trouve incommodé par la fétidité. Celle qui émane des marais de Venise et de la boue de Paris lui gâche l'attrait de ces deux villes. Les odeurs corporelles l'indisposent et le cas d'Alexandre le Grand, dont la sueur avait, dit-on, une agréable odeur, lui semble extraordinaire. Commentant la formule de Plaute : « Mulier tum bene olet, ubi nihil olet », il affirme : « La plus parfaite senteur d'une femme, c'est ne sentir à rien, comme on dict que la meilleure odeur de ses actions, c'est qu'elles soyent insensibles et sourdes[5]. »

Associer l'odeur seyant à la femme à la neutralité de ses actes pourrait bien révéler une certaine misogynie, d'autant que ce passage est amené par un autre sur la « douceur » de l'haleine des « enfans bien sains » qui « n'a rien de plus excellent que d'estre sans aucune odeur qui nous offense ». Pas davantage l'enfant ne peut offenser par ses dires ; étymologiquement même *(infans)*, il est celui qui ne parle pas. Attendre de la femme qu'elle ne répande aucune odeur revient-il à l'inviter aussi au silence ou simplement à une meilleure hygiène, à une époque où les bains se font de plus en plus rares ?

Si, idéalement, la femme ne doit rien sentir, il ne lui est toutefois pas interdit d'user d'arômes simples et naturels à la manière des femmes scythes qui « en la plus espesse barbarie » connaissaient des raffinements extrêmes. Après s'être lavées, elles « se saupoudrent et encroustent tout le corps et le visage de certaine drogue qui naist en leur terroir, odoriferante ; et, pour approcher les hommes, ayans osté ce fard, elles s'en trouvent et polies et parfumées ». Mais le philosophe désapprouve l'usage des parfums lorsqu'il sert à camoufler un manque de propreté, car alors « c'est puïr que de santir bon ».

« Sentir le plus possible[6] » pour explorer l'humain, tel est le projet humaniste de Montaigne qui considère les sens, y compris l'odorat, comme des instruments précieux de connaissance et de jouissance. En contrepoint, une intolérance exacerbée à certaines odeurs, rarement exprimée par ses contemporains, ne doit pas faire oublier son « oui » inconditionnel à la vie et son amour des bonnes odeurs, amour dont on chercherait en vain l'équivalent au XVIIe siècle chez les cartésiens qui justement évacuent « tout ce qui se rattache à la vie ou à son dynamisme[7] ».

CHAPITRE X

L'alliance de la raison et de la pensée chrétienne dans la dépréciation de l'odorat et de l'odeur au XVIIe siècle

La hiérarchie des sens adoptée par Descartes place l'odorat dans une position médiane, héritée de l'Antiquité. Moins grossier que le toucher et le goût, l'odorat n'a, toutefois, ni la subtilité de l'ouïe, ni, surtout, celle de la vue. Cette appréciation est sous-tendue par une certaine représentation anatomique de l'appareil olfactif. Celui-ci apparaît comme un prolongement du cerveau avançant vers le nez et situé « au-dessous de ces deux petites parties toutes creuses que les anatomistes ont comparées aux bouts des mamelles d'une femme[1] ». Les deux nerfs qui forment l'organe olfactif ne sont pas différents de ceux du goût, sinon qu'ils sont plus déliés, plus sensibles et qu'ils sont mus par des objets plus ténus. Lorsque la « machine » humaine respire, les petites parties des corps terrestres qui voltigent dans l'air pénètrent par le nez et sont filtrées par les pores étroits de l'« os spongieux » qui ne laissent passer que les plus subtiles. Celles-ci meuvent alors les extrémités des nerfs olfactifs de différentes façons, éveillant ainsi, de façon mécanique, « divers sentiments des odeurs » dans l'âme.

Comme toutes les sensations, la sensation olfactive n'a qu'une réalité intellectuelle : couleurs, sons, odeurs, saveurs, ne sont « rien que des sentiments[2] » qui n'ont aucune existence hors de la pensée. Tous sont dus à des mouvements corporels dans les objets qui ébranlent nos nerfs. Sentir et penser représentent, pour Descartes, une même chose : « Le corps n'est pas connu par la sensation : affirmation d'une portée immense ; il n'y a pas, comme tout le platonisme l'avait admis, une réalité corporelle, objet des sens, et une réalité intelligible, objet de l'intellect ou de l'entendement[3]. »

Pas plus que les autres, la sensation olfactive ne permet d'appréhender la matière. Sous les apparences sensibles et changeantes, seule une « inspection de l'esprit » peut y parvenir. C'est ce qu'établit la fameuse analyse du morceau de cire : « Qu'est-ce donc que l'on connaissait en ce morceau de cire avec tant de distinction ? Certes, ce ne peut être rien de tout ce que j'y ai remarqué par l'entremise des sens, puisque toutes les choses qui tombaient sous le goût, ou l'odorat, ou la vue, ou l'attouchement, ou l'ouïe, se trouvent changées, et cependant la même cire demeure. Peut-être était-ce ce que je pense maintenant, à savoir que la cire n'était pas ni cette douceur de miel, ni cette agréable odeur des fleurs, ni cette blancheur, ni cette figure, ni ce son, mais seulement un corps qui un peu auparavant me paraissait sous ces formes, et qui maintenant se fait remarquer sous d'autres. » En définitive, « il ne demeure rien que quelque chose d'étendu, de flexible et de muable[4] ». L'odeur, comme toutes les qualités sensibles que Locke qualifiera de « secondes », n'appartient donc pas à la substance de la cire. Comme la couleur, la douceur et la saveur, elle fait partie de ses « vêtements ». La valeur scientifique des informations olfactives et du témoignage sensoriel en général se trouve ainsi récusée. Ils ne servent qu'à la conservation du corps : nos sens ne nous apprennent rien sur la véritable nature des choses, mais seulement ce en quoi elles nous sont utiles ou nuisibles.

C'est également à une exclusion du sensible de la sphère du vrai que correspond le projet de Malebranche. Parfaitement adaptées à une finalité utilitaire, les données sensorielles n'ont aucune crédibilité sur le plan théorique : « Il est présentement très facile de faire voir que nous tombons en une infinité d'erreurs touchant la lumière et les couleurs, et, généralement, toutes les qualités sensibles, comme le froid, le chaud, les odeurs, les saveurs, le son, la douleur, le chatouillement[5]. » Les sens sont donc de « faux témoins[6] » de la vérité. Celle-ci exige une ascèse et le procès scientifique des sens conduit à leur imposer silence. En philosophe chrétien, Malebranche renforce d'ailleurs sa critique d'une mise en garde morale : ils portent le poids du péché. Avant de désobéir, Adam était averti, par des plaisirs, des douleurs ou des dégoûts, de ce qu'il devait faire pour son corps. Et comme il avait un contrôle absolu sur les « mouvements corporels » qui se manifestaient en lui, il ne pouvait devenir esclave ou malheureux. Mais, la faute commise, ses sens, qui l'avertissaient respectueusement, n'eurent plus pour lui les mêmes égards et se révoltèrent. Moins étroitement unis à Dieu depuis la chute originelle, les hommes n'en reçurent plus, dès lors, la force qui leur permettait de conserver liberté et bonheur. Le péché a inversé la prééminence de l'esprit sur le corps qui, maintenant, parle plus haut que Dieu même et ne dit jamais la vérité. Troublé par la concupiscence, l'être humain n'est plus maître de son attention et doit continuellement lutter pour sortir des « ténèbres » de l'ignorance sensible et accéder à la « lumière des idées ».

La spiritualité du XVIIe siècle renforce encore le mépris des sens et la haine du désir en « systématisant les austérités[7] ». Bossuet reprend l'idée, chère à Malebranche, selon laquelle le corps est uni à l'âme pour fournir à celle-ci matière à sacrifice et met l'accent sur la nécessité de combattre la sensualité : « Ainsi le mal est en nous, et attaché à nos entrailles d'une étrange sorte, soit que nous cédions au plaisir des sens, soit que nous le combattions par une continuelle résistance... pour éviter le consentement qui est le mal consommé, il faut continuellement résister au désir qui en est le commencement[8]. » Puisque le désordre vient de la chair, tout ce qui procure des plaisirs sensuels doit être énergiquement réprouvé. Les agréments olfactifs sont des pièges d'autant plus redoutables qu'ils ne semblent pas menacer ouvertement la chasteté. L'évêque de Meaux fustige cette femme des Proverbes qui respire avec délices les parfums répandus sur son lit et s'écrie : « Enivrons-nous de plaisirs et jouissons des embrassements désirés. » Ces propos montrent assez « à quoi mènent les bonnes senteurs préparées pour affaiblir l'âme, l'attirer aux plaisirs des sens par quelque chose qui, ne semblant pas offenser directement la pudeur, s'y fait recevoir avec moins de crainte, la dispose néanmoins à se relâcher, et détourne son attention de ce qui doit faire son occupation naturelle[9] ».

La séparation de l'esprit et de la chair devient l'objet d'efforts méthodiques visant à réprimer les instincts et à leur refuser les satisfactions qu'ils demandent. Aversion pour le corps qui trouvera son expression ultime au siècle suivant dans la « maxime salutaire » d'Alphonse de Liguori : « Mieux vaut souffrir que jouir ici-bas[10]. » Le fondateur de la congrégation des rédemptoristes fera une large place aux mortifications olfactives. « Quant à l'odorat, n'ayez point la vanité de vous entourer des parfums de l'ambre et des autres préparations odorantes ou de vous servir d'eau de senteur, toutes choses qui recommandent peu, même une personne du monde. Habituez-vous plutôt à supporter sans répugnance les odeurs désagréables qui souvent environnent les malades, à l'exemple des saints qui, poussés par l'esprit de charité et de mortification, se plaisent dans les infirmeries les plus infectes, comme s'ils eussent été dans un parterre rempli des fleurs les plus odoriférantes[11]. »

CHAPITRE XI

Le mouvement de réhabilitation de l'odorat chez les philosophes du XVIIIe siècle

En opposition avec ce courant rigoriste et les philosophies intellectualistes, de nombreux penseurs rétablissent, au XVIIIe siècle, l'importance de la sensibilité dans la connaissance. La Mettrie, par exemple, affirme que toutes les idées viennent des sens qui, seuls, peuvent éclairer la raison dans la recherche de la vérité. L'homme ne pourrait rien connaître s'il était un pur esprit : « L'âme dépend essentiellement des organes du corps, avec lesquels elle se forme, grandit et décroît[1]. » Réhabilitation totale : pour ce matérialiste, les sens sont ses plus sûrs guides, ses « philosophes ». Helvétius, également, réduit toutes les opérations de l'esprit à la sensation et l'exprime dans une formule lapidaire : « Juger est sentir[2]. » La réévaluation du corps dans la connaissance s'accompagne de bouleversements dans la hiérarchie sensorielle classique. La vue, valorisée jusqu'alors parce que plus intellectuelle, cède de son prestige au toucher, plus concret. Ces réajustements profitent à l'odorat qui jouit d'une faveur nouvelle et le célèbre exemple imaginé par Condillac est symbolique de cette considération retrouvée.

Pour démontrer que toutes les facultés sont susceptibles d'être engendrées par n'importe quelle sensation, Condillac se propose de conférer séparément à une statue chacun des sens et, d'abord, celui qui passe pour le moins propre à participer à la science :

« Nous crûmes devoir commencer par l'odorat, parce que c'est de tous les sens celui qui paraît contribuer le moins aux connaissances de l'esprit humain[3]. » Et l'effigie de marbre, ne disposant que de l'odorat, va entrer progressivement en possession de toutes les facultés : « Ayant prouvé que notre statue est capable de donner son attention, de se ressouvenir, de comparer, de juger, de discerner, d'imaginer ; qu'elle a des notions abstraites, des idées de nombre et de durée ; qu'elle connaît des vérités générales et particulières ; qu'elle forme des désirs, se fait des passions, aime, hait, veut ; qu'elle est capable d'espérance, de crainte et d'étonnement ; et qu'enfin elle contracte des habitudes : nous devons conclure qu'avec un seul sens l'entendement a autant de facultés qu'avec les cinq réunis[4] ».

Ainsi la sensation olfactive renferme-t-elle toutes les facultés de l'âme et ce qui a été dit de l'odorat s'applique aux autres sens. Mais, s'ils sont équivalents quant à la génération des facultés, le toucher détient cependant un rôle particulier puisqu'il est le seul à permettre la connaissance du monde extérieur. Sans son concours, la statue dotée du seul odorat et respirant une rose « se sent odeur de rose » mais n'a aucune représentation de l'objet senti : « Elle sera donc odeur de rose, d'œillet, de jasmin, de violette, suivant les objets qui agiront sur son organe. En un mot, les odeurs ne sont, à son égard, que ses propres modifications ou manières d'être[5]. » L'olfaction doit donc être instruite par le tact. Par sa « mobilité exploratrice[6] » il apprendra à la statue que les odeurs ne sont pas de simples variations d'elle-même mais viennent des objets extérieurs.

Dans la même perspective, Diderot établit une hiérarchie sensorielle où la souveraineté de la vue s'efface devant celle du toucher. L'odorat bénéficie de ce renversement de valeurs. Sa sensualité peut s'étaler au grand jour : « Et je trouvais que, de tous les sens, l'œil était le plus superficiel ; l'oreille le plus orgueilleux ; l'odorat le plus voluptueux ; le goût le plus superstitieux et le plus inconstant ; le toucher le plus profond et le plus philosophe[7]. » La réhabilitation des sens les plus dépréciés s'inscrit dans une proclamation de foi matérialiste où le corps et la sensation jouent un rôle de tout premier plan dans la connaissance. Les sens les plus matériels sont susceptibles d'abstraction : la vue, l'odorat et le goût sont capables des mêmes progrès scientifiques. « Nos sens, distribués en autant d'êtres pensants, pourraient donc s'élever tous aux spéculations les plus sublimes de l'arithmétique et de l'algèbre, sonder les profondeurs de l'analyse, se proposer entre eux les problèmes les plus compliqués sur la nature des équations et les résoudre comme s'ils étaient des Diophantes [8]. »

Les sens jouissent de la même considération chez Rousseau puisque leur exercice détermine le développement de la raison. L'éducation sensorielle, la santé, sont les conditions essentielles d'une formation intellectuelle réussie : « Pour apprendre à penser, il faut donc exercer nos membres, nos sens, nos organes, qui sont les instruments de notre intelligence ; et pour tirer tout le parti possible de ces instruments, il faut que le corps qui les fournit soit robuste et sain. Ainsi, loin que la véritable raison de l'homme se forme indépendamment du corps, c'est la bonne constitution du corps qui rend les opérations de l'esprit faciles et sûres [9]. » Dans ce rationalisme sensualiste qui accorde une importance fondamentale aux sens et au sentiment, et qui affirme la primauté du substrat corporel dans la genèse de la raison — car « tout ce qui entre dans l'entendement humain y vient par les sens » —, on n'observe nul dédain pour l'odorat. Comme « nos pieds, nos mains, nos yeux », il est l'un de « nos premiers maîtres de philosophie [10] » et prend place dans une conception inspirée de Condillac mais, surtout, de Buffon.

Ce dernier, en effet, lorsqu'il traite de l'odorat, fait une distinction très nette entre celui de l'animal et celui de l'homme. « Sens admirable », l'olfaction animale pourrait même remplacer tous les autres sens : « Organe universel de sentiment, c'est un œil qui voit les objets, non seulement où ils sont mais même partout où ils ont été ; c'est un organe de goût par lequel l'animal savoure non seulement ce qu'il peut toucher et saisir, mais même ce qui est éloigné et qu'il ne peut atteindre ; c'est le sens par lequel il est le plus tôt, le plus souvent et le plus sûrement averti, par lequel il agit, il se détermine, par lequel il reconnoît ce qui est convenable ou contraire à sa nature, par lequel enfin il aperçoit, sent et choisit ce qui peut satisfaire son appétit [11]. »

Chez l'homme, conduit par un principe supérieur de « jugement et de raison [12] », l'odorat est relégué à la dernière place d'une hiérarchie sensorielle inhabituelle où le tact vient en premier, suivi du goût, de la vue et de l'ouïe. Cette inversion complète de l'importance relative de l'odorat dans l'ordre humain et animal traduit une différence importante de finalités : « L'homme doit plus connaître qu'appéter et l'animal doit plus appéter que connaître [13]. »

Rien d'étonnant, dès lors, à ce que Rousseau, lecteur et admirateur de Buffon, se soit inspiré de cette théorie pour concevoir, à son tour, deux sortes d'odorat. L'un primitif, commun à l'animal et au sauvage, l'autre délicat, apanage du civilisé. Borné à l'appétit, l'« homme naturel », comme l'animal, ne développe que les facultés les plus nécessaires à sa protection. Mais bien qu'instinctuel et « inculte », cet odorat est perfectible. Comme l'affirmait déjà Buffon, « l'art et l'habitude [14] » concourent beaucoup à son développement. Exercé à « l'attaque et la défense », le flair du sauvage est extrêmement puissant. Aussi ne faut-il pas s'étonner que « les Indiens d'Amérique sentissent les Espagnols à la piste, comme auraient pu faire les meilleurs chiens [15] ». Au Canada, les sauvages acquièrent une telle acuité olfactive qu'ils n'ont pas besoin de ces auxiliaires pour chasser et « se servent de chiens à eux-mêmes [16] ».

Mais la puissance de leur odorat comporte néanmoins des limites que l'exercice ne parvient pas à reculer. « Livré par la nature au seul instinct [17] », l'homme naturel, comme l'animal, ne peut jouir esthétiquement des odeurs. Appliquée à des fins uniquement utilitaires, son olfaction, quoique très développée, n'en demeure pas moins fruste : « Nos sensations oiseuses, comme d'être embaumés des fleurs d'un parterre, doivent être insensibles à des hommes qui marchent trop pour aimer se promener et qui ne travaillent pas assez pour se faire une volupté du repos. Des gens toujours affamés ne sauraient prendre un grand plaisir à des parfums qui n'annoncent rien à manger [18]. » Ce n'est que dans un autre mode d'existence, celui de l'état civil, que ce sens pourra véritablement se cultiver.

Le passage de l'état de nature à l'état civil s'accompagne en effet d'un changement de l'instrument d'adaptation : l'instinct guidait l'homme naturel dans un milieu physique, la raison conduit le civilisé dans l'environnement social. Cette modification n'est pas sans incidence sur l'odorat. En s'écartant de la vie animale, l'homme civilisé en émousse l'acuité. En revanche, il le développe sur un plan qui n'était pas accessible au sauvage grâce à l'imagination. Cette faculté, virtuelle chez l'homme naturel, adhérant au présent, « sans prévoyance ni curiosité[19] », n'entre en action que chez le civilisé. Et si, pour ce dernier, « les odeurs par elles-mêmes sont des sensations faibles », c'est qu'elles « ébranlent plus l'imagination que les sens et n'affectent pas tant par ce qu'elles donnent que par ce qu'elles font attendre[20] ». L'évolution n'est donc pas négative : ce que l'odorat perd en force, il le gagne en raffinement sous l'effet de l'imagination.

Dans l'ordre social, cette faculté sollicite de façon si privilégiée l'olfaction qu'elle tend à se confondre avec elle. Toutes deux jouent un rôle décisif dans l'amour. Et alors que l'imagination « ne parle point à des cœurs sauvages », « bornés au seul physique de l'amour » et qui se livrent sans choix sous l'impulsion de la nature « aux ardeurs du tempérament[21] », elle concourt avec l'odorat à faire naître et entretenir le désir du civilisé : « L'odorat est le sens de l'imagination ; donnant aux nerfs un ton plus fort, il doit beaucoup agiter le cerveau ; c'est pour cela qu'il ranime un moment le tempérament et l'épuise à la longue. Il a dans l'amour des effets assez connus ; le doux parfum d'un cabinet de toilette n'est pas un piège aussi faible qu'on pense ; et je ne sais s'il faut féliciter ou plaindre l'homme sage et peu sensible que l'odeur des fleurs que sa maîtresse a sur le sein ne fit jamais palpiter[22]. » En se socialisant, l'odorat s'est intellectualisé : il favorise le rêve, le fantasme. Cependant, l'ambiguïté qui caractérise l'imagination rejaillit sur lui : tous deux peuvent conduire dans des pièges. Qu'il s'agisse en effet d'amour ou de chasse, l'odorat est un instrument de capture. Mais alors que, dans l'état de nature, il oriente la poursuite du chasseur vers son gibier, dans l'état civil, il attire l'homme dans le traquenard qui lui est tendu.

La relation privilégiée de l'odorat et de l'imagination est à l'origine de différences qualitatives importantes dans les aptitudes olfactives. Les femmes, plus imaginatives que les hommes, sont très sensibles à toutes les exhalaisons. En revanche, les jeunes enfants qui ne possèdent la faculté d'imaginer qu'en puissance manifestent en ce domaine une grande indifférence, « non que la sensation ne soit en eux aussi fine et peut-être plus que dans les hommes, mais parce que, n'y joignant aucune autre idée, ils ne s'en affectent pas aisément d'un sentiment de plaisir ou de peine, et qu'ils n'en sont ni flattés ni blessés comme nous[23] ». Ce n'est que stimulé par l'imagination, que leur odorat sortira de son « hébétement ». Cette insensibilité olfactive des petits enfants permet à Rousseau de souligner, après Hobbes[24], le caractère relatif de la « bonne » et de la « mauvaise » odeur. Si les enfants décèlent très tôt des différences d'intensité entre les odeurs, ils n'établissent aucune distinction qualitative : « La sensation vient de la nature ; la préférence ou l'aversion n'en vient pas[25]. »

Ce sont aussi les rapports du goût et de l'odorat qui déterminent l'appréciation des arômes et des relents. Les goûts, eux-mêmes fonction des modes de vie, conditionnent les odeurs qui les annoncent. L'odorat du sauvage ne serait pas affecté de la même manière que le nôtre et porterait des jugements très différents : « Un Tartare doit flairer avec autant de plaisir un quartier puant de cheval mort, qu'un de nos chasseurs, une perdrix à moitié pourrie[26]. » Et les liens très étroits entre ces deux sens devraient interdire les maladroites supercheries dont ils sont parfois l'objet lorsqu'on veut masquer le « déboire d'une médecine » pour la faire avaler à un enfant : « La discorde des deux sens est trop grande alors pour pouvoir l'abuser... un parfum très suave n'est plus pour lui qu'une odeur dégoûtante ; et c'est ainsi que nos indiscrètes précautions augmentent la somme des sensations déplaisantes aux dépens des agréables[27]. »

Comme Rousseau « qui si souvent a peint la nature avec une inimitable vérité[28] », Cabanis relève les rapports étroits de l'odorat avec le goût, l'amour et l'imagination. « Guide et sentinelle du goût », le sens olfactif est aussi celui de la sensualité : « La saison des fleurs est en même temps celle des plaisirs de l'amour : les idées voluptueuses se lient à celles des jardins, ou des ombrages odorants ; et les poètes attribuent avec raison aux parfums la propriété de porter dans l'âme une douce ivresse. Quel est l'homme, même le plus sage, à moins qu'il ne soit mal organisé, dont les émanations d'un bosquet fleuri n'émeuvent pas l'imagination[29] ? »

En dépit de références évidentes à l'*Émile*, la rupture avec le sensualisme apparaît dans la volonté de ne pas « considérer les odeurs dans leurs effets éloignés et moraux ; c'est-à-dire comme révélant, par le seul effet de la liaison des idées, une foule d'impressions qui ne dépendent pas directement de leur propre influence ». Conformément à ce dessein, c'est de façon purement physiologique qu'on peut expliquer les émois sensuels que dispense l'odorat. Les odeurs par elles-mêmes agissent puissamment sur l'ensemble du système nerveux et le disposent à toutes les voluptés, lui communiquant « ce léger degré de trouble qui semble en être inséparable ; et tout cela parce qu'elles exercent une action spéciale sur les organes où prennent leur source les plaisirs les plus vifs accordés à la nature sensible ». Cabanis associe lui aussi l'odorat et le désir amoureux mais il insiste plus nettement sur les liens entre les activités olfactive et sexuelle, aspect physiologique qui devait tout naturellement retenir l'attention d'un médecin et que Rousseau, plus sensible au côté imaginatif de l'amour, ne faisait qu'évoquer.

Homme du XVIIIe siècle, même si son œuvre essentielle, *Rapports du physique et du moral*, date de 1802, ce médecin philosophe se situe encore dans la mouvance de Condillac dont il maintient la tradition d'analyse psychologique. Mais il s'en sépare en affirmant la nécessité de rattacher l'étude des faits psychiques à la physiologie et en faisant de l'instinct le lien entre l'intellectuel et l'organique. La « bonne analyse » ne saurait isoler artificiellement les opérations des sens qui agissent conjointement et sont soumis à l'influence des organes, des viscères et du système nerveux. C'est pourquoi il faut étudier les sensations, « source de toutes les idées et habitudes morales de l'homme[30] », en relation avec tout le corps vivant et non de façon isolée. En effet, lorsqu'elle sent une rose, la statue de Condillac « devient, par rapport à elle-même, odeur de rose, et rien de plus, et cette expression, non moins exacte qu'ingénieuse, rend parfaitement la modification simple que le cerveau doit subir dans ce moment[31] ». Mais, loin de se borner à l'odorat et de ne recevoir aucune impression étrangère, la sensation olfactive réelle est beaucoup plus complexe puisque l'odorat non seulement agit de concert avec les autres sens, mais entretient aussi des « sympathies particulières » avec le canal intestinal et les organes de la génération. Ce sont ces rapports qui permettent de comprendre l'effet de certains effluves qui soulèvent l'estomac, provoquent des vomissements effrayants et excitent ou calment les affections hystériques.

L'odorat est chez les mammifères le principal organe de la sympathie et de l'antipathie : « Il n'est pas douteux que chaque espèce, et même chaque individu, ne répande une odeur particulière : il se forme, autour de lui, comme une atmosphère de vapeurs animales, toujours renouvelée par le jeu de la vie : et quand cet individu se déplace, il laisse toujours sur son passage des particules qui le font suivre, avec sûreté, par les animaux de son espèce ou d'espèce différente, doués d'un odorat fin[32]. » Dès lors, on comprend l'attrait exercé par les émanations d'animaux en bonne santé car elles occasionnent des plaisirs organiques et ont des effets salutaires. Les Anciens connaissaient les bienfaits que procurent aux vieillards languissants et aux malades épuisés par les abus sexuels les exhalaisons vivifiantes de corps jeunes et vigoureux. David, en son grand âge, partageait sa couche avec de jolies filles et les médecins grecs, selon Galien, préconisaient, dans le traitement de diverses consomptions, de téter une nourrice saine et appétissante. C'est encore pour cette raison que l'air des étables bien tenues est recommandé dans la cure de certaines maladies.

Cet intérêt thérapeutique accordé à l'effluve occupe une place centrale dans le dernier ouvrage majeur de Berkeley, *Siris ou Réflexions et recherches philosophiques concernant les vertus de l'eau de goudron*. L'étrange itinéraire de ce philosophe et évêque irlandais, auteur d'une *Nouvelle Histoire de la vision*, se termine par l'apologie d'une médication aromatique. Très concerné par la santé de ses ouailles qu'il soigne aussi à l'occasion, ce bon pasteur tente d'introduire et de diffuser un remède indien qu'il a découvert en Amérique et dont il a usé avec succès contre la dysenterie. Obtenue par simple dissolution dans l'eau d'une résine balsamique provenant de la combustion de conifères, l'eau de goudron est, à ses yeux, une véritable panacée accordée par la Providence :

« Parmi ces extraits liquides et huileux tirés des arbres et des arbustes, qu'on appelle baumes, et qui sont appréciés par leurs vertus médicinales, le goudron peut tenir sa place comme l'un des plus précieux. Son parfum montre qu'il possède des qualités actives[33]... » L'évêque-philosophe projette alors de sauver de la stupidité et de la décrépitude ses misérables paroissiens qui respirent un air épais, boivent trop d'alcool et ont un exécrable régime de vie.

Mais pour mener à bien cette ambitieuse entreprise, il faut convaincre des multiples vertus du produit. Berkeley élabore alors une véritable cosmologie, inspirée de Platon, mais aussi d'une théorie élaborée par les alchimistes et reprise par le chimiste hollandais Herman Boerhaave : celle de « l'esprit recteur », principe éminemment fin et subtil qui renferme l'odeur de tous les corps. L'eau de goudron a un rôle essentiel dans cette cosmologie. « Une chaîne court à travers le système tout entier des choses. Dans cette chaîne, un anneau tire l'autre. Les choses les plus humbles sont reliées aux plus élevées[34]. » Or, « l'esprit recteur » du goudron végétal en est le premier maillon, c'est donc lui qui mène jusqu'à l'« Esprit » divin qui ordonne le monde.

CHAPITRE XII

Kant et Hegel
un sens antisocial et exclu de l'esthétique

Qu'il s'agisse d'établir l'importance du support organique dans la vie psychique ou le rôle cognitif des sens, un intérêt nouveau pour l'odorat existe incontestablement chez les penseurs du siècle des Lumières. Mais ce mouvement de réhabilitation n'est pas unanime. Kant, en particulier, demeure en marge de ce courant.

Dans sa hiérarchie sensorielle qui tient à la fois de conceptions empiristes et rationalistes, l'odorat a une position ambiguë. C'est en même temps le « plus ingrat » et le « plus indispensable[1] ». « Proche parent du goût[2] », il constitue comme lui un sens du contact. Tous deux s'exercent, non de façon mécanique et superficielle comme le toucher, l'ouïe et la vue, mais de manière chimique et interne. Agissant sans aucune médiation extérieure au sujet et donc plus « subjectifs » qu'« objectifs[3] », l'odorat et le goût sont davantage au service de la jouissance que du savoir et informent peu sur les qualités des objets extérieurs.

Participant faiblement à la connaissance par expérience, l'olfaction s'oppose à la liberté et à la sociabilité, ce qui ajoute encore à son indignité. L'odeur qui pénètre dans les poumons établit en effet un contact « encore plus intime[4] » que celui qui s'effectue entre la saveur et les cavités réceptrices de la bouche et du gosier. De plus, contrairement à l'absorption orale, délibérée, la perception olfactive se fait, la plupart du temps, de façon involontaire.

Ne pouvant être évitée ou évacuée par un processus de rejet comparable au vomissement, elle s'impose à tous. « L'odorat est une sorte de goût à distance ; les autres sont contraints de participer, bon gré, mal gré, à ce plaisir ; et c'est pourquoi, contraire à la liberté, il est moins social que le goût ; quand il goûte, le convive peut choisir les bouteilles et les plats de son gré sans que les autres soient forcés de partager son plaisir. »

Le « sans-gêne[5] » de l'odorat est d'autant plus fâcheux que « les objets de dégoût qu'il peut procurer (surtout dans les endroits populeux) sont plus nombreux que les objets de plaisir[6] ». Cette évocation très furtive des répulsions et des clivages que provoquent les effluves conduit Kant à un certain pessimisme. Les désagréments de ce sens l'emportent sur ses attraits éphémères et il « ne sert à rien de le cultiver ou de l'altérer pour en tirer une délectation ». Son seul intérêt consiste à indiquer ce qu'il convient d'éviter : « En tant que condition négative du bien-être, quand il s'agit de ne pas respirer un air nocif (les émanations des fourneaux, la puanteur des marais et de la charogne) ou de ne pas prendre une nourriture avariée, ce sens n'est pas dépourvu d'importance. »

Rarement jugement aussi condescendant fut porté sur l'odorat par un philosophe. Faut-il y voir l'attitude du moraliste aimant passer quotidiennement plusieurs heures à table avec ses amis mais soucieux à l'extrême du respect d'autrui (« celui qui tire de sa poche son mouchoir parfumé régale tous ceux qui se trouvent à côté de lui contre leur gré et les oblige, s'ils veulent respirer, à jouir aussi de ce plaisir[7] »), ou la réaction parosmique d'un homme qui avait la réputation d'être indifférent aux parfums et aux fleurs[8] ? Faut-il y voir encore la défiance du « sage » à l'égard du plus sensuel de tous les sens et qui, pour cette raison, se doit, comme le conseille La Metherie, « d'être extrêmement réservé sur l'usage des odeurs[9] » ?

Cette invite correspond à un thème qui apparaît en filigrane dans toute l'histoire philosophique de l'odorat : celui de la mise à l'écart d'un sens dangereux qui commande l'attrait sexuel. « L'homme social, observe La Metherie, n'a pas encore perfectionné ses jouissances du côté de l'odorat comme il l'a fait pour les autres objets de ses sensations. L'art de goûter les saveurs a été porté très loin. Quelle variété dans ses mets et dans ses boissons ! La musique a varié infiniment les sons ; les plaisirs de la vue sont prodigieusement multipliés et on n'a rien fait pour multiplier les plaisirs que causent les odeurs, quoiqu'on reconnoisse que ce sont des sensations très voluptueuses. Car l'usage continuel des odeurs conduit à la volupté ; aussi ne le pardonne-t-on pas à l'homme mûr. » Parfums et fleurs, abandonnés aux courtisanes et aux débauchés, ne seront tolérés qu'en petite quantité sur les femmes honnêtes. Le médecin sensualiste partage sur ce point la méfiance de Platon et de Kant.

Sens du désir lié à la consommation, dans lequel la pensée n'intervient pas, l'odorat, plus explicitement encore que chez Kant, est exclu de l'esthétique par Hegel. Et c'est la place du nez dans le visage qui est à l'origine de ce rejet. Organe de liaison, cet appendice occupe un emplacement stratégique entre deux parties antinomiques : l'une « théorique ou spirituelle[10] », front, yeux, oreilles où siège l'esprit, l'autre « pratique », formée principalement par l'appareil buccal et destinée plus particulièrement à la nutrition. Tout en situant le nez dans la partie utilitaire, Hegel considère qu'il appartient aux « deux systèmes ». Toute l'ambiguïté de la représentation de l'odorat provient de cette localisation : à cheval sur les zones spéculative et matérielle, le nez n'est pas souverain, mais rattaché, telle une province vassale, à l'entité la plus puissante.

Son annexion se traduit sur le plan anatomique. Lorsque la séparation entre le front et le nez est nettement marquée par une dépression, ce dernier apparaît comme attiré de haut en bas par l'appareil nutritif : « Le front se trouve ainsi isolé et reçoit une expression de dureté et de concentration spirituelle égoïste, inaccessible à l'expression verbale par la bouche qui devient un simple organe de nutrition et utilise le nez comme un organe subsidiaire qui, en révélant les odeurs, sert à susciter ou à stimuler un besoin purement physique[11]. » Chez l'animal, d'ailleurs, la proéminence du museau qui sert la satisfaction des besoins élémentaires et assure la supériorité du flair donne à sa physionomie « l'expression d'une utilité pure et simple, à l'exclusion de toute idéalité spirituelle[12] ».

Le profil grec, en revanche, « forme idéale de la tête humaine[13] », se caractérise par un rapport quasi ininterrompu entre le nez et le front. Il exprime le triomphe de la pensée sur le naturel, « refoulé tout à fait à l'arrière-plan[14] ». Le nez représente ici une sorte de prolongement du front, « organe spirituel[15] », et bénéficie, de ce fait, d'un caractère et d'une expression immatériels. Cette morphologie nasale confère à l'odorat une fonction théorique et « le nez sert par ses contractions, quelque insignifiantes qu'elles soient, à exprimer des appréciations et des jugements d'ordre spirituel[16] ». Aucune rupture, aucune opposition, aucune faille dans ce visage noble, serein, réconcilié, qui incarne l'idéal de la beauté et dont « la belle harmonie résulte du passage insensible, voire continu, de la partie supérieure à la partie inférieure du visage ».

Ainsi tiraillé entre des intérêts contradictoires, n'ayant qu'une autonomie relative vis-à-vis du goût, l'odorat est finalement classé dans les sens pratiques, uniquement concernés par la matière et incapables d'une attitude esthétique désintéressée. Contrairement à la vue et à l'ouïe, qui ne s'attachent qu'à la forme des objets et les laissent intacts, il participe de la destruction : « Nous ne pouvons sentir l'odeur que de ce qui se consume déjà de lui-même[17]. » Incompatible avec les intérêts de l'art et de l'intelligence, à la charnière des sens spirituels et naturels, il ne peut acquérir quelque dignité qu'au prix d'un renoncement à son activité première et naturelle qui consiste à sentir, et cela grâce à un refoulement de ses liens avec le corps. Dans ces conditions, le rôle théorique qu'Hegel attribue à l'odorat est-il pensable autrement que dans le visage de pierre d'une statue ?

CHAPITRE XIII

Deux philosophes qui ont du « nez » : Feuerbach et Nietzsche

La dépréciation de l'odorat, si manifeste chez Kant et Hegel, s'inscrit, selon Feuerbach, dans un idéalisme dont la philosophie hégélienne constitue l'« apogée ». Sa critique de la spéculation vise aussi bien l'idéalisme absolu de Hegel, incapable d'appréhender véritablement le monde, car il n'accepte qu'à contrecœur la vérité du sensible, que le christianisme, producteur d'un idéal « castré, privé de corps, abstrait [1] ». L'un comme l'autre concourent à l'aliénation de l'homme et à sa division. Feuerbach condamne vigoureusement cette pensée appauvrie et mutilée qui se coupe du corps et des sens : « Je rejette de façon absolument radicale la spéculation absolue, immatérielle, qui se complaît en elle-même, la spéculation qui tire sa matière d'elle-même. Il y a un monde entre moi et ces philosophes qui s'arrachent les yeux de la tête pour pouvoir d'autant mieux penser ; j'ai besoin des sens pour penser [2]. »

Élève de Hegel, mais hégélien peu « orthodoxe [3] » puisqu'il s'acheminera vers le matérialisme, Feuerbach va rompre avec le système idéaliste de son maître et s'apercevoir qu'il manque un « nez » à cette philosophie désincarnée : « mais l'individu, l'organe de l'esprit, la tête, si universelle soit-elle, sont toujours marqués, pointu ou camus, mince ou massif, long ou court, droit ou courbe, d'un nez déterminé [4] ». À cette pensée exsangue, « dernière grandiose tentative pour restaurer le christianisme déchu et mort par la philosophie[5] », il en oppose une autre toute charnelle qui « prend appui, non sur une philosophie sans être, couleur ni nom, mais sur une raison imprégnée du sang de l'homme[6] ». Sa représentation de l'odorat s'insère dans une conception de l'homme total qui, affirmant ses liens et ses divergences avec certains courants matérialistes, refuse cependant toute étiquette. L'humanisme de « chair et de sang » qu'il préconise dès 1843 possède des « yeux et des oreilles, des mains et des pieds[7] ». Contrairement à l'idéalisme, il revendique ses liens avec le corps et pense en harmonie avec lui : « Alors que l'ancienne philosophie commençait par la proposition : je suis un être abstrait, un être purement pensant, mon corps n'appartient pas à mon essence, la philosophie nouvelle, au contraire, commence par la proposition : je suis un être réel, un être sensible ; oui, mon corps, dans sa totalité, est mon moi, mon essence même[8]. »

La conviction que l'universalité et la liberté qui caractérisent l'humain ne sont pas le fait de la seule raison mais de l'« être total » le conduit à revaloriser les sens « les plus bas » en les hissant à la hauteur des plus élevés. Toute hiérarchie sensorielle se trouve alors abolie. L'odorat et le goût apparaissent aussi capables que la vue et l'ouïe de se dégager du besoin bestial et de s'élever à une « signification et une dignité autonomes, théoriques ». Particulièrement caractéristique de cette démarche, ce long plaidoyer en faveur de l'estomac, généralement considéré comme l'organe le plus trivial : « Même l'estomac de l'homme, dans tout le mépris dont nous l'accablons, n'est pas un être animal, mais un être humain parce qu'il est universel, et ne se borne pas à des aliments d'espèces déterminées. C'est justement pourquoi l'homme échappe à la rage gloutonne qui jette la bête sur sa proie. Conserve à l'homme sa tête, mais donne-lui l'estomac d'un loup ou d'un cheval : il cesse à coup sûr d'être un homme. Un estomac borné ne s'entend qu'avec une sensibilité bornée, autrement dit animale. C'est pourquoi, s'il veut entretenir avec lui des rapports moraux et rationnels, l'homme doit traiter son estomac, non comme un être bestial, mais comme un être humain. Arrêter l'humanité au seuil de l'estomac, c'est rejeter l'estomac dans la classe des animaux, c'est autoriser l'homme à manger comme une bête. »

Comme l'estomac, l'odorat ne peut être qualifié d'« humain » que s'il n'est pas subordonné à des objets précis. Cette absence de détermination nuit à son acuité mais ce qu'il perd en force, il le regagne en liberté et en universalité : si l'homme a moins d'odorat qu'un chien, c'est que non assujetti à quelques effluves spécifiques, il est sensible à toute espèce d'odeur. En étendant à l'odorat des privilèges réservés par Hegel à l'esprit, Feuerbach le soustrait à sa dégradante animalité et lui restitue une autonomie qui lui était refusée. Loin d'être un sens n'ayant que des rapports de destruction avec les objets, il est susceptible d'« actes spirituels et scientifiques » pouvant servir la connaissance aussi bien que l'art.

Beaucoup plus radicale encore est la revalorisation de l'odorat menée par Nietzsche puisqu'elle constitue l'instrument de sa critique de l'idéalisme et du christianisme. Rejetant les frilosités de Feuerbach qui s'efforce de sauver un sens déprécié par les penseurs idéalistes et chrétiens en le spiritualisant et en l'intellectualisant, Nietzsche revendique, au contraire, pour l'odorat en particulier et pour l'homme en général l'animalité dont on veut les priver : « Nous ne cherchons plus l'origine de l'homme dans l'"esprit", dans la "nature divine", nous l'avons replacé au rang des animaux. Il est pour nous l'animal le plus fort, parce qu'il est le plus rusé ; l'esprit dont il est doué n'en est que la conséquence[9]. » La rétention de ses forces instinctuelles le conduit à sa perte et engendre la « mauvaise conscience ». Avec le sentiment de culpabilité est apparue la maladie la plus grave et la plus effrayante dont l'humanité ne s'est pas encore rétablie, « l'homme souffrant de l'homme, de soi-même : conséquence d'une séparation violente avec son passé animal, d'un saut, d'une chute dans un nouvel état, dans de nouvelles conditions d'existence, d'une déclaration de guerre contre les anciens instincts sur lesquels s'étaient appuyés jusqu'alors sa force, son plaisir et ce qu'il avait de redoutable[10]. »

La religion et la philosophie idéaliste sont violemment prises à partie. Elles concourent au développement d'idées mensongères, telle celle d'un « pur esprit » indépendant de son enveloppe charnelle. Considéré comme « le plus grand malheur de l'humanité[11] », pathologie de l'instinct, haine de la vie, le christianisme est condamné férocement. Si l'homme représente l'animal le moins réussi, le plus maladif, celui qui s'est écarté le plus dangereusement de ses instincts, la faute en incombe principalement à « une religion qui a enseigné la mécompréhension du corps !... qui fait un "mérite" d'une alimentation insuffisante ! qui combat dans la santé une espèce d'ennemi, de diable, de tentation ! qui s'est persuadée que l'on pouvait promener une âme "parfaite" dans un corps cadavérique, et qui, pour cela, a eu besoin de se forger une nouvelle conception de la "perfection", celle d'un être blafard, souffreteux, fumeux et hébété — bref, la prétendue "sainteté" — une sainteté qui n'est qu'accumulation de symptômes d'un corps appauvri, énervé, incurablement ruiné [12] ! ».

Mais Nietzsche entre aussi en guerre contre les philosophes qui méprisent le corps. Ignorants de sa « grande raison », ils imposent une moralité illusoire, négation de la sagesse inconnue qu'il détient : « Être un philosophe, être une momie, figurer le « monotonothéisme » par une mimique de croque-mort ! Et surtout que l'on ne vienne pas nous parler du corps — cette pitoyable idée fixe des sens ! — entaché de toutes les fautes logiques imaginables, récusé, et même impossible, malgré l'impertinence qu'il a de se comporter comme s'il était réel [13]. »

Schopenhauer est la cible principale de ces critiques. Pourtant, en soutenant le primat de la « volonté [14] », c'est-à-dire du corps sur l'intellect, il prend ses distances avec une tradition qui s'efforce de représenter l'homme comme profondément distinct de l'animal et qui place son essence dans la conscience. De même, en faisant de l'odorat le sens de la mémoire « parce qu'il nous rappelle plus immédiatement qu'aucun autre l'impression spécifique d'une circonstance ou d'un milieu, si éloignée qu'elle soit dans le temps [15] », il s'écarte d'un courant philosophique qui dénie à l'olfaction toute faculté intellectuelle. Mais il privilégie les sens les plus abstraits. La vue, le moins corporel de tous, est le plus intelligent : c'est celui de l'« entendement [16] ». L'ouïe est considérée de façon originale : bien que passive et perpétuellement en guerre avec l'esprit, elle empiète sur les prérogatives de la vue, c'est le sens de la raison « qui pense et qui conçoit ». Et, surtout, il affirme que les sens les plus charnels, l'odorat et le goût, sont inférieurs. « Plus subjectifs qu'objectifs » (l'héritage kantien apparaît dans cette formule qui reprend les termes mêmes de l'*Anthropologie*), ils servent le désir insatiable, source de souffrance dont il faut s'affranchir par la négation de la volonté de vivre, du « vouloir ». L'idée que la douleur constitue le fond de toute vie détermine une morale pessimiste dont les maîtres mots sont ascétisme et chasteté.

C'est cette aversion pour le corps, partagée avec le christianisme et l'idéalisme, qui excite la vindicte de Nietzsche : « Il est incontestable que, depuis qu'il y a des philosophes (de l'Inde jusqu'à l'Angleterre, pour prendre les pôles opposés du talent philosophique), il existe une véritable irritation, une rancune contre la sensualité — Schopenhauer n'en est que l'explosion la plus éloquente et, si on a des oreilles pour entendre, la plus captivante, la plus fascinante [17]. » De cette philosophie sombre, à l'« odeur de croque-mort [18] », qui se retourne contre la vie, Nietzsche décide de prendre l'« exact contre-pied [19] ».

Au sein de la « gent philosophique [20] », Héraclite est le seul à trouver grâce à ses yeux. Ce traitement de faveur peut surprendre dans la mesure où le philosophe grec aboutit, lui aussi, à traiter les sens de menteurs. Mais il a l'immense mérite de ne pas avancer les accusations habituelles concernant leur inconstance. Nietzsche s'est sans doute souvenu de ce fragment héraclitéen qui établit un rapport entre l'olfaction et la connaissance : « Si toutes choses étaient fumée, les narines les connaîtraient [21] », lorsqu'il affirme : « le nez dont aucun philosophe n'a jamais parlé avec vénération et reconnaissance... est même provisoirement l'instrument le plus délicat que nous ayons à notre service : cet instrument est capable d'enregistrer des différences minima dans le mouvement, différences que même le spectroscope n'enregistre pas [22] ».

Toutefois cette apologie de l'odorat prend immédiatement une forme métaphorique puisque, se confondant avec celle de l'instinct, elle s'étend à celle de la connaissance intuitive. Au mépris de tous les contempteurs du corps pour le sens le plus animal, il répond par celui de son flair pour la raison. Les liens de l'odorat avec la sagacité, la pénétration d'esprit et la sympathie destinent ce sens à être celui du psychologue qui se guide de façon instinctive et dont tout l'art ne consiste pas à raisonner mais à subodorer. Et le « psychologue-né[23] » qu'est Nietzsche se targue d'être particulièrement bien pourvu sous ce rapport : « Je suis le premier à avoir découvert la vérité, par le seul fait que je suis le premier à avoir senti, à avoir flairé le mensonge comme mensonge[24]. »

Véritable moyen de connaissance psychologique et morale, le « flair » permet de détecter la lâcheté, l'hypocrisie, la décadence, tapies dans les intimités les plus secrètes et que ni l'œil ni le raisonnement ne peuvent percer. À l'arme philosophique par excellence, la dialectique (« une arme de fortune aux mains de désespérés qui n'en ont pas d'autres[25] »), il oppose ce redoutable allié de la vérité qui sait sonder les âmes et les cœurs : « Oserai-je évoquer un dernier trait de ma nature qui, dans mon commerce avec les hommes, ne me facilite guère les choses ? Je me distingue par une sensibilité absolument déconcertante de l'instinct de propreté, de sorte que je perçois physiquement, ou que je flaire — les approches — que dis-je ? — le cœur, l'intimité secrète, les « entrailles » de toute âme... Cette sensibilité constitue chez moi de véritables antennes psychologiques qui me permettent de saisir et de palper tous les secrets : l'épaisse crasse cachée au fond de plus d'une nature, qui vient peut-être d'un sang vicié mais que recouvre le vernis de l'éducation, j'en prends conscience presque dès le premier contact. Si mes observations sont exactes, ces natures qui s'accordent mal avec mon sens de la propreté ressentent de leur côté la circonspection que m'inspire ce dégoût : cela ne les rend pas moins malodorantes[26]... »

C'est encore grâce à ce subtil outil olfactif qu'est mise au grand jour la nature maladive du civilisé castré par une morale qui lui apprend à rougir de ses instincts. Ne pouvant plus les développer librement, il les refoule et se détruit. La mutation de ce « fauve humain » en homme de la « mauvaise conscience » exhale une puanteur : celle d'un être en train de perdre sa bestialité et sa volonté de puissance. « En passe de devenir un ange (pour ne pas employer un mot plus dur), l'homme s'est attiré cet estomac gâté et cette langue chargée qui non seulement lui ont inspiré le dégoût pour la joie et l'innocence de l'animal, mais lui ont rendu la vie même insipide — de sorte que, parfois, il se penche sur lui-même en se bouchant le nez et, avec le pape Innocent III, dresse d'un air morose le catalogue des infirmités de sa nature : « procréation impure, nutrition dégoûtante dans le sein de la mère, mauvaise qualité de la substance dont l'homme tire son développement, mauvaise odeur, sécrétion de salive, d'urine et d'excréments[27] ».

Fin limier, Nietzsche « flaire de loin[28] » la corruption qui empuantit les morales les plus édifiantes et la décomposition de ces pensées déclinantes, l'idéalisme et le christianisme, qui fuient la réalité et se tournent vers l'au-delà : « Il suffit de lire n'importe quel agitateur chrétien, saint Augustin par exemple, pour comprendre, pour sentir à plein nez, quelle sorte de malpropres compères avaient à cette occasion pris le dessus[29]. » À maintes reprises, les effluves nauséabonds de « cette officine où l'on fabrique l'idéal » et qui « sent le mensonge à plein nez[30] » le contraignent à se le « boucher[31] ». La campagne contre la morale et ses fausses valeurs s'ouvre sans « la moindre odeur de poudre[32] » : ce sont des « parfums tout autres et bien plus agréables » qu'il se propose d'offrir aux « narines assez subtiles ».

Sens de la vérité parce qu'il puise aux sources sûres de l'instinct animal qui confère au corps sa grande sagesse, instrument du psychologue qui traque le faux-semblant et l'illusion, l'odorat détrône dans la recherche du vrai la froide logique née d'une lutte contre l'instinct. Au-delà de sa fonction première, il assume donc celle d'un « sixième sens » : celui de la connaissance intuitive.

CHAPITRE XIV

De la philosophie à la poésie : Fourier et Bachelard

Accusé par Platon et Aristote de manquer de finesse, de langage, de procurer parfois des plaisirs moins purs que ceux de la vue et de l'ouïe, considéré par Kant comme un sens ingrat et une source de désagréments, tenu pour inférieur par Schopenhauer, exclu de l'esthétique par Hegel, sens antisocial par excellence pour Georg Simmel, l'odorat a été effectivement bien maltraité par les philosophes.

Ce sombre constat n'est que nuancé par l'entreprise des philosophes de la sensibilité et plus tard par Fourier, Feuerbach et surtout Nietzsche. Le plaidoyer de celui-ci n'a pas trouvé beaucoup d'écho. Au XXe siècle, mises à part celles d'Hubertus Tellenbach et de Jean Nogué, qui font de l'odorat le sens des rencontres et d'une connaissance variée du monde, les tentatives de réhabilitation n'ont pas connu de développements notables [1]. La phénoménologie classique ne s'y intéresse guère. Il est révélateur que Merleau-Ponty n'en traite pas dans la *Phénoménologie de la perception*. Et Michel Serres, dans *Les Cinq Sens*, ne peut que constater le dédain de nombreuses philosophies : « Beaucoup se réfèrent à la vue ; peu à l'ouïe, moins encore donnent leur confiance au tactile comme à l'odorat. L'abstraction découpe le corps sentant, retranche le goût, l'odorat et le tact, ne garde que la vue et l'ouïe, intuition et entendement. Abstraire signifie moins quitter le corps que le déchirer en morceaux : analyse[2]. »

Les pensées qui privilégient l'esprit, la raison, ont tendance à porter sur l'olfaction un jugement dépréciatif ; celles qui exaltent l'importance du corps expriment un point de vue valorisant. Encore que des points de contact se soient établis entre ces deux courants, leurs représentants ont conçu en général le statut de l'odorat de façon totalement différente. Son rôle dans la connaissance et dans l'esthétique est, pour les uns, négligeable, voire nul, alors que, pour les autres, sa participation à ces deux domaines est incontestable ou, même, primordiale. « Sens du besoin », selon Pradines, ne permettant « ni la vraie connaissance du monde, ni la vraie connaissance de soi[3] », « sens esthétique », selon Jaurès, établissant « une relation désintéressée entre nous et la vie même de cette terre dont nous sortons[4] », l'odorat a, en fait, toujours occupé dans l'échelle des valeurs sensorielles une position contestée et marquée par l'instabilité. Très souvent, il paraît constituer une question irritante, comme si l'évanescence de son objet affectait d'une relative impuissance tout effort pour l'enserrer dans un système. Difficile à saisir par des concepts scientifiques ou philosophiques, l'odeur se prête davantage aux évocations poétiques.

Écrivains et poètes ont, en effet, largement utilisé l'aptitude des effluves à susciter le souvenir. « Le parfum provoque la pensée et le souvenir correspondant[5] », écrit Baudelaire. De l'odeur d'un sein, « surgit un port rempli de voiles et de mâts[6] », et de celle d'une chevelure, « tout un monde lointain, absent, presque défunt ». Des Esseintes, le héros de Huysmans, compose de savants mélanges qui le bercent d'accords parfumés, ressuscitent les siècles écoulés. Les exhalaisons qui s'échappent de ses vaporisateurs font naître falbalas, robes à panier, Vénus roses et dodues, pré fleuri « éventé par les lilas et les tilleuls[7] ». Chez Proust, cette force évocatrice prend tout son sens puisqu'elle est à l'origine de son œuvre : asthmatique et allergique aux odeurs, c'est pourtant à partir de sensations olfactives et gustatives qu'il a édifié son esthétique.

En ce domaine, la supériorité des sensations olfactives sur les autres impressions sensorielles tiendrait à ce que, mieux préservées contre la décomposition de l'analyse intellectuelle, elles agissent à la manière de signes propres à chacun. Elles font resurgir ainsi miraculeusement le passé dans toute sa fraîcheur et permettent de retrouver des souvenirs que l'on ne savait plus posséder, « comme un prestidigitateur qui sort une longue chaîne de mouchoirs multicolores d'un chapeau claque que l'on avait cru vide[8] ». Cette extraordinaire capacité des odeurs à constituer des « symboles par excellence[9] » serait liée aux rapports particuliers qu'elles entretiennent avec la mémoire et à leur absence du champ sémantique. Privé d'un vocabulaire spécifique, l'odorat en est réduit à emprunter son langage aux autres registres sensoriels. C'est pourquoi les parfumeurs parlent de parfums « chauds », « sombres », « clairs », « aigus », « stridents », « vibrants ». Baudelaire évoquait ces « parfums frais comme des chairs d'enfants, doux comme les hautbois, verts comme les prairies[10] ».

C'est d'ailleurs aussi sur les chemins de la poésie qu'ils conduiront des philosophes aussi différents que Fourier, le « rêveur phénoménal[11] », et Bachelard, le « rêveur de mots[12] ».

Aux confins de la science, de la philosophie et de la poésie, Fourier tente une subtile synthèse. Issu de parents qui tenaient un commerce de draps et d'aromates, cet ardent défenseur du désir et de la passion a rêvé de faire des « arômes » l'objet d'une véritable science. Tenait-il de sa mère, née « Muguet », cet engouement pour les parfums et les fleurs ? C'est dans une chambre transformée en serre chaude, encombrée par des plantations odorantes, n'offrant qu'« un sentier de libre au milieu, pour aller de la porte à la fenêtre[13] », qu'il élabore son « mouvement aromal ou système de la distribution des arômes connus ou inconnus, dirigeant les hommes et les animaux, et formant les germes des vents et épidémies, régissant les relations sexuelles des astres et fournissant les germes des espèces créées[14] ». Il ne craint pas d'offenser un siècle qui se pique d'être éclairé en l'accusant d'ignorer certaines sciences et de ne posséder sur d'autres que de fausses lumières. Aux savants de son temps, il propose des thèmes de recherches qui doivent ouvrir à la connaissance des horizons nouveaux[15]. Une « étrange lacune » existe dans l'exploration scientifique : le mécanisme aromal qui joue pourtant un rôle supérieur dans l'harmonie de l'univers matériel n'a jamais été l'objet d'aucune étude. « On ne connaît ni ces arômes en système régulier, ni les causes des influences qui leur sont départies, surtout en conjugaisons d'astres qui sont réglées par affinités aromales. »

Liés à l'attraction et à la passion, opérant « activement et passivement » sur les créatures animales, végétales et minérales, les arômes acquièrent enfin une dignité scientifique. L'importance qui leur est attribuée apparaît fondamentale puisque toute la création est conçue par « copulations aromales [16] » des astres : au départ de tout ce qui existe, les planètes se reproduisent par jets d'arômes. Et, pour ce philosophe du désir et de l'amour, la jouissance s'associe si intimement au parfum que c'est sous la forme de « corps aromaux » voguant en tous sens sur la « coque aromale », semblable à une bulle de savon qui entoure chaque planète, qu'il envisage le séjour des âmes dans le monde céleste. Mais que sybarites et gastronomes qui craignent de ne pas y trouver table mise se rassurent : l'élément subtil dont ils seront alors constitués se prêtera bien mieux aux saveurs que leur actuelle structure terreuse et aqueuse. Aussi pourront-ils, entre autres voluptés, tirer une « foule de saveurs, tant des autres planètes que de l'intérieur de la terre [17] » dont ils exploiteront les sucs.

Cette vision d'un au-delà où l'odeur participe de façon essentielle au plaisir n'est pas sans affinité avec le monde lunaire imaginé par Cyrano de Bergerac, où l'« âme invisible des simples » réjouit les narines du voyageur et où l'on vit de fumées odorantes car « l'art de cuisinerie est de renfermer, dans de grands vaisseaux moulés exprès, l'exhalaison qui sort des viandes en les cuisant [18] ». La théorie du philosophe rejoint ici la rêverie du poète.

Il arrive aussi que l'imaginaire devance le réel. Les conclusions de l'expérience « Arôme », lancée par plusieurs laboratoires du Centre national de la recherche scientifique, utilisant un ballon stratosphérique du Centre national d'études spatiales recoupent les conceptions visionnaires de Fourier qui avait pressenti l'importance des arômes dans la formation de l'univers. Les molécules aromatiques seraient l'une des composantes essentielles du milieu interstellaire où naissent constamment des étoiles. C'est aussi de ce gaz interstellaire que proviendraient presque directement les atomes qui nous constituent ainsi que les planètes et la Terre[19]. Longtemps considérées comme de stériles spéculations, les intuitions du philosophe utopiste précédaient de près de deux siècles les explorations des astrophysiciens.

Loin de déplorer l'absence de toute recherche relative au « mécanisme aromal », Bachelard estime que les odeurs n'ont été que trop présentes dans le champ de l'investigation scientifique. Elles font partie, avec les saveurs, de ces « sensations grossières » qui jouent un rôle privilégié dans la « conviction substantialiste[20] ». Celle-ci naît lorsqu'un phénomène immédiat est pris pour le signe d'une qualité substantielle et doit être dénoncée comme caractéristique d'une mentalité préscientifique qui « étouffe toutes les questions[21] ». L'action des odeurs s'est avérée d'autant plus pernicieuse que, conçues comme des réalités actives et individualisées, elles paraissent, en raison de leur aspect direct et intime, « nous apporter un sûr message d'une réalité matérielle[22] ».

Les conceptions développées par de nombreux chimistes ou médecins du XVIIe et du XVIIIe siècle illustrent abondamment cette substantialisation. Ainsi, pour Macquer, la vertu des plantes réside essentiellement dans le principe de leur odeur. Il s'ensuit que « maintenir l'odeur c'est garder la vertu[23] » et que la croyance en l'efficacité d'une substance est d'autant plus forte qu'elle est « signée par une odeur spécifique ». Si Charas proteste contre ceux qui veulent débarrasser le sel de vipère de son parfum désagréable, c'est qu'on lui ôterait en même temps son efficacité. La théorie de l'esprit recteur, développée notamment par Boerhaave, énonce que chaque plante ou chaque animal recèle une sorte de vapeur propre à ce corps qui ne se manifeste que par la saveur et, surtout, par l'odeur. Extrêmement volatile, elle se dissipe dans l'air mais, indestructible, y conserve sa propre nature. La neige, la pluie, la rosée, la ramènent sur la terre qu'elle féconde pour redevenir suc : « Exhalée par les roses un soir de printemps, l'odeur revient au rosier avec la rosée du matin[24]. »

Non contente d'avoir fourvoyé tant d'esprits dans des voies éloignées de la véritable connaissance scientifique, « l'odeur peut apporter au substantialisme des assurances premières qui se révèlent par la suite comme de véritables obstacles pour l'expérience chimique[25] ». La découverte de l'ozone offre un exemple typique de ce rôle négatif. Dès 1785, Van Marum avait reconnu que l'oxygène soumis à un courant électrique devient odorant. Il en déduisit qu'il s'agissait de l'« odeur de la matière électrique », conclusion qui, longtemps, « va donner aux recherches de faux engagements substantialistes ». Cette déviation est encore accentuée par le fait que cette odeur est celle de la foudre, celle qui flotte « après les grands orages d'été, quand l'air est devenu moins lourd, plus agréable à respirer, plus balsamique... ce qui apporte une valeur cosmique à l'expérience de Van Marum[26] ». Même lorsque Schoenbein commence à entrevoir en 1840 la « véritable cause de l'odeur électrique » et s'engage dans la recherche d'une substance chimique, il tente de rapprocher le « principe odorant » de corps connus comme le chlore et le brome et lui donne le nom grec d'ozone qui signifie sentir. La survalorisation de cette substance conduira même certains médecins à chercher un rapport entre son absence ou sa présence et l'apparition ou la cessation de certaines épidémies, notamment du choléra ! Il faudra près d'un siècle de tâtonnements pour que soit menée à bien, au prix d'une lente « désensualisation », la détermination de la nature et des propriétés de l'ozone.

Si, dans la mentalité préscientifique, l'odeur apparaît comme un obstacle épistémologique, elle joue en revanche un rôle positif dans l'éveil de l'être à la conscience : « S'il me fallait revivre à mon compte le mythe philosophique de la statue de Condillac qui trouve le premier univers et la première conscience dans les odeurs, au lieu de dire comme elle : « Je suis odeur de rose », je devrais dire : « Je suis d'abord odeur de menthe, odeur de la menthe des eaux[27]. » La correspondance ontologique établie entre l'haleine de la plante et la vie, identifiée à un simple arôme, annonce le mythe du Phénix, mythe des aromates et de la renaissance qui, au seuil de la mort, ouvre l'œuvre ultime et inachevée[28].

« Philosophe de l'iconoclastie » qui lutte contre « un ennemi sournois : l'intuition, la vue, la forme... célèbre la sensorialité de la main... fait alliance avec le culinaire et l'odorant[29] », Bachelard accorde une extrême importance aux odeurs en raison des liens privilégiés qu'elles entretiennent avec l'imagination et la mémoire. Considérée comme « un univers en émanation, un souffle odorant qui sort des choses par l'intermédiaire d'un rêveur[30] », la rêverie permet de retrouver les odeurs où gîtent les souvenirs. C'est d'ailleurs cette capacité qui expliquerait l'aversion de Nietzsche pour les parfums, attitude surprenante chez un philosophe qui a beaucoup reproché à ses confrères leur anosmie chronique. Mais le flair dont il est si fier ne lui sert, selon Bachelard, qu'à s'écarter des impuretés et non à jouir des senteurs. Seul un air froid et vide lui procure une impression de jeunesse et de liberté : « L'imagination nietzschéenne déserte les odeurs dans la mesure où elle se détache du passé. Tout passéisme rêve des odeurs indestructibles[31]. »

Reprenant un thème cher à Proust, Bachelard fait donc des odeurs les gardiennes du passé, d'un passé arraché aux couches profondes de l'être, à la limite de la mémoire, quasi immémorial. Leurs démarches offrent des similitudes frappantes. D'une tasse de tisane où un jour d'hiver Proust trempe un morceau de gâteau, jaillissent tout Combray et ses environs : « La vue de la petite madeleine ne m'avait rien rappelé... Mais, quand d'un passé ancien rien ne subsiste, après la mort des êtres, après la destruction des choses, seules, plus frêles, mais plus vivaces, plus immatérielles, plus persistantes, plus fidèles, l'odeur et la saveur restent encore longtemps comme des âmes, à se rappeler, à attendre, à espérer, sur la ruine de tout le reste, à porter sans fléchir sur leurs gouttelettes presque impalpables l'édifice immense du souvenir[32]. » Une autre fois, l'odeur du feu de bois dans l'air glacé de sa chambre, telle « une banquise invisible détachée d'un hiver ancien », le replonge dans « l'allégresse d'espoirs abandonnés depuis longtemps[33] ». Plus encore l'odorat rend possible « la commémoration de tout ce que notre être a laissé de lui-même dans des minutes passées, essence intime de nous-mêmes que nous répandons sans la connaître, mais qu'un parfum senti alors... nous rend tout à coup[34]. »

Ainsi, ce qu'une odeur respirée jadis ressuscite aujourd'hui est bien autre chose qu'un passé événementiel et daté : elle libère « l'essence permanente et habituellement cachée des choses[35] », anime notre vrai moi qui semblait mort et affranchit de l'ordre du temps. De même pour Bachelard, ce que le souvenir d'une odeur réveille en nous : l'enfance réelle, vivante et « poétiquement utile[36] », ne se situe pas sur le plan des faits mais sur celui de la rêverie. Et, pour l'un comme pour l'autre, ces singulières expériences intérieures s'accompagnent d'un sentiment de félicité. Reprenant à son compte une expression d'Henri Bosco, Bachelard écrit même qu'« une vapeur de joie[37] » monte alors de la mémoire.

Les deux approches sont cependant loin d'être identiques. Tandis que chez l'écrivain les valeurs d'intimité resurgissent de façon involontaire, grâce à une sensation fortuite (« Il en est ainsi de notre passé. C'est peine perdue que nous cherchions à l'évoquer, tous les efforts de notre intelligence sont inutiles. Il est caché hors de son domaine et de sa portée en quelque objet matériel... Cet objet, il dépend du hasard que nous le rencontrions avant de mourir, ou que nous ne le rencontrions pas[38] »), le philosophe entend pouvoir les convoquer à volonté par l'imagination. Comme « les grands rêveurs qui savent ainsi respirer le passé[39] », il entre en lui-même, s'abandonne et médite : « Les odeurs ! premier témoignage de notre fusion au monde. Ces souvenirs des odeurs d'autrefois, on les retrouve en fermant les yeux. On a fermé les yeux jadis pour en savourer la profondeur. On a fermé les yeux, donc tout de suite on a rêvé un peu. En rêvant bien, en rêvant simplement dans une rêverie tranquille, on va les retrouver[40]. » Et les « images odorales[41] » seront d'autant plus subtiles si imagination et mémoire sont en totale symbiose.

C'est donc bien au terme d'une démarche volontaire qui rejette la description et met en situation d'onirisme, dans une rêverie permettant de se « reposer » dans le passé, qu'est évoquée la maison natale, abri de songes et d'odeurs plus que corps de logis : « À quoi servirait-il, par exemple, de donner le plan de la chambre qui fut vraiment ma chambre, de décrire la petite chambre au fond d'un grenier, de dire que de la fenêtre, à travers l'échancrure des toits, on voyait la colline. Moi seul, dans mes souvenirs d'un autre siècle, peux ouvrir le placard profond qui garde encore, pour moi seul, l'odeur unique, l'odeur des raisins qui sèchent sur la claie. L'odeur du raisin ! Odeur limite, il faut beaucoup imaginer pour la sentir[42]. » Impuissance de l'analyse, de l'intelligence abstraite, à restituer l'au-delà du passé vrai, les espaces oniriques d'intimité, et à orienter vers leur secret. Inaptitude aussi des images visuelles, trop nettes, à pénétrer dans la zone d'enfance indéterminée, « sans noms propres et sans histoire[43] ». Mais l'imaginaire qui « apprend au langage à se dépasser » est à même de « décacher[44] » les mondes évanouis et d'en libérer les parfums.

Et alors que pour Proust l'impression sensorielle est nécessaire au surgissement du passé, un mot qui frappe juste et dans lequel l'odeur est restée a pour le philosophe la même puissance : « Quand, en lisant les poètes, on découvre que toute une enfance est évoquée par le souvenir d'un parfum isolé, on comprend que l'odeur, dans une enfance, dans une vie, est, si l'on ose dire, un détail immense[45]. » Précieux sublimateur de la mémoire, « veilleuse dans la chambre des souvenirs », « racine du monde, vérité d'enfance », l'odeur, plus encore que dans *La Recherche* (où les sensations olfactives, le plus souvent présentes, n'ont cependant pas le privilège exclusif de la déflagration des réminiscences), est majorée. Toutefois, à la différence de Fourier qui a rêvé une science des arômes, Bachelard, épris de rigueur scientifique et de sensibilité poétique, se garde de toute confusion des genres, encore que les analyses divergent sur le point de savoir s'il a voulu établir entre elles « la plus étanche des frontières[46] » ou les réunir en une « sorte de polyphonie[47] ». Modestement, c'est à ces grands rêveurs que sont les poètes que « le plus philosophe des poètes, le plus poète des philosophes[48] » confie l'évocation des exhalaisons qui nous donnent « les univers d'enfance en expansion[49] ».

Lorsque, à la fin du XVIIIe siècle, le célèbre chimiste Fourcroy traite des odeurs, il estime que « les médecins sont ceux qui, dans tous les temps, ont le mieux écrit sur cet objet... L'observation de la nature a été le seul guide des bons médecins de tous les siècles sur cette matière, et telle est la raison de la supériorité manifeste de leurs écrits en ce genre, sur ceux des philosophes anciens[50] ».

Faillite de la pensée philosophique et triomphe de la pensée médicale ? Je pense qu'en réalité la différence d'attitude entre médecins et philosophes s'explique par une approche autre du problème. Alors que les premiers ont privilégié un point de vue concret, celui des rapports de l'odeur au corps, à la santé et à la maladie, les seconds se sont surtout attachés à évaluer l'aspect cognitif, ontologique, esthétique et éthique de l'olfactif. Même si de nombreux philosophes se sont, à l'exemple d'Aristote, intéressés à la biologie, même si beaucoup ont été des médecins, bien peu furent de véritables praticiens. Rares sont ceux pour qui la démarche physiologique, lorsqu'elle existe, ne sert pas essentiellement, comme chez Platon, Aristote, Descartes ou Kant, des considérations ontologiques et morales. Plus rares encore ceux qui, comme Montaigne, Berkeley ou Cabanis, ont été attentifs aux effets hygiéniques et curatifs des exhalaisons sur l'organisme. Il est vrai qu'en ce qui concerne Cabanis, le philosophe se doublait d'un praticien, que Montaigne se préoccupait de thérapeutique et que Berkeley consacra beaucoup de temps et d'énergie à la recherche, à l'expérimentation et à la promotion d'un remède universel.

Cinquième partie

LE NEZ DES PSYCHANALYSTES*

« Le refoulement “organique” de l'odorat est un facteur de civilisation. »

Freud, *Les Premiers Psychanalystes, Minutes (II) de la Société psychanalytique de Vienne.*

« L'odeur agit sur nous sans limites, autrement dit : nous plongeons dans elle. »

Hubertus Tellenbach, *Goût et Atmosphère.*

* Une partie de ce texte a été publiée pour la première fois dans la *Revue Internationale de Psychopathologie* (juillet 1996, n° 22) sous le titre « Le nez d'Emma. Histoire de l'odorat dans la psychanalyse ».

L'odorat tient dans la littérature psychanalytique postfreudienne une place des plus discrètes. Pourtant, à l'origine de la psychanalyse, le nez joue un rôle fondamental. Dans une lettre adressée à Wilhelm Fliess, le père de la psychanalyse, après avoir fait état de leur commun détour par la médecine, avoue nourrir, dans le « tréfonds de lui-même », l'espoir d'atteindre ainsi son premier but : la philosophie. « C'est à quoi j'aspirais originellement avant d'avoir bien compris pourquoi j'étais au monde[1]. » En liant le renoncement instinctuel au processus civilisateur, la pensée de Freud recoupe en partie celle de Nietzsche. Mais bien plus encore que ce dernier, il établit une relation étroite entre la répression de l'odorat et le développement de la civilisation puisque l'une est la condition indispensable de l'autre. En effet, contrairement au philosophe qui déplore cette rupture avec l'animalité, Freud la considère comme une étape absolument nécessaire. Cette appréciation explique, à mon avis, qu'ultérieurement ce sens ait été mis à l'écart de la scène psychanalytique.

CHAPITRE XV

Sigmund Freud, Wilhelm Fliess et Emma Eckstein : trois histoires de nez aux origines de la psychanalyse

Pathologies nasales et cocaïne

L'importance de l'odorat dans la genèse de la psychanalyse doit beaucoup, je pense, à la rencontre de Freud avec Wilhelm Fliess qui faisait du nez un organe dominant. La pathologie nasale du père de cet éminent oto-rhino-laryngologiste aurait d'ailleurs orienté le fils vers cette spécialité médicale, pivot de ses larges intérêts scientifiques. Fliess avait la conviction d'avoir découvert une entité clinique : une névrose réflexe issue des voies nasales[1]. Selon sa théorie, les affections des cornets et des sinus, les œdèmes de la muqueuse nasale étaient à l'origine de tout un complexe de symptômes : migraines, névralgies dans presque toutes les parties du corps, troubles fonctionnels, cardiaques, respiratoires, digestifs et sexuels. Tous ces maux pourtant extrêmement divers avaient une caractéristique commune : ils pouvaient disparaître momentanément, en anesthésiant par la cocaïne les zones nasales responsables.

Persuadé que son nez était à l'origine de ses propres migraines, Fliess le soumit à des interventions chirurgicales répétées qui laissèrent parfois Freud perplexe : « Vas-tu te transformer complètement en pus devant moi ? Au diable toutes ces opérations ; finisen une fois pour toutes[2] », lui écrit-il le 29 août 1894. Néanmoins, souffrant lui-même de céphalées et de problèmes cardiaques, Freud en vint à se confier aux mains expertes de son ami berlinois. La pathologie nasale des deux hommes, source de grand inconfort, de soins nombreux et d'abondants commentaires, augmente encore leur intimité autour de cet appendice. En fait, les deux hommes « sont en quelque sorte liés par le nez, lien que la cocaïne vient renforcer[3] ».

Une raison complémentaire a pu déterminer cette attention quasi obsessionnelle accordée au nez. Elle réside, selon Jay Geller, dans l'abondance des références négatives concernant les Juifs dans l'imaginaire olfactif du XIXe et du début du XXe siècle. Les caricatures antisémites affichées dans les rues de Berlin et de Vienne auraient conduit les deux amis à une surévaluation de l'organe nasal dans une tentative de détournement d'une image du racisme. Pour eux, déclare-t-il après Sander Gilman, le *Judennase* n'est plus un objet de dérision ni un signe d'hypervirilité décadente[4] » mais une source de vérité scientifique pouvant soulager la misère humaine.

Déjà omniprésent dans leurs échanges intellectuels et leurs préoccupations quotidiennes, l'intérêt pour le nez va se trouver encore renforcé par une malencontreuse intervention chirurgicale sur celui d'Emma Eckstein dans lequel Wilhelm Fliess oublia un demi-mètre de gaze iodée.

Une intervention ratée

L'histoire de cette jeune veuve hystérique, qui inspira le célèbre rêve de « l'injection faite à Irma », et de ses retombées sur les relations de Fliess et de Freud peut être suivie à travers les nombreuses lettres de celui-ci. Pour s'assurer que les symptômes abdominaux de sa malade n'avaient pas de cause organique nasale, Freud avait demandé à Fliess de l'examiner. Certains troubles ayant été diagnostiqués, Fliess vient à Vienne, fin février 1895, opérer le nez d'Emma. Mettant à profit son déplacement, il cautérise aussi les cornets de Freud qui souffre d'une rhinite purulente. Mais, après le départ de Fliess, le nez de la jeune femme douloureux et suintant dégage une odeur fétide.

Un premier spécialiste appelé par Freud n'obtient aucun résultat. Un second, plus perspicace, aperçoit dans la cavité nasale quelque chose qui ressemble à un fil. Il tire et extrait, à la surprise générale, un long morceau de 50 cm de gaze chirurgicale. Les yeux exorbités, d'une pâleur extrême, la malade défaille dans un flot de sang. L'hémorragie est enrayée mais, bouleversé par la négligence professionnelle de Fliess et l'état alarmant de sa patiente, Freud se sent mal. Il doit s'éclipser et reprendre ses esprits avec un peu de cognac.

Encore sous le coup de ces émotions, il révèle à Fliess, le 8 mars, ce qui s'est passé. Ils ont été injustes avec Emma : les saignements de nez postopératoires n'étaient pas, comme tous deux l'avaient d'abord cru, de nature hystérique. C'est le morceau de gaze, resté à l'intérieur pendant quinze jours, qui a empêché la cicatrisation et provoqué une hémorragie cataclysmique. Toutefois, il s'efforce à tout prix de rassurer et de disculper son ami qui a fait de son mieux et que personne ne songe à blâmer.

Dans les semaines suivantes l'épisode tragi-comique du nez d'Emma a des prolongements. De nouvelles hémorragies menaçant sa vie nécessitent d'autres interventions. Suit une période où Freud cherche à faire taire ses soupçons sur les compétences de son confident et chirurgien.

Oscillations entre confiance et défiance sont tout à fait perceptibles dans le courrier du 20 avril 1895. Témoin d'une autre hémorragie qui aurait pu être fatale à la jeune femme, il redit néanmoins à Fliess toute son estime : il est le « guérisseur[5] », le type d'homme auquel on confie sans hésiter sa vie et celle de sa famille. Tout reproche serait « stupide » et « injustifié ». Mais les doutes de Freud se déplacent sur le diagnostic relatif à sa propre pathologie : « En ce qui concerne mon mal, j'aimerais que tu aies raison de croire que le nez est pour beaucoup dans cela et que le cœur n'y est pour rien. Seul un juge très sévère me tiendra rigueur de ce que je croie souvent le contraire, avec ce pouls et cette insuffisance. »

Dans la suite de la lettre ses hésitations semblent balayées mais l'ambivalence ressurgit dans les dernières lignes. Fliess avait raison : c'est de son nez que découlent tous ses troubles cardiaques puisqu'une application nasale de cocaïne a arrêté une pénible crise. Une intervention lui semble à nouveau envisageable ; toutefois, « cela n'est pas possible pour le moment ».

Six jours plus tard, Freud fait savoir à Fliess qu'une cocaïnisation du nez entraînant une forte suppuration nasale est encore parvenue à le soulager de terribles douleurs cardiaques. Un empyème (amas de pus) de l'os sphénoïdal le rend aussi « très heureux ». Ces bonnes nouvelles en annoncent une autre : le nez de leur « bourreau » à tous deux, Emma Eckstein, semble aller beaucoup mieux. D'autres informations réjouissantes le 25 mai : l'éminent physiologiste Joseph Breuer a accueilli favorablement les théories nasales de Fliess et lui prépare à Vienne une réputation « énorme ». Et Freud de poursuivre : « j'ai eu d'abondants écoulements de pus et je me suis senti merveilleusement bien. Maintenant la suppuration s'est presque arrêtée et je continue d'aller très bien[6] ». Pour ce qui est d'Emma, qui lui avait encore causé quelque souci, elle se porte à merveille.

En fait, plus Freud souffre du nez, plus il peut croire au diagnostic de Fliess sur l'origine nasale de ses maux cardiaques. L'amélioration de la santé de leur malade favorise aussi son désir d'oublier ce qui l'a gêné dans cette histoire. Rassuré sur la bénignité de ses troubles et les capacités de son chirurgien, il peut enfin lui annoncer, le 22 juin, qu'il viendra à Berlin au début du mois de septembre.

Un rêve olfactif : « l'injection faite à Irma »

Quelque temps après avoir pris cette décision et alors qu'il est agréablement installé dans sa résidence d'été, un visiteur vient raviver ses doutes. Oscar Rie, le pédiatre de ses enfants, l'informe qu'il est allé voir Emma et sa famille à la campagne. Freud s'enquiert de la jeune femme. Dans la réponse de son confrère : « elle va mieux mais pas tout à fait bien[7] », il croit entendre un blâme. Pour se mettre à l'abri des critiques, en particulier de celles de

Joseph Breuer, il consigne immédiatement à l'intention de cette autorité médicale, l'observation du cas de sa patiente. La nuit suivante, il fait un rêve : « Un grand hall beaucoup d'invités, nous recevons — Parmi ces invités, Irma, que je prends tout de suite à part, pour lui reprocher, en réponse à sa lettre, de ne pas avoir encore accepté ma "solution". Je lui dis : "Si tu as encore des douleurs, c'est réellement de ta faute." Elle répond : "Si tu savais comme j'ai mal à la gorge, à l'estomac et au ventre, cela m'étrangle." — Je prends peur et je la regarde. Elle a un air pâle et bouffi ; je me dis : n'ai-je pas laissé échapper quelque symptôme organique ? Je l'amène près de la fenêtre et j'examine sa gorge... j'aperçois d'extraordinaires formations contournées qui ont l'apparence des cornets du nez, et sur elles de larges eschares blanc grisâtre[8]. »

Les eschares des cornets d'Irma/Emma sont liés, comme Freud le dira plus tard dans *L'Interprétation des rêves*, à des inquiétudes au sujet de sa propre santé et aux effets nocifs de la cocaïne. Il en avait fait grand usage, à cette époque, pour soulager un gonflement douloureux de sa muqueuse nasale. La prescription inconsidérée de cette drogue lui avait aussi attiré de sérieuses remontrances de la part de ses collègues et précipité la mort de son ami morphinomane Ernst von Fleischl-Marxow.

L'olfactif réapparaît un peu plus loin dans l'analyse du rêve. Le soir où j'ai consigné l'histoire de ma malade, raconte Freud, « ma femme a ouvert un flacon de liqueur sur lequel on pouvait lire le mot "ananas" (ananas assone avec le nom de famille de ma malade Irma) : et qui était un cadeau de notre ami Otto... Le flacon ouvert dégagea une telle odeur de rikiki que je me refusai à y goûter[9] ». Le rappel de cette odeur déclenche toute une série d'associations aboutissant à évoquer Fliess, ses travaux sur l'olfaction et la sexualité, ses suppurations nasales fort préoccupantes ainsi que la demande faite à cet ami si précieux d'examiner Emma pour vérifier l'état de son nez.

Ainsi l'appendice nasal des trois protagonistes du petit drame qui s'est joué à Vienne en février 1895 figure en bonne place dans ce rêve qui tend, selon Freud, à le décharger de toute responsabilité à l'égard d'Emma et à le venger d'Oscar Rie qui l'avait culpabilisé.

La courte lettre du 24 juillet se borne à des questions anodines : « Comment vont le nez, la menstruation, les douleurs de l'accouchement, les névroses, ta chère femme et le petit en gestation [10] ? »

Omission révélatrice : il n'est fait aucune allusion à ce songe capital ni au secret de sa signification. Freud vient de découvrir que le rêve est l'accomplissement d'un désir mais ne peut s'avouer ni avouer à Fliess que le sien est de l'innocenter et de lui conserver à tout prix son admiration. Mais l'anxiété perce à nouveau un peu plus tard : le traitement qu'il s'apprête à subir lui laissera-t-il assez d'énergie pour exposer ses théories psychologiques ? En septembre, il se rend néanmoins comme prévu à Berlin pour se faire opérer. Deux mois plus tard, aucune complication postpératoire n'ayant été constatée, rasséréné sur les capacités de son ami, il lui redit sa totale confiance : « Je me sens étonnamment bien, comme jamais depuis le début de toute cette affaire. En outre, je n'ai plus de suppurations, mais simplement une sécrétion de type muqueux. Je n'ai d'ailleurs jamais douté de tes petites interventions [11]. »

Odeurs de brûlé

Ce processus de refoulement, Freud l'avait pourtant déjà rencontré dans une autre histoire d'odorat et d'odeurs. En 1892, un confrère lui avait adressé une jeune Anglaise, gouvernante chez un directeur d'usine habitant la banlieue de Vienne, présentant des troubles olfactifs paradoxaux. Elle sentait à la fois trop et trop peu puisqu'elle était devenue anosmique à cause d'une rhinite purulente et qu'elle était, en même temps, poursuivie par des hallucinations olfactives fort pénibles. Elle se plaignait aussi de fatigue, de morosité, de lourdeurs de tête et de manque d'appétit.

La première exhalaison qui tourmente Lucy R. est celle d'un entremets brûlé. Alors qu'elle s'amuse avec les deux petites filles de son employeur à faire la cuisine, le facteur apporte une lettre de sa mère qui habite Glasgow. Elle veut l'ouvrir mais les fillettes l'en empêchent. « Tandis que les enfants s'amusent ainsi autour de moi, voilà qu'une intense odeur de brûlé se répand tout à coup. Les enfants avaient planté là l'entremets qu'elle faisaient cuire, et il brûlait. Cette odeur me poursuit, je la sens tout le temps et elle devient plus forte quand je m'énerve [12]. »

Ainsi, l'effluve était apparu pour la première fois et dans la réalité lors d'un conflit d'affects : repartir chez sa mère ou rester auprès des enfants dont elle avait la garde. Ce tiraillement entre deux exigences contradictoires avait donné à ce petit événement son caractère traumatisant. Mais pourquoi avoir choisi comme symbole mnémonique de cette scène une odeur, alors même qu'elle était enrhumée et qu'elle n'avait presque pas d'odorat ?

Freud soupçonne que cette petite histoire n'a pu à elle seule provoquer une hystérie. La jeune fille doit être amoureuse- peut-être même sans le savoir — de son patron. Elle le reconnaît volontiers. Mais au lieu de l'amélioration profonde escomptée, une autre odeur, celle de la fumée de cigare, la tourmente désormais. « Cette odeur devait exister auparavant mais avait été dissimulée par celle de l'entremets brûlé. Maintenant elle apparaissait à l'état pur [13]. »

Lucy R. ignore quand elle est apparue. La pression insistante de la main de Freud sur son front fait surgir une image : c'est l'heure du déjeuner. Tout le monde est autour de la table de la salle à manger. Il y a aussi un invité, le chef comptable, un vieux monsieur qui aime les enfants comme s'ils appartenaient à sa propre famille. « Au moment où les enfants lui disent au revoir, le chef comptable veut les embrasser. Le patron se lève brusquement et lui crie : "n'embrassez pas les enfants". Cela me donne un coup au cœur et comme les messieurs sont déjà en train de fumer, c'est l'odeur de cigare qui me reste dans la mémoire [14]. »

L'anamnèse se poursuit. Un souvenir encore plus ancien de baisers donnés sur la bouche aux enfants par une visiteuse. Après son départ, le père qui était présent fait de violents et injustes reproches à la gouvernante, saccageant du même coup ses espoirs amoureux. Le véritable traumatisme est découvert. Deux jours plus tard, Lucy R. semble transformée, d'humeur joyeuse. Sensibilité et réflexes du nez sont réapparus presque complètement. Elle commence à nouveau à distinguer les odeurs.

Refoulements

Comme Freud l'écrit, en note, à propos des sentiments amoureux de Lucy R. : « Je n'ai jamais disposé d'une autre et meilleure description de cet état singulier où le sujet sait tout sans le savoir. » Lui-même se rappelle avoir eu une expérience semblable : « Je vis alors quelque chose qui allait à l'encontre de ce que j'attendais, mais cela ne me fit nullement renoncer à certains projets bien déterminés que cette perception aurait dû me faire abandonner... Je fus atteint de cet aveuglement des non-aveugles que l'on s'étonne de constater chez les mères quand il s'agit de leurs filles, chez les maris quand il est question de leurs femmes, chez les souverains à l'égard de leurs favoris[15]. »

Ces souvenirs et ces analyses pertinentes ne vont pas cependant le conduire à une réelle remise en cause de son attitude à l'égard de Fliess. Son attachement passionnel qui comporte, comme il le dira plus tard, un élément homosexuel est une entrave à sa lucidité.

Le 13 février 1896, Freud attend impatiemment le travail de son ami sur le nez et le sexe où il espère retrouver certaines de leurs idées communes sur la sexualité. Fliess lui envoie son manuscrit sur *Les Relations entre le nez et les organes sexuels féminins*. Il y développe la théorie exposée dans sa précédente étude d'une correspondance entre le nez et les organes génitaux féminins. Des altérations nasales apparaissent pendant la menstruation, l'acte de reproduction, la grossesse, l'accouchement. Tuméfaction, sensibilité accrue, saignements de nez, se produisent à ces moments précis. Plus encore : « Le saignement de nez vicariant ressemble à la menstruation non seulement parce qu'il se produit au moment où devrait apparaître le saignement utérin, mais aussi parce qu'il peut ne pas se produire, dans les mêmes circonstances où le saignement utérin menstruel normal cesse également, à savoir au moment de la grossesse[16]. »

Les similitudes ne s'arrêtent pas là : les corps érectiles des « points génitaux » de l'organe nasal, de construction caverneuse, sont comparables à ceux du clitoris et en rapport avec le système sympathique. Cocaïnisations et interventions chirurgicales sur le nez soignent la dysménorrhée, interviennent sur la durée du cycle menstruel, les douleurs de l'accouchement. Cette thérapie fait également merveille dans les troubles liés à l'onanisme et à la ménopause. Les résultats obtenus le confortent dans ses conclusions : l'importance du nez ne tient pas seulement à sa fonction respiratoire et olfactive mais aussi à ses liens avec la sexualité. Particulièrement nette chez la femme, cette relation entre le nez et la sexualité existe aussi chez l'homme. Le cas d'un médecin de cinquante ans affecté, pendant des années, d'abondants saignements désignés par ses amis comme sa « menstruation » le conforte dans cette idée et l'amène à conclure que cet homme « a eu ses règles directement par le nez[17] ».

À l'époque de l'amitié passionnée, Freud ne trouve rien à redire à ces théories contestables : « J'ai lu tout d'un trait ton manuscrit. Il m'a énormément plu, tant par la façon aisée et sûre dont tu exposes tes idées que par l'enchaînement lumineux et paraissant évident des divers points... je n'ai rien eu besoin de corriger[18]. » La reconstruction du cas Emma et la réhabilitation de Fliess peuvent donc se poursuivre. Fin avril, Freud lui confirme que les saignements de leur patiente ont une origine hystérique : Fliess avait vu juste. De toute évidence, elle a toujours saigné pour se faire aimer. Enfant déjà, elle avait des saignements de nez très abondants. À quinze ans, elle utilisa ce moyen pour attirer l'attention d'un jeune médecin. Lors de la grande hémorragie dont Freud fut témoin, voyant combien il en était affecté, elle se sentit plus heureuse que jamais malgré le danger encouru : l'ancien désir d'être aimée dans la maladie se réalisait.

L'histoire d'Emma Eckstein qui maintenant va « au mieux » devient de plus en plus claire, lui écrit-il, le 4 juin. Nul doute, ses hémorragies étaient bien liées au désir. Une métaphore olfactive lui sert à rendre hommage à la sagacité de son ami et à classer cette sulfureuse affaire : « Ton nez a de nouveau décelé la bonne piste[19]. »

Le 4 décembre 1896, tout doute « refoulé », il peut écrire à Fliess : « Je songe à quelque chose qui pourrait assurer une coordination entre nos travaux communs et me permettre d'installer ma colonne sur ton socle[20]. »

Quelques mois après, Freud établit un lien direct entre l'olfactif et le refoulement : « Pour nous exprimer plus crûment, le souvenir dégage maintenant la même puanteur qu'un objet actuel. De même que nous détournons avec dégoût notre organe sensoriel (tête et nez) devant les objets puants, de même le préconscient et notre compréhension consciente se détournent du souvenir. C'est là ce qu'on nomme refoulement[21]. »

L'air du temps

Cette thématique, élaborée dans le cadre d'une relation transférentielle avec un spécialiste du nez fourvoyé dans une histoire « sentant mauvais », est aussi, à mon avis, en accord avec les représentations olfactives, essentiellement négatives, véhiculées par le discours scientifique de l'époque. Déjà le grand naturaliste Charles Darwin affirmait, en 1871, que le sens olfactif, primordial chez la plupart des mammifères, n'était plus chez l'homme qu'une faculté résiduelle, lointain héritage de quelque ancêtre qui en faisait grand usage. Dans sa célèbre *Psychopathia Sexualis*, parue en 1886, le psychiatre autrichien Richard von Krafft-Ebing considère, à son tour, que l'olfaction joue un rôle essentiel dans la sexualité animale mais intervient peu dans la sexualité humaine, du moins lorsqu'elle est normale. À cette époque psychiatres et sexologues estiment d'un commun accord qu'une grande acuité olfactive est symptomatique de comportements sexuels bestiaux et pathologiques[22].

Freud partage ces conceptions mais, en établissant un rapport explicite entre le refoulement et la mise à l'écart du sens olfactif, il se démarque de ses confrères : « Il m'est souvent arrivé de soupçonner qu'un élément organique entrait en jeu dans le refoulement et je t'ai raconté un jour qu'il s'agissait de l'abandon d'anciennes zones sexuelles... Cette hypothèse se rattachait pour moi au rôle modifié des sensations olfactives : au port vertical, aux narines s'éloignant du sol et, par cela même, une foule de sensations antérieurement intéressantes qui émanant du sol devenaient repoussantes — ceci par un processus que j'ignore encore[23]... »

Curieusement, ni Freud, ni aucun des chercheurs qui s'intéressent à cette époque à l'odorat ne feront allusion à une découverte pouvant corroborer la thèse de sa régression lors du dépassement du stade animal : celle d'un organe olfactif secondaire mis en évidence, en 1809, par le Danois Ludwig Jacobson, chez les animaux, et particulièrement les mammifères. Tout au long du XIXe siècle, de nombreux travaux, la plupart publiés en langue allemande (notamment ceux de Merkel, Dursy, Kolliker, Schwalbe, Zuckerkandl[24]), furent consacrées à l'étude de cet organe chez l'Homme, concluant, en général, qu'il pouvait exister également à l'état rudimentaire ou atrophié chez l'adulte humain.

Dans son livre, *La Sélection sexuelle chez l'Homme*, qu'Havelock envoie à Freud en 1905, il est encore largement question de la décadence de l'odorat, sens primitif, témoin d'un ancien passé animal où il était florissant. Toutefois, même si la vue, beaucoup plus « intellectuelle », a remplacé l'odorat dans la sélection sexuelle, les possibilités latentes et attractives de ce sens autrefois tout-puissant ne sont pas totalement écartées. Incorporées dans la structure nerveuse héritée de nos ancêtres animaux, elles sont toujours prêtes à entrer en jeu et apparaissent de temps en temps chez des individus anormaux ou exceptionnels. Neurasthéniques, invertis, poètes, écrivains, tous gens sensibles et relativement mal équilibrés, sont également très réceptifs à l'attrait sexuel exercé par les odeurs. Les climats chauds où toutes les émanations sont intensifiées favorisent aussi, même chez les personnes normales, une plus grande réceptivité olfactive. Mais, constate Ellis, pour la population civilisée ordinaire de l'Europe, les exhalaisons, tout en continuant à jouer un rôle considérable dans la vie quotidienne, ont sur la sexualité une influence minime. Entre le « type olfactif », qui se laisse guider dans ses relations par ses sympathies et antipathies olfactives, et les personnes parfaitement indifférentes aux effluves corporels, existe une troisième catégorie qui représente la bonne mesure : celle des hommes et des femmes raffinés et cultivés chez qui l'odorat ne vient que renforcer un émoi déjà existant.

Plaisirs interdits...

Moins optimiste que son correspondant, Freud s'interroge sur les effets de cette restriction olfactive chez le civilisé (déjà dénoncée par Nietzsche comme dangereuse) et se demande, en 1909, si cette atrophie « consécutive à la station debout, et le refoulement organique du plaisir olfactif qui en résulte, ne joueraient pas un grand rôle dans la faculté d'acquérir des névroses. On comprendrait ainsi, poursuit-il, qu'à mesure que s'élevait la civilisation de l'humanité, ce fut précisément la sexualité qui dût faire les frais du refoulement. Car l'on sait depuis longtemps combien est étroitement lié, dans l'organisation animale, l'instinct sexuel à l'odorat[25]. »

Chez les hyperosmiques qui ont dû renoncer à certains plaisirs olfactifs condamnés, le prix exigé par la pression civilisatrice peut s'avérer très onéreux. Preuve en est ce malade obsessionnel, dit « l'Homme aux rats », qui avait eu dans son jeune âge des tendances coprophiles très marquées et qui n'est pas sans évoquer le « renifleur », le « stercoraire » et ses sordides pratiques qui hantent l'imaginaire médical de cette époque. « Notre patient, confie Freud, était un flaireur qui, tel un chien, reconnaissait dans son enfance tout le monde d'après l'odeur et pour qui, adulte, les sensations olfactives importaient davantage qu'à d'autres. »

Et il déclare avoir trouvé « des faits semblables chez d'autres névrosés, obsédés et hystériques », et « avoir appris à tenir compte, dans la genèse des névroses (par exemple, précise-t-il en note, dans certaines formes de fétichisme), du rôle d'un plaisir olfactif disparu depuis l'enfance ».

Après le psychologue français Alfred Binet qui avait déjà, en 1887, attiré l'attention sur le fétichisme de l'odorat et décrit ces « amants de l'odeur », susceptibles, à cause d'un attrait olfactif, de contracter des unions « avec des femmes inférieures appartenant à leur domesticité[26] », Freud va s'intéresser à l'engagement de l'olfaction dans le fétichisme et aux déplacements des jouissances coprophiles interdites. La lettre du 18 février 1909, adressée à Karl

Abraham, évoque le rôle « d'un plaisir olfactif originaire procuré par un pied sentant mauvais ». À la suite d'un mode particulier de refoulement qualifié de partiel, « ce plaisir olfactif est écarté ; en échange, le pied dispensateur autrefois de la jouissance est érigé en fétiche ». Mais, précise Freud, « il n'est plus question alors de son odeur[27] ».

Le 24 février 1909, dans une communication sur *La Genèse du fétichisme*, il développe ces idées devant la Société psychanalytique de Vienne : « Le patient avait dans son enfance pris l'habitude de fourrager entre ses orteils, là où ils dégagent une forte odeur qui, de façon évidente, doit être un objet de plaisir pour l'homme, plaisir olfactif *(Riechlust)* et qui dure jusqu'à ce que le dégoût lui succède et y mette fin[28]. »

D'autres pratiques, avance Freud, comme celle consistant à « s'introduire un doigt dans l'anus et à le renifler », participent également de cet érotisme anal (associé dans la suite de l'exposé à l'érotisme nasal). Tous ces plaisirs olfactifs auxquels l'enfant est si sensible appartiennent à une catégorie de motions perverses qui sont en général refoulées. Mais, lorsque le refoulement est partiel, le fétichisme intervient. C'est ainsi que, chez les individus ayant jadis beaucoup aimé les émanations nauséabondes que dégagent les pieds et qui sont devenus des fétichistes de la chaussure, on peut observer que « le plaisir de l'odeur est réprimé *(unterdrückt)*, tandis que le pied sans odeur est idéalisé. Dans l'idéal, il n'est plus question de l'odeur, pas même négativement ».

Hitschmann, présent à cette réunion tenue comme chaque mercredi au domicile de Freud, avoue être lui aussi un fétichiste de la chaussure et évoque les érections que lui procuraient jadis l'odeur des bottes en cuir de sa gouvernante et les « galoches puantes[29] » de sa cousine. Bass confie qu'un nez délicat hérité de sa famille paternelle est à l'origine de son léger fétichisme de la chevelure. Sadger rapporte le cas d'un patient qui ne portait que des gants en chevreau de couleur marron, jaune ou rouge, lui rappelant « délicieusement les excréments[30] » et Adler affirme que tous les fétichistes du pied ont un odorat remarquablement développé, signe d'un intense intérêt pour toutes sortes d'odeurs.

Dans sa conférence, *Un fantasme de Léonard de Vinci*, donnée le

1er décembre 1909 devant la Société psychanalytique de Vienne et où est établi pour la première fois un rapport entre le fétiche et le pénis, Freud revient encore sur le rôle de la « répression de certaines pulsions coprophiliques [31] » dans le fétichisme du pied. Le 13 février 1910, il écrit à Sandor Ferenczi avoir « trouvé, dans un cas d'érythrophobie (peur de rougir), de vieilles pulsions coprophiles insoupçonnées... aussi importantes pour cette forme que l'est le plaisir de l'odorat dans le fétichisme [32] ». Quelques jours après, pour aider Karl Abraham qui doit faire un exposé sur ce thème, il décrit à nouveau, mais en insistant cette fois sur l'importance de la coprophilie, le cas de cet homme de vingt-cinq ans, fétichiste du vêtement et de la chaussure, qu'il avait présenté, un an auparavant, à la Société psychanalytique de Vienne : « Son enfance était pleine d'une activité *coprophilique* exceptionnellement intense. Par exemple, à l'âge de huit-dix ans, il réussit à laisser pendre de son intestin une saucisse dure, dont, au cours de la journée, il détachait toujours de nouveaux morceaux. Il avait encore un odorat hypersensible [33]. »

Et il confie à son correspondant avoir appris, à partir d'autres cas, que « le fétichisme de bottes implique un plaisir originaire (plaisir de sentir) donné par les pieds sales et puants » et qu'il considère « le *plaisir de sentir coprophilique* comme le support de la plupart des cas de fétichisme de pieds et de bottes ».

Enfin, la même année, dans une note ajoutée aux *Trois Essais sur la théorie sexuelle*, il consigne l'importance d'un plaisir olfactif coprophilique, perdu du fait du refoulement, dans le choix du fétiche : « Le pied et la chevelure sont des objets qui dégagent une forte odeur, et qui sont élevés au rang de fétiche après renoncement à la sensation olfactive devenue déplaisante. Ainsi, dans la perversion correspondant au fétichisme du pied, seul le pied sale et malodorant est objet sexuel [34]. »

Par la suite, le renoncement olfactif sera également rapproché de l'accession de l'Homme à la dimension esthétique : « Ce sont avant tout les composantes pulsionnelles coprophiliques qui se sont avérées incompatibles avec les exigences esthétiques de notre civilisation, vraisemblablement depuis que, passant à la station debout, nous avons élevé au-dessus du sol notre organe olfactif [35]. »

Cet intérêt pour l'érotisme anal, à cette époque de plus grand développement de l'hygiène et de répression des odeurs, s'inscrit dans l'esprit du temps. L'ouvrage du capitaine John Gregory Bourke, *Scatologic Rites of all Nations*, révélant toute la valeur accordée par de nombreux peuples aux excréments, est une expression particulièrement significative de cette attention accordée au déchet et à la puanteur. Lorsqu'il est traduit et publié, en 1913, en Allemagne, c'est Freud qui en écrit la préface, saluant cette entreprise « courageuse » et « méritoire [36] ». La volonté qu'il affirmera un an plus tard de donner la priorité à l'ontogenèse sur la phylogenèse, car « la prédisposition phylogénétique se fait remarquer derrière le processus ontogénétique [37] », le conduit déjà ici à rattacher tous ces rituels et coutumes scatologiques aux manifestations coprophiles chez les enfants.

Dans les premières phases du développement du petit humain comme dans celles de l'espèce, où les intérêts sexuels et excrémentiels ne sont pas encore clivés, existe une surévaluation des excrétions. L'enfant, affirme Freud, « se trouve contraint de répéter... les variations d'attitude de l'humanité à l'égard des matières excrémentielles, qui ont vraisemblablement trouvé leur départ avec l'arrachement de l'*homo sapiens* à la Terre Mère [38] ». À l'instar de certaines peuplades, évoquées par le capitaine Bourke, qui boivent leur urine et mangent leurs excréments, le petit de l'Homme n'éprouve aucune répulsion pour ces objets fortement odorants. Bien au contraire, il en est fier, aime à s'en occuper et jouer avec. Néanmoins, l'éducation lui apprend rapidement à en avoir honte, à en ressentir du dégoût. L'intérêt accordé aux fèces se déplace alors sur des objets inodores, comme l'argent.

Toutefois, la psychanalyse comme le folklore attestent de l'incomplète réalisation du refoulement des tendances coprophiles. La première observe qu'une partie de ces pulsions continue d'agir dans la vie de l'adulte et s'exprime dans les perversions, les névroses et les « mauvaises habitudes ». Quant au second, il met en évidence que le traitement des matières excrémentielles varie selon les peuples, les époques, les niveaux de culture. Il « démontre aussi la persistante et, à vrai dire, indéracinable nature des intérêts coprophiles primitifs, en exposant à notre regard stupéfait la multiplicité des utilisations, dans les rites magiques, dans les mœurs des peuples — dans les pratiques des cultes et dans l'art de guérir —, par la voie desquelles l'ancienne surestimation pour les excrétions humaines s'est donné une nouvelle expression[39] ».

La méthode qui consiste à recouper l'évolution phylogénétique et ontogénétique conduira Freud, en 1929, dans une synthèse finale, où l'on retrouve bon nombre d'héritages, à évoquer les liens existants entre la génitalité et l'olfaction et à insister sur les rapports de la mise à distance de ce sens avec le refoulement non seulement de l'érotique anale mais aussi de toute la sexualité.

Malaise dans la civilisation attribue, en effet, à la verticalisation une série de conséquences : effacement de l'odorat « dont l'entremise mettait la menstruation en état d'agir sur l'esprit du mâle[40] », promotion de la vue (le rôle des sensations olfactives intermittentes fut alors repris par les excitations visuelles à même d'exercer une action permanente), isolement des femmes au moment de leurs menstrues (le tabou de la menstruation « résulte de ce "refoulement organique[41]" en tant que mesure contre le retour à une phase surmontée du développement »), émergence de la pudeur (les organes génitaux auparavant masqués, lors de la position à quatre pattes, doivent désormais être protégés), fondation de la famille (d'erratique, le comportement sexuel serait devenu plus régulier, permettant l'attachement au partenaire), développement de la civilisation et de l'hygiène.

Plusieurs de ces hypothèses n'avaient pas un caractère d'absolue nouveauté. Après Rousseau qui s'était déjà interrogé sur les modifications olfactives et sexuelles résultant du passage de l'état de nature à l'état civil, Albert Moll développait, en 1898, dans sa *Libido Sexualis,* quelques-uns de ces thèmes. Selon lui les odeurs sexuelles, qui auparavant déclenchaient l'attraction, furent reléguées à l'arrière-plan lors de l'apparition de la civilisation. Notre odorat extraordinairement atrophié, ne jouant plus le rôle qui était le sien dans des temps très reculés, dut céder la place à la vue. L'hygiène et le port de vêtements contribuèrent également à ce recul de l'olfaction en étouffant les émanations excitantes. Lui faisant écho, Havelock évoquait dans *La Sélection sexuelle chez l'Homme* le dégoût provoqué par les exhalaisons corporelles depuis la prédominance de la vue. En 1923, Georg Groddeck consacrait, dans *Le Livre du ça,* de longs passages au pouvoir excitant de l'odeur du flux menstruel et au refoulement de cet effluve qui fortifie le désir incestueux de l'enfant et rappelle ensuite la castration. Quatre ans plus tard Daly, auquel Freud se réfère, considérait que le tabou de la menstruation, instauré en tant que protection contre l'inceste, procédait de l'attirance envers ce sang féminin. Poursuivant son étude psychanalytique de la mythologie, ce psychanalyste américain affirmera même, un an après la publication de *Malaise dans la civilisation,* que les odeurs sexuelles de la « femelle en chaleur[42] » durant la période menstruelle exercèrent un véritable pouvoir hypnotique sur les mâles et qu'elles constituèrent une des plus grandes tentations de violer le tabou de l'inceste.

Pour le fondateur de la psychanalyse, l'excitation provoquée par les exhalaisons des menstrues est indissociable de la sexualité primitive de lointains ancêtres se déplaçant à quatre pattes. Le retrait du sens olfactif, indispensable condition au dépassement du stade animal, aurait alors constitué une protection contre la menace de régression que renfermait cette odeur féminine. Ce rôle négatif des femmes connaîtrait, d'ailleurs, des prolongements dans les phases ultérieures du développement de la civilisation. « Elles exercent une influence tendant à le ralentir et à l'endiguer. Elles soutiendront les intérêts de la famille et de la vie sexuelle alors que l'œuvre civilisatrice, devenue de plus en plus l'affaire des hommes, imposera à ceux-ci des tâches toujours plus difficiles et les contraindra à sublimer leurs instincts, sublimation à laquelle les femmes sont peu aptes... La femme, se voyant ainsi reléguée au second plan par les exigences de la civilisation, adopte envers celle-ci une attitude hostile[43]. »

Mais l'ontogenèse montre à nouveau que la dévalorisation de l'olfaction s'est aussi effectuée en relation avec un autre effluve, celui des excréments. L'éducation apprend très énergiquement aux enfants, totalement dépourvus de répugnance à leur égard, à en éprouver. « Pareille dépréciation serait impossible si leur forte odeur ne condamnait pas ces matières retirées au corps à partager le sort réservé aux impressions olfactives après que l'être se fut relevé du sol. Ainsi donc l'érotique anale succombe la première à ce « refoulement organique » qui ouvrit la voie à la civilisation. Le facteur social, lequel se charge d'infliger à l'érotique anale de nouvelles transformations, se traduit dans ce fait qu'en dépit de tous les progrès accomplis par l'Homme au cours de son développement, l'odeur de ses propres excréments ne le choque guère, alors que seule le choque celles des excréments d'autrui[44]. »

...et inaptitude au bonheur

Toutefois, la réflexion sur la civilisation et les restrictions qu'elle impose aux instincts conduit Freud à des considérations pessimistes. Ce qui est gagné d'un côté est perdu de l'autre. Nécessaire au processus civilisateur, la dévalorisation de l'odorat lèse gravement notre aptitude au bonheur puisque non seulement l'érotique anale, mais bien la sexualité tout entière aurait été menacée de céder au refoulement organique. Et il avance même que notre résistance à la fonction sexuelle, faisant obstacle à une pleine satisfaction, nous contraint à suivre d'autres voies. Certains aspects de ce refus apparaissent dans le fait que tous les névrosés et beaucoup de non-névrosés sont heurtés par notre naissance *inter urinas et faeces*. Et quoique cette constatation souffre quelques exceptions, la forte odeur des organes génitaux est intolérable à un grand nombre et peut dégoûter des rapports sexuels : « Il s'attesterait ainsi que la racine la plus profonde du refoulement sexuel, dont les progrès vont de pair avec ceux de la civilisation, résidât dans les mécanismes organiques de défenses auxquels la nature humaine eut recours, au stade de la station et de la marche debout, en vue de protéger le mode de vie établi par cette nouvelle position contre un retour du mode précédent d'existence animale[45]. »

S'il ne déplore pas, comme le faisait Nietzsche dans *La Généalogie de la morale,* la mutation du « fauve humain » en homme de la « mauvaise conscience », ni ne s'insurge contre le mépris dans lequel est tenu le sens le plus sexuel, Freud n'en considère pas moins que le renoncement pulsionnel et l'effacement de l'olfaction, sur lesquels s'édifie la vie en société, comportent des aspects négatifs. Mais c'est essentiellement l'idée d'une faculté archaïque, très développée chez l'animal, le primitif, l'enfant, le névrosé et le pervers, pouvant mettre en danger les progrès de la civilisation, et qu'il ne sert à rien, comme le disait déjà Kant, de cultiver, que vont retenir ses successeurs.

CHAPITRE XVI

LES HÉRITIERS DE FREUD

À l'exception de quelques-uns comme Georg Groddeck, Daly, Ruth Mack Brunswick, et dans une certaine mesure, Sandor Ferenczi et Lou Andreas-Salomé, les premiers psychanalystes à s'être intéressés à l'odorat ont surtout insisté sur ses liens avec l'analité.

Karl Abraham

En 1912, la psychanalyse d'un cas de fétichisme du pied et du corset permet à Karl Abraham de confirmer ce que Freud lui avait appris sur « le rôle spécifique du refoulement des jouissances coprophiles dans la psychogenèse du fétichisme du pied[1] ». Chez ce jeune homme de vingt-deux ans, inappétent sexuellement mais très ému à la vue des corsets et des belles chaussures de femme, l'importance dans l'enfance d'une activité auto-érotique anale renforcée par des plaisirs procurés par les odeurs de ses excrétions fut, en effet, très forte. Le patient rapporta de nombreux souvenirs olfactifs, ainsi qu'un riche matériel onirique présentant les traits de caractère de l'érotisme anal et exprimant parfaitement sa coprophilie car beaucoup de ses rêves « se déroulent dans les WC, ou bien satisfont, à travers une symbolique transparente, des aspirations érotiques anales[2] ».

Contempler tranquillement les étalages de corsets, le corps étroitement lacé et chaussé de talons hauts, tel était l'un des plus chers désirs du malade. Son analyse parvint à mettre au jour « la signification du substitut génital du pied » (à laquelle Freud faisait déjà allusion dans sa conférence et son ouvrage sur *Léonard de Vinci*) ainsi que ce processus de refoulement dit « partiel », parce que n'atteignant que l'une des deux pulsions (et dont il est déjà question dans la lettre que Freud adresse à Abraham le 18 février 1909). « Le voyeurisme et la pulsion à sentir, dirigés essentiellement vers les excréments, subirent, observe Abraham, une transformation inégale. La pulsion à sentir fut refoulée pour l'essentiel. La pulsion à voir fut suraccentuée mais déviée de son domaine primitif et idéalisée [3]. »

Sandor Ferenczi

Si l'on excepte, dans *Mots obscènes,* publié en 1910, un passage où il est question d'un jeune homosexuel présentant une vive attirance pour les sensations olfactives ainsi qu'une coprophilie extrême, c'est dans les années 1913-1914, alors même qu'il souffre d'une pathologie nasale nécessitant des interventions chirurgicales, que Sandor Ferenczi commence à développer ses idées sur l'odorat. Révélateur d'une conception qui renvoie, à cette période de ses recherches, l'odorat à l'analité, ce très court texte intitulé « Les gaz intestinaux : privilège des adultes » : « Il arrive que le patient en analyse lutte au cours de la séance contre la tentation de produire des gaz intestinaux de façon audible et perceptible à l'odorat ; il éprouve cela plus particulièrement lorsqu'il est en révolte contre son médecin. Cependant, ce symptôme n'a pas pour seul but d'insulter le médecin ; il signifie aussi que le patient entend se permettre des choses que son père lui défendait autrefois [4]. » Ce sans-gêne, déclare Ferenczi, « répond précisément ici aux privilèges que les parents s'accordent à eux-mêmes, mais interdisent sévèrement aux enfants ».

Plus révélateur encore ce second article, paru en 1914, sur la transformation de l'érotisme anal en amour de l'argent. Sous l'influence de l'éducation et probablement lorsque l'enfant essaie de se redresser et de se tenir sur ses deux jambes, le plaisir procuré par les précieuses déjections odorantes subit une première distorsion : leur odeur lui devient désagréable, répugnante même. Son intérêt se déplace alors, à mesure que se développe son sens de la propreté, sur d'autres objets de plus en plus désodorisés et déshydratés : boue, sable, cailloux. Le désintérêt pour le sol étant devenu total, vient alors le stade des produits manufacturés. Billes de verre, boutons, collectionnés avidement, servent de monnaie primitive.

Lorsque enfin, aspirant à posséder quelque chose d'encore plus propre, l'enfant commence à rassembler, amasser et contempler les pièces de monnaie étincelantes, l'assimilation des fèces à l'argent est complète. Mais de tous les sens concernés par ces petits disques lisses et ronds, seul l'odorat reste complètement « bredouille », car si l'œil aime leur éclat, l'oreille, leur tintement, le toucher, leur contact, le goût, leur faible saveur métallique, ils n'ont aucune odeur. « À ce moment-là, remarque Ferenczi, le symbole de l'argent est en gros parvenu au terme de son développement. La jouissance liée au contenu intestinal devient plaisir procuré par l'argent qui, nous l'avons vu, n'est rien d'autre que des excréments désodorisés, déshydratés et devenus brillants. *Pecunia non olet*[5]. »

Cette évolution ontogénétique se retrouverait dans la phylogenèse, l'histoire des civilisations laissant apparaître un certain parallélisme entre le développement du symbole de l'argent chez l'individu et dans l'espèce humaine. La « pulsion » capitaliste n'obéirait pas seulement au principe de réalité en servant des objectifs pratiques mais elle satisferait également à celui du plaisir par sa composante érotique anale.

Le refoulement des tendances coprophiles apparaîtrait dans la recherche de toutes sortes d'odeurs. Effluves d'écurie, émanations de gaz d'éclairage, de goudron, de térébenthine sont le point départ de toute une série de sublimations dont la prédilection pour les senteurs agréables et le goût pour les parfums est le stade le plus achevé.

« Nul doute, conclut-il, que l'esthétique en général ait sa racine la plus profonde dans l'érotisme anal refoulé[6]. »

Le thème de l'amour de l'argent et de l'odorat est parachevé en 1917. Un jeune commerçant qui souffre d'obsessions et d'angoisses confie en analyse que peu après ses fiançailles, désagréablement surpris, dans un moment d'intimité, par l'haleine de sa future épouse, il la quitta précipitamment, décidé à briser son engagement. La funeste odeur ne s'étant plus manifestée, le mariage eut quand même lieu. De ce souvenir olfactif, Ferenczi donne l'interprétation suivante : « La mauvaise haleine de la fiancée, manifestement insignifiante en soi, s'était associée à l'érotisme anal primitif du patient, dont dérivait son amour pour l'argent ; il ne voulait pas s'avouer à lui-même qu'il se mariait pour de l'argent et il fuyait cette éventualité avec la même angoisse qu'autrefois ses propres pulsions érotiques anales insuffisamment refoulées... Pour un instant, le fantasme inconscient a pu convertir la bouche de la fiancée en orifice anal[7]. »

La confirmation de l'association inconsciente de l'argent aux fèces est apportée par une autre patiente, croyant aimer son mari, et qui se souvient du profond malaise ressenti quand un jeune homme, dont elle avait été précédemment amoureuse, lui baisa la main : « La pensée me traversa que j'étais allée aux toilettes peu avant et que je n'avais pas encore pu me laver les mains. Il avait peut-être senti l'odeur des matières fécales sur mes doigts. Mon angoisse fut si intense que je dus approcher aussitôt mes doigts de mon nez pour les sentir, et en même temps il me sembla qu'une amie présente me regardait avec un sourire ironique[8]. » Ce qu'elle redoutait, en fait, décèle Ferenczi, c'est que le jeune homme « ne flaire » sur elle les véritables raisons de cette alliance. L'adage « l'argent n'a pas d'odeur » est un « euphémisme inversé. Dans l'inconscient cela s'énonce sans doute de la façon suivante : *Pecunia olet*, c'est-à-dire : argent = matières fécales[9] ».

La volonté d'intégrer la biologie et les sciences naturelles à la psychanalyse l'amène, en 1924, à de nouvelles réflexions. « Psychanalyser » l'odorat permet de retrouver, outre ses liens avec la génitalité, ceux plus cachés avec la pensée. Avant de se redresser et de devenir un « animal oculaire », l'Homme a dû se servir, pour se guider et agir, de son nez. Comme le disait déjà Buffon, avant le zoologiste Zell auquel le psychanalyste hongrois se réfère, l'olfaction animale est ce « sens admirable », capable de remplacer tous les autres et qui voit, goûte, touche les objets, reconnaît ceux qui conviennent. Servant l'intelligence pratique, il sait choisir ce qui est congénère, complémentaire. La bioanalyse ferenczienne franchit un pas de plus et estime « qu'il existe une analogie si poussée entre le fonctionnement olfactif et l'idéation qu'on peut véritablement considérer *l'olfaction comme le prototype biologique de l'idéation*. L'animal qui flaire "goûte" des traces infimes de la nourriture avant de se décider à l'absorber ; de même le chien renifle l'organe sexuel de la femelle avant de lui confier son pénis... Organe d'idéation et sens olfactif sont tous deux au service de la fonction de réalité, qu'il s'agisse de la fonction égoïste ou de la fonction érotique [10] ».

À la fin de sa vie, dans son journal (publié plus de cinquante ans après sa mort), l'« enfant terrible de la psychanalyse » étend son exploration aux rapports de l'odorat et de « l'occulte ». À partir d'observations très originales portant sur le rôle de l'olfactif dans le transfert, le contre-transfert et la paranoïa, il s'aventure sur des voies peu orthodoxes.

L'une de ses patientes désignée par le sigle Dm, plutôt passive et docile, répand, lorsqu'elle est dans un état de fureur refoulée, des effluves très désagréables « comme si, à la manière de certains animaux, à défaut d'autres armes, elle tenait les gens à distance de son corps en les effrayant par ces émanations de haine [11] ». L'analyse fait apparaître qu'elle attend du thérapeute le héros qui ne se laissera pas intimider par ce comportement provocateur. Pour l'amener à renoncer à ces odeurs agressives et défensives, celui-ci comprend qu'il doit se départir d'une « insensibilité hypocrite [12] », admettre son dégoût et son antipathie puis, après un travail analytique, vaincre toute répugnance.

Dm s'effraie et se met également à « puer » lorsqu'elle retrouve une vieille connaissance qu'elle juge « trop énergique ». Cette dernière, malade elle aussi, mais dotée du réel pouvoir de subodorer les affects des autres (les individus atteints de délire de persécution auraient, comme certains animaux, le don de « flairer les sentiments et tendances cachées ou refoulées[13] »), se sent alors persécutée par ce qu'elle décrit comme une « odeur de cadavre ». Elle en est même réduite, quand elle ne peut fuir Dm, à s'anesthésier avec de l'alcool. Pourquoi donc, se demande Ferenczi, qualifie-t-elle de cadavériques les relents qui l'agressent ? Si quelque chose en nous est anéanti, décomposé, lorsqu'une réaction émotionnelle ne peut plus s'exprimer (d'où les plaintes de nombreux névrosés quant à cette partie d'eux-mêmes qui a été tuée ou qui est morte), alors une sensibilité très supérieure, apte à « sentir dans un autre être humain les émotions les plus fines, et même les contenus psychiques des motions de désir, c'est-à-dire les représentations », pourrait humer cette odeur de décomposition. Un odorat extraordinairement subtil et une puissante imagination olfactive seraient peut-être aussi à l'origine des performances des médiums spirites, sensibles aux « émanations globales des personnes, qui continuent à vibrer quelque part dans l'espace, même après des temps infinis ». Grâce à l'olfaction, ils seraient en mesure de reconstruire le passé le plus lointain d'un être humain. « Une grande part de ce qui a été jusqu'à présent appréhendé comme occulte ou comme surperformance métaphysique recevrait, ose avancer Ferenczi, une explication psychophysiologique. »

Ernest Jones

Mais à l'époque des premiers écrits de Ferenczi sur l'odorat, c'est encore cette association de l'olfaction à l'érotisme anal qui est, de très loin, la plus courante. Ernest Jones l'entérine en affirmant en 1914 que « la relation essentielle du sens de l'odorat à la coprophilie est bien connue à la fois par les osphrosiologistes et par les psychanalystes » et qu'« il a été ouvertement montré que la plus grande partie de l'intérêt pris aux parfums agréables et aromatiques est une substitution de l'intérêt des enfants et des peuples primitifs pour l'odeur des excrétions[14] ». Une répulsion pour la mauvaise haleine cache toujours, ajoute-t-il, la répression d'un érotisme anal important. Dictons et croyances populaires, notamment celle qu'« à Rome on croyait que la bouche des pédérastes puait », illustrent cette représentation.

La volonté d'associer coûte que coûte l'olfactif à l'érotique anale entraîne cependant Jones à des démonstrations parfois laborieuses et quelque peu lacunaires. Ainsi, « le pouvoir affectif mystérieux des odeurs », leur capacité singulière à faire ressurgir le passé dans toute son intimité sont attribués sans plus de précision à cette « association cachée ». Dominée par l'idée que l'odeur « est beaucoup plus près du gaz intestinal que du souffle », sa réflexion sur l'aromate, puisant pourtant aux sources des mythes, des religions, de la médecine et de la philosophie, ne tient pas compte de ce que précisément dans les représentations médicales et philosophiques anciennes l'aromate a été constamment pensé comme igné et imputrescible. Ce parti pris qui le conduit à déclarer que « l'acte de respirer » est traité par l'« inconscient comme un équivalent de "l'acte de péter"[15] » se retrouve lorsqu'il dépouille, de façon péremptoire, l'odeur de ses liens avec le « souffle-du-haut », la ramenant à ce « pneuma interne, provenant de la décomposition intestinale », à ce « gaz-d'en-bas[16] ».

Lou Andreas-Salomé

« Acquérant sur le terrain du plaisir anal sa signification érotique[17] », l'odorat ne participe pas moins, et de façon décisive, à l'ivresse génitale, constate, en 1915, Lou Andreas-Salomé. Sa réflexion sur ce sens le plus animal, le plus maltraité par l'évolution humaine, et qui s'est complètement atrophié, s'inscrit dans une étude, déjà amorcée par Freud[18], sur l'« anal » et le « sexuel », mettant en lumière les contradictions inhérentes à l'olfaction. Les rapports de voisinage anatomique et d'analogie fonctionnelle qu'entretiennent les zone anale et génitale (« l'appareil génital reste voisin du cloaque ; chez la femme, il n'en est même guère qu'une partie prise en location[19] ») déterminent toute l'ambivalence et la complexité du statut du sens olfactif chez l'adulte civilisé. Alors que chez l'animal et le primitif, rappelle-t-elle après Freud, il n'existe aucune véritable séparation entre la sexualité anale et génitale, l'éducation nous contraint à opérer un « clivage entre les relations de la vie anale enfantine, qui s'intègrent au développement ultérieur de l'être, et l'anal, image type éternelle du sale, du rejetable[20] ». Entaché du mépris qui s'attache à l'anal, symbole de déchet et de mort, l'odorat, désormais beaucoup plus engagé au service du dégoût que du plaisir anal, ne peut être l'auxiliaire d'une sexualité génitale réussie qu'au prix d'une subtile dialectique. C'est, en effet, en conservant, après l'avoir dépouillé de sa grossière matérialité, ce qu'il y avait de très précieux dans l'érotisme anal : l'expression d'« une unité première du monde et du moi[21] », que l'odorat pourra servir à l'exploration délicate des « profondeurs du passé le plus reculé et le plus obscur du devenir un ».

Georg Groddeck

Beaucoup plus que le refoulement des relents excrémentiels, celui des premières odeurs que l'être humain perçoit lorqu'il arrive au monde, celles des entrailles féminines et du sang qui en coule, retient, en 1923, toute l'attention de Georg Groddeck. L'obstruction occasionnelle de sa narine droite le conduit à l'investigation des impressions olfactives refoulées car, dit-il, « quand mon nez se manifeste, il ne me reste qu'à chercher ce que je ne dois pas sentir[22] ». Le rappel d'une scène se rapportant au sang menstruel de sa sœur Lina débouche la cavité nasale et le met sur la bonne piste. Il s'aperçoit avec étonnement qu'il a de forts souvenirs olfactifs de sa sœur mais aucun de sa mère. Son enquête se dirige alors sur les causes de cette amnésie.

Influence des adultes tout d'abord qui interdisent à l'enfant l'apprentissage de la vie sexuelle. Après avoir pendant des années « fourré » son nez dans le giron maternel, humé tout ce qui se passait dans son ventre, senti le changement d'odeur qui s'effectue toutes les quatre semaines, on lui demande maintenant d'oublier ces exhalaisons qui ont bercé et fortifié son désir incestueux. « Songez, ironise Groddeck, qu'il existe des gens prétendant avoir tout ignoré des époques jusqu'à ce qu'ils eussent atteint l'âge adulte... Mais où donc ont-ils laissé leur nez ? Et qu'est-ce qui se passe dans la mémoire de l'être humain pour qu'il oublie de telles expériences, pour qu'il soit forcé de les oublier ? Et ensuite, on s'étonne qu'il ait si peu de flair ! Mais qu'adviendrait-il de lui s'il ne mettait pas à contribution tout le pouvoir de son inconscient pour émousser son odorat [23] ? »

Refus de l'enfantement, ensuite, qui nous pousse encore à renier « notre ornement le plus humain, le nez [24] ». Nous fuyons les exhalaisons du sang, affirme-t-il, car elles nous rappellent un matricide : le ventre qui nous a portés et que nous avons déchiré en naissant.

La troisième raison qui nous contraint à « anéantir le plus noble de nos sens [25] » est la phobie de la castration. La représentation infantile selon laquelle la femme est un homme châtré et que son sexe est une plaie devient une certitude avec la perception des effluves du sang menstruel. « Ce flux, cette hémorragie nous effraie : elle éveille en nous la peur d'être transformés en femmes. Pour que rien ne vienne nous rappeler ce saignement, nous en sommes réduits à émousser notre odorat et à extirper jusqu'au souvenir de cette odeur de sang [26]. »

Comme les maux organiques et fonctionnels, les mauvaises émanations corporelles résultent, selon Groddeck, de l'action de refoulements. La magnifique chevelure d'une de ses amies sentait affreusement mauvais. « À présent, confie-t-il, le nez le plus sensible ne trouverait plus rien à redire à l'odeur de ces cheveux. Annie a été rapidement et fort simplement débarrassée de ce funeste amalgame de beauté et d'horreur depuis qu'elle a pris conscience du fait que son ça était particulièrement sensuel et avait, en conséquence, paré cette chevelure de toutes les beautés... Sur ce ça, la vie a greffé un second ça moral et craintif, qui a inventé cette pestilence afin de neutraliser par le dégoût l'attrait de cette beauté [27]. »

La conviction que « l'homme est vécu par le ça » le pousse même à déclarer que « le ça ne s'occupe pas du tout des idées ridicules des humains. Il pue quand il veut puer et il transforme la crasse en odeur suave quand il en a envie [28]. »

Conception volontariste et unitaire du ça qui conduit d'ailleurs, le fondateur de la médecine psychosomatique à considérer que tout vient de l'inconscient et à évacuer la notion de refoulement[29].

Ruth Mack Brunswick

Un an après l'exposé final de Freud sur le fétichisme, exposé « désodorisé » selon Jay Geller, « mais où le nez tient néanmoins une place centrale puisqu'il y est question » d'un jeune homme qui avait érigé comme condition du fétiche un certain « brillant sur le nez[30] », Ruth Mack Brunswick publie la suite de l'analyse de l'Homme aux loups dont le principal symptôme, à l'époque où il vint la voir, était d'être obsédé par l'état de son nez. Absolument désespéré, il accusait un traitement dermatologique d'en avoir détruit pour toujours l'harmonie. « D'après lui, le dommage consistait en une cicatrice, en un trou, ou en un petit fossé dans le tissu cicatriciel, suivant les moments[31]. » Or, « il n'y avait rien de visible sur le nez du patient, nez petit, retroussé et typiquement russe ».

Chez ce malade autrefois heureux d'avoir « un nez sans tache » et qui, maintenant affolé, court d'une devanture de magasin à une autre pour examiner si les pores s'élargissent, « saisir en quelque sorte le trou en cours de croissance et de développement[32] » et qui tire toutes les cinq minutes de sa poche un petit miroir pour poudrer et repoudrer son appendice nasal, Ruth Mack Brunswick décèle un rapport entre le nez soi-disant mutilé et le pénis circoncis. Un état de fureur contre Freud, son premier analyste, suscite chez l'Homme aux loups, qui n'avait pas d'ascendance juive, un rêve où intervient une modification d'aspect dans le nez paternel. « Le nez étant toujours un symbole de l'organe génital, le changement survenu dans le nez du père et qui en fait un nez juif dénote la circoncision, la castration[33]. »

Abraham Brill

Soucieux de remédier à la pauvreté de la littérature psychanalytique sur l'odorat, Abraham Brill lui consacre, en 1932, un long article tendant à corroborer l'hypothèse émise par Freud quant au rôle d'un plaisir olfactif disparu depuis l'enfance dans la genèse des névroses. Derrière tous ces malades présentant une organisation prégénitale, qui se plaignent d'être gênés par des odeurs réelles ou imaginaires, émanant d'eux-mêmes ou extérieures, se cache toujours un « renifleur », très attaché à des gratifications olfactives et friand d'odeurs excrémentielles. Une grande sensibilité olfactive qui n'a pu être sublimée est inévitablement pathogène.

La peur obsédante de provoquer le dégoût par une haleine fétide constitue le symptôme prédominant d'individus ayant pris un plaisir précoce aux odeurs de leur mère. Exemple parfait, cet homosexuel, du type passif, capable de reconnaître les gens à leur odeur, utilisant bains et déodorants de bouche en grande quantité, fumant cigarette sur cigarette dans l'espoir de saturer son souffle de l'arôme du tabac, avait envers la vie une attitude qui était « typiquement celle d'un caractère anal[34] ». Un autre patient, obsédé par son haleine, dominé par son odorat, répandait sur sa partenaire des parfums très puissants afin de masquer tout effluve pouvant lui rappeler une mère qui toute sa vie avait souffert du nez et des sinus.

Les relents maternels peuvent même susciter des vocations professionnelles. Fils d'une mère obèse, affectée de bromidrose, ce fétichiste de la chaussure devint par la suite horticulteur. Respirer des effluves maternels morbides et nauséabonds conduit également aux métiers de parfumeur ou de fleuriste. Toutes ces occupations olfactives représentent le dernier lien à la mère, lien où le sens de l'odorat a joué un rôle primordial. On peut supposer, poursuit Brill, que ces patients s'efforcent de masquer ou de remplacer les exhalaisons fétides de leur mère par des parfums, des fleurs et des arômes mais qu'ils adhèrent encore à la mère odoriférante. La relation de l'odorat et de l'érotique anale se rencontre également dans les psychoses. Nombre de démences précoces révéleraient des flaireurs d'excréments.

Dans ce matériel clinique, présenté parfois de façon confuse et, de l'aveu même de Brill, trop succinct, c'est certainement le cas d'un aveugle de trente-deux ans, entièrement débordé par sa sexualité infantile, perverse et polymorphe, obsédé par l'idée de tuer quelqu'un pour jouir de son odeur, qui illustre le mieux les aberrations d'un sens olfactif insuffisamment refoulé. Suppléant aux déficiences de la vue, l'odorat extrêmement développé et sexualisé de ce patient avait régressé au niveau de celui des animaux et des primitifs. L'odeur des déjections mais aussi des fleurs, de l'herbe, des parfums stimulaient chez lui un appétit de cadavres.

Enfant déjà, échappant à la surveillance de sa famille, il partait à la recherche de fumier, de détritus, de souris et de rats morts. Il appliquait aussi son nez contre celui des petites filles pour humer leur souffle et expirer dans leurs narines. Son besoin de cadavres, en particulier féminins, qu'il pourrait étreindre et respirer tout à loisir, s'accrut avec le temps, car il n'était pas seulement coprophile mais aussi coprophage. Apitoyée par sa détresse, lorsqu'il lui avoua son obsession de relents de charogne, sa mère lui offrit le cadavre d'un poulet qu'il prit plaisir à mutiler afin d'accélérer le processus de putréfaction et obtenir la « bonne odeur ». « Partout où j'allais et quoi que je fasse, j'avais l'impression d'être accompagné par cette odeur insistante, ce qui à la fois me plaisait et me faisait craindre d'être découvert[35] » confia le patient à son analyste.

Les différents sens de ce malade, au lieu d'être soumis à la primauté de la génitalité et d'être normalement intégrés, grâce à une répression partielle, étaient demeurés à un niveau infantile et fonctionnaient de façon indépendante. L'odorat étant prédominant, sa libido trouvait ses plus grandes satisfactions dans des plaisirs olfactifs et gustatifs. Être enfermé dans le corps mort d'une femme ou d'un énorme animal, « se vautrer dans la charogne gluante », la goûter et la respirer, jusqu'à la fin de ses jours, tel était le vœu du nécrophage. Que ceux que ces fantasmes révoltent, rappelle

Brill, se souviennent que nos chasseurs préfèrent le gibier faisandé et que les parfums les plus chers comportent des composants de provenance peu agréable, comme l'ambre gris, le musc et la civette... « Il apparaîtrait ainsi, conclut-il, qu'il y ait une certaine ambivalence en ce qui concerne l'odorat[36]. »

Néanmoins l'accent est mis sur les rapports de la sexualité anale et de l'olfaction. Et s'il concède que son collègue américain Daly a parfaitement raison d'affirmer qu'il existe des odeurs de nature subtile, directement au service de la reproduction et qui doivent être différenciées des émanations excrémentielles, c'est pour ajouter aussitôt qu'aucune distinction n'est plus possible à présent.

Walter Bromberg, Paul Shilder, Otto Fenichel

Tous ces cas cliniques ne pouvaient que conforter l'association traditionnelle de l'odorat à une fixation psychosexuelle au niveau anal et aux tendances coprophiles. Même s'ils considèrent que l'une des fonctions de ce sens est de conduire à la satisfaction hétérosexuelle, Walter Bromberg et Paul Schilder, se fondant sur une observation portant sur quarante psychotiques, vont jusqu'à déclarer, en 1932, qu'il existe un rapport, voire même une équivalence, entre la sensibilité olfactive, l'analité et l'homosexualité. En 1945, Otto Fenichel énonce encore que les phénomènes de sexualité olfactive coïncident avec l'érotisme anal. Et il cite l'exemple d'une jeune femme « fixée sur un concept anal de la sexualité » et manifestant un violent penchant pour les parfums : « La crainte préalable d'exhaler une mauvaise odeur était à l'origine de ce symptôme. Elle craignait non seulement la découverte possible d'une ancienne pratique masturbatoire anale, mais aussi de montrer ses désirs sexuels, désirs colorés par une attitude sadique et castratrice, se manifestant par l'émission d'odeurs en direction des garçons[37]. »

Cette relation entre olfaction et analité apparaîtrait particulièrement bien chez les asthmatiques qui présentent en général toutes les caractéristiques d'une orientation sadique-anale considérable les poussant à développer un intérêt à sentir auquel succède un intérêt à respirer : « L'érotisme olfactif qui a été soumis au refoulement se ranime à chaque fois qu'il y a une régression vers l'érotisme anal et respiratoire[38]. »

Odorat et oralité

Durant les années cinquante, une certaine évolution apparaît dans les conceptions psychanalytiques de l'odorat. Après avoir noté que le refoulement olfactif est en général considéré comme une réaction contre l'érotisme anal, Paul Friedmann se propose de montrer les liens qu'entretient aussi ce sens avec la sphère orale grâce à un cas d'anorexie remarquable. Sa patiente, âgée de trente ans, très sensible et très douée, entièrement gouvernée par l'olfaction, présentait une profonde régression aux stades anal et oral. Tout en perdant du poids, elle mangeait, pour jouir de leurs parfums, quantité de gâteaux et sucreries. Ses séances d'analyse se passaient d'une façon étrange : au bout d'un moment, elle disait sentir une odeur très forte et cette sensation précédait nombre d'associations relatives à des scènes d'enfance. Ainsi le souvenir le plus marquant de la cruauté de son père était étroitement lié à des impressions olfactives imaginaires : « Regarde, lui avait-il conseillé, les mets délicats exposés dans les vitrines et fais comme s'ils étaient étalés sur ton pain sec. Je me souviens, dit-elle, que je n'avais plus vraiment besoin d'en remplir ma bouche après les avoir dévorés des yeux. Les fruits et les saucisses que je voyais dans les étalages me mettaient l'eau à la bouche et je pouvais m'imaginer sans effort les délicieux arômes qui stimulaient mon appétit[39]. »

Par la suite, sa fascination pour les odeurs fut telle qu'elle lisait et relisait Baudelaire, Huysmans, Zola, Proust, écrivains particulièrement sensibles à cet univers, et qu'elle commença à écrire une « Cantate des senteurs » décrivant leurs nuances infinies et leurs pouvoirs de réminiscence. Les cas pathologiques où l'on trouve une sensibilité olfactive si aiguë sont plutôt rares, note Friedmann, surtout lorsqu'elle s'accroît parallèlement à une sévère anorexie. Avec l'évolution de la maladie et l'interruption de l'analyse, l'hyperosmie s'estompa, cédant la place à une régression orale et primitive.

Odorat et identité sexuelle

Mais ce sont surtout les travaux d'Irving Bieber sur le rôle fondamental de l'odorat au stade œdipien de l'organisation sexuelle qui ont ouvert de nouvelles perspectives. Ce sens, affirme-t-il, en 1960, est la première modalité sensorielle dans le développement des réponses hétérosexuelles chez l'enfant. Trois ans plus tard, Michael Kalogerakis souligne encore l'extrême importance de l'olfaction dans l'évolution du complexe d'Œdipe et dans l'établissement de l'identité sexuelle. Se référant aux travaux du physiologiste français Jacques Le Magnen sur les phénomènes hormonaux liés à l'olfaction, il avance que les adultes émettent des odeurs sexuelles spécifiques en relation avec leur chimie individuelle. Dès l'âge de deux ans et demi, un enfant serait capable de percevoir ces substances odoriférantes qui entretiennent des liens avec les hormones sexuelles, en particulier celles provenant du coït, et de réagir, lorsqu'il entre dans la phase œdipienne, de façon positive au parent hétérosexuel et de manière négative à celui du même sexe. Ces réponses olfactives ajouteraient un composant physiologique aux différences anatomiques existantes et « forment un substrat biologique de base au développement de son identité sexuelle et à ses relations aux adultes de chaque sexe [40] ».

À la même époque, Jean Rosenbaum se propose de montrer l'importance de l'olfaction dans le transfert. Les vécus olfactifs que l'on rencontre dans le matériel transférentiel œdipien peuvent s'exprimer de façon active ou passive (sentir ou être senti) et présenter des aspects génitaux. L'acuité olfactive de certains patients, en relation avec des conflits et des impulsions concernant la génitalité, peut augmenter, diminuer, apparaître ou disparaître au cours du traitement.

Ainsi, le vol d'un flacon de parfum coïncida, chez une femme de trente-neuf ans qui se plaignait de mener une vie terne et frustrante, avec la remémoration d'une ancienne et intense envie de posséder, comme son jeune frère, un pénis. Après s'être parfumée jusqu'au moindre repli pour cacher son odeur naturelle, dénier son « statut castré » et se rendre attirante, elle déclara : « Aucun homme ne peut supporter l'odeur des femmes » ; « elles sont pourries à l'intérieur[41] ».

Dans les mois qui suivirent l'apparition de ce matériel, un progrès intervint dans la cure : elle connut ses premières sensations vaginales, abandonna l'identification pathologique à sa mère ainsi que son ancienne collection de vêtements noirs et blancs, commença à prendre en charge ses « intérêts génitaux » (ce qui se traduisit par l'achat d'une robe portant un dessin de rose, allusion non voilée au nom du thérapeute), rêva de mariage et de roses et planta son premier rosier. Ce qui lui procurait une émotion sensuelle, prétendait-elle, ce n'étaient pas les jeunes et belles roses sans arôme mais ces vieilles roses un peu flétries et fatiguées si odorantes. Peu de temps après, ses penchants libidinaux à l'égard de son père apparurent au grand jour, ouvrant la voie à de nouveaux hommes dans sa vie.

Pour cet homme de trente-six ans qui souffrait d'anxiété intense et présentait des traits phobiques et obsessionnels, se faire sentir représentait une expression olfactive passive du transfert œdipien. Il disait aimer son odeur, ne portait jamais de déodorants, flairait ses aisselles et reniflait ses ongles après s'être gratté le cuir chevelu. À une certaine période de son analyse, où aérer le cabinet du thérapeute était devenu de plus en plus difficile, il se mit à prendre des bains et à utiliser toutes sortes de produits parfumés avant de venir à sa séance. Cette débauche d'émanations constituait une expression transférentielle de ses penchants sexuels passifs envers son père, déclare Rosenbaum. L'apparition d'expériences olfactives, durant la cure, marqua le début d'épisodes régressifs.

En raison de sa forme active et passive, l'odorat ne doit pas, selon lui, être uniquement mis en relation, comme on le croyait auparavant, avec des expériences actives se rapportant à la sexualité anale. Les vécus olfactifs concernent tous les niveaux du développement psychosexuel et peuvent servir à exprimer le matériel particulier du conflit. Le même sens est utilisé « pour sentir la mère, son lait, la nourriture qu'elle prépare, les fèces et l'urine, dépréciés par les parents ». Il intervient aussi dans les activités masturbatoires et homosexuelles et « si la génitalité est établie... dans les jeux amoureux avec l'objet hétérosexuel[42] ».

Phéromones et schizophrénie

La découverte, dans les années soixante, du rôle éminent des phéromones dans la communication animale[43] fait naître de nouvelles interrogations.

Partant de l'hypothèse que l'Homme émet et reçoit de façon inconsciente des phéromones, Harry Wiener se demande, en 1966, s'il existe un lien entre la schizophrénie et une communication phéromonale exceptionnelle. Déjà très sensibles aux odeurs (ils sentent tout, parlent de leurs perceptions olfactives, aiment beaucoup les parfums), certains enfants schizophrènes seraient réceptifs aux phéromones et auraient le pouvoir de réagir à quantité d'exhalaisons habituellement imperceptibles. Outre cette hypersensibilité olfactive qui surprend aussi Bruno Bettelheim, ces malades posséderaient une autre particularité concernant cette fois-ci leur propre odeur. Cheveux gras et transpiration abondante dégageraient des effluves fétides ayant déjà guidé certains psychiatres dans leur diagnostic[44].

Au XIXe siècle déjà, les osphrésiologues, appliqués au classement détaillé de toutes les émanations pathologiques, s'étaient intéressés à « l'odeur de la folie » qui évoquait la bête fauve, parfois même la souris. Mieux équipés que leurs prédécesseurs qui n'avaient que leur nez pour tout instrument scientifique, Kathleen Smith et Jacob Sines mirent au point, en 1960, un protocole d'expérimentation très sophistiqué pour démontrer que « l'odeur étrange et déplaisante[45] » qui envahit certaines salles des hôpitaux psychiatriques peut se trouver sur la peau de certains schizophrènes. Les résultats indiquèrent que les rats de laboratoire, animaux très olfactifs, sont capables de distinguer, à un taux de concentration de 0,0001, la sueur de schizophrènes de celle d'individus qui ne le sont pas, alors que les expérimentateurs humains discriminent les mêmes échantillons au taux de 0,005. Wiener émit même l'hypothèse que dans cette odeur très particulière, abolie par les tranquillisants, résidait une partie du secret de l'hyperosmie schizophrénique. D'autres psychiatres comme Bradley concluront à la nécessité d'une exploration du rôle de l'odorat dans la communication humaine normale et anormale et, en particulier, à la possible implication des phéromones dans la schizophrénie.

Hallucinations olfactives

Connues dès l'Antiquité et ayant fait au XIXe siècle l'objet de quelques contributions importantes, les hallucinations olfactives focalisent aussi les inquiétudes médicales. En 1965, Habeck présente quatre cas de patients souffrant de délire hypocondriaque et se plaignant de répandre toutes sortes d'effluves nauséabonds. La certitude d'incommoder leur entourage par leurs odeurs d'alcool, d'amoniaque, de vieux fromage, de pieds, d'urine ou d'excréments s'accompagne d'une impression de transformation corporelle les conduisant à se replier sur eux-mêmes, voire même, pour l'un d'entre-eux, à se suicider. La même année et la suivante, Popella et Greger, Kimura, Mott, Di Maio, Videbecht, Kateryniuk, publient également leur matériel clinique sur ce sujet. En 1967, Klages et ses collaborateurs soulignent le pourcentage élevé de sensations olfactives hallucinatoires chez les schizophrènes, leur caractère invariablement désagréable et les affects toujours pénibles qui les accompagnent. Il faudrait montrer, estiment-ils, toute l'importance de l'odorat en psychologie et en psychopathologie[46].

L'apport de la phénoménologie : Hubertus Tellenbach

C'est précisément ce que parvient à faire l'année suivante Hubertus Tellenbach. À la croisée de la philosophie, de la phénoménologie et de la psychiatrie, il renouvelle véritablement les représentations des troubles de l'olfaction en les repensant en dehors des notions freudiennes de refoulement, d'organisation prégénitale, de fixation libidinale et d'insuffisance de maturité affective. En rappelant la primauté du flair dans le diagnostic, il renoue aussi avec toute une tradition qui s'insurge contre le dédain dans lequel est tenu l'odorat et qui, de Denys l'Aréopagite à Jean Nogué, affirme sa valeur cognitive. Instrument d'une connaissance subtile, il doit permettre au thérapeute formé à l'école des Anciens de flairer les altérations de la présence à soi et au monde. À l'encontre des idées reçues, il montre aussi que ce sens, loin d'être tombé en désuétude, continue de jouer un rôle primordial dans la vie quotidienne. À l'opposé de Kant qui traitait l'odorat et le goût de facultés inférieures parce que trop proches du corps et donc incapables de penser, Tellenbach considère qu'ils jouent un rôle tout à fait essentiel dans la rencontre avec l'autre et la fréquentation de la réalité.

Ces deux sens de l'affect et du contact, qu'en raison de leur complémentarité il réunit et désigne sous le terme de « sens oral », sont, selon lui, indispensables à la saisie de données extrêmement fines, prérationnelles, celles de l'indicible qui se dégage d'un être, d'une chose, d'un lieu, d'une situation. L'odorat, comme le goût, en établissant un rapport fusionnel avec le monde, livrent non seulement les substances mais aussi les ambiances, les climats, les vécus existentiels. Bref, tout ce qui relève de « l'atmosphérique » De par ses liens avec la respiration, le pneuma et l'air, l'odorat a une vocation toute particulière au « flair d'atmosphère », d'où son évident intérêt pour la clinique. Le médecin expérimenté doit pouvoir percevoir dans ce qui émane du malade l'altération d'ensemble de la forme du *Dasein*. Et de rappeler à ce propos que le psychiatre Rumke « avoue qu'il se laisse amener à diagnostiquer une schizophrénie authentique par le vécu précoce... surgissant chez l'enquêteur ». Ce qu'il nomme ainsi, précise Tellenbach, « se dégage d'un flair spécifiquement atmosphérique de certains schizophrènes[47] ».

Cette compréhension instinctive, intuitive et prélinguistique (l'odorat est un sens sans langage) qu'autorise le « flairement » n'est pas sans évoquer l'invitation de Nietzsche aux psychologues : préférer le « flair » à la raison, revalorisation qui aboutissait déjà à affirmer le primat d'une métaolfaction, prompte à sonder les âmes et les cœurs.

Chez Tellenbach également, l'odorat prend toute sa valeur dans une métasensorialité habile à flairer les mondes et leurs fléchissements. Il interprète la crise d'Aliocha dans *Les Frères Karamazov* comme particulièrement révélatrice des évolutions critiques qu'une modification atmosphérique peut induire. Lorsque, au lieu du parfum de sainteté espéré, une odeur de putréfaction se dégage du cadavre de Zosime, c'est l'odeur du doute et de la haine qui envahit les croyants. À l'atmosphère de pureté et de fraîcheur, de confiance et d'idéal, qui émanait du *staretz* de son vivant, succède une pestilence qui jette le héros de Dostoïevski dans un désarroi et un trouble spirituel profonds.

Si le « grand livre de l'humain » est convoqué dans *Goût et Atmosphère*, c'est pour insister sur l'intérêt des vécus olfactifs et gustatifs dans l'appréhension des altérations du rapport à soi et au monde. Ainsi, lorsqu'un affaiblissement du goût et de l'odorat, voire même la perte complète de ce sens, adviennent dans la mélancolie, cette déficience dynamique de l'aperception sensorielle se rattache au syndrome de dépersonnalisation. Dans d'autres formes plus sévères de la maladie, des illusions olfactives peuvent survenir. La plainte porte alors sur d'immondes effluves montant des profondeurs du corps. L'existence est alors traversée et dominée par les catégories de la faute et du corrompu. « Avec la perception du relent de la pourriture et de la dépravation propres est immédiatement donnée l'ambiance de l'écœurement. Le mélancolique a la nausée devant soi-même, mais doit pourtant, sous la contrainte même d'une amputation à soi accrue, ex-sister ce soi-même[48]. »

Dans les illusions olfactives phobiques, le malade, également captif de son émanation nauséabonde, ne peut plus « se sentir » et s'exclut de toute communication. La fétidité et la pollution supposées symboliseraient une vie privée de possibilités de purification, dépouillée de sa direction d'avenir. De tels délires seraient d'une actualité particulière au Japon où ils supplanteraient les névroses de contact. « Mystérieux changement, s'interroge Tellenbach, dans l'expression de la honte[49] ? »

Dans les psychoses paranoïdes de l'odeur propre, caractérisées par la perception illusoire d'exhalaisons putrides provenant de la surface du corps, l'odieux dont l'odeur est porteuse modifie aussi de fond en comble la relation à la réalité. Les patients de nature sensible, pudique et réservée vivent dans l'humiliation... « Touchés jusqu'au tréfonds du rayonnement odorant supposé de leur corps[50] », torturés par la conscience impuissante de s'imposer à leur entourage, ils considèrent, résignés, leur mal sentir comme un lourd fardeau, « un embarras poussé jusqu'à l'horreur », un châtiment. Dans un environnement où s'accroît la tendance à la désodorisation, le paranoïaque olfactif, piégé par son aura odorante, craint toujours d'être pris en flagrant délit d'odeur corporelle. S'expérimentant comme objet de dégoût, il croit entendre rire de son odeur, voir froncer le nez sur son passage. « L'olfaction est ici à l'unisson de la cote que le monde environnant attribue aux malades : hauteur, rejet, mépris, discrimination[51]. »

À la différence des effluves naturels et homogènes des mélancoliques et paranoïaques, les émanations dont se plaignent les schizophrènes sont beaucoup plus complexes et étranges, dépassant même souvent l'expérience. Cette employée de banque, âgée de trente-huit ans, présentant de singulières perturbations corporelles, déclarait exhaler des relents bizarres. Son haleine avait communiqué au sous-main une odeur de vieux harnais. Sa peau sentait le serpent. Plusieurs lavages journaliers ne parvenaient pas à atténuer l'exhalaison écœurante, impossible à décrire mais qui « semblait avoir une connotation sexuelle ». Elle s'échappait de ses bras, de ses mains, faisait tourner la pâtisserie, rendait nerveux ses interlocuteurs. « Tout le monde l'évitait, elle ne pouvait plus aller nulle part. Le chef sentait ce qu'elle pensait. Les odeurs qu'elle émettait avaient un rythme ; elle ne comprenait pas ce que c'était, mais ne voulait pas jouer les sottes. Je rends tout le monde fou par ma présence, gémissait-elle... Personne ne peut plus me sentir ; moi non plus[52]. »

Pour Tellenbach, l'ampleur de la perte de la liberté, de l'aliénation du soi, s'exprime dramatiquement dans cette destruction de l'atmosphérique, dans cet « effondrement de l'atmosphère propre au sens d'une sphère protectrice dont la disparition livre sans merci l'intériorité à une prise étrangère[53] ». La préhistoire de la malade montre, en effet, l'absence d'une chaude vie familiale qui permet à l'enfant de se constituer à son tour un nimbe protecteur garantissant l'évolution vers l'autonomie. Et Tellenbach de rappeller l'importance, pour le nouveau-né, de l'aura odorante de la mère qui le rassure et l'apaise. Privé de ce sûr abri maternel, il est comme mis à nu et se trouve exposé à de graves troubles relationnels, pouvant aboutir au marasme et à la mort.

Les vécus oro-olfactifs des schizophrènes, affirme-t-il, montrent l'atmosphère de l'effrayant. Victimes sans défense d'un monde continuellement hostile qui traque ses proies dans le moindre recoin de l'espace corporel interne, les malades ne sont plus seulement la source d'odeurs intolérables, ils en sont aussi traversés, submergés. Le diable, prétend cette femme, enfonce la nuit des animaux morts et malodorants dans son nez et sa gorge. Le matin, elle se réveille avec un goût de fumier. Depuis une semaine, un enfant n'arrête pas de remplir un tuyau à purin placé dans sa bouche. Elle croit « qu'elle peut perdre la raison par le tuyau qui serpente[54] ».

En dépit de la publication d'autres travaux provenant de psychiatres, de neurologues et de biologistes[55], le plaidoyer de Tellenbach en faveur de l'exploration de ce sens, sa conviction qu'il nous révèle une « vérité » dans la rencontre et la fréquentation de la réalité, ne paraissent pas avoir incité les psychanalystes à s'intéresser davantage à l'olfaction. Lacan n'avait-il pas déclaré, quelques années auparavant : « La régression organique chez l'homme de son odorat est pour beaucoup dans son accès à la dimension de l'autre[56] » ?

Cette faculté primitive, trop proche de la bête, reste un obstacle à la socialisation.

Un sens mal aimé

Françoise Dolto exprime cette idée dans l'interview accordée, en 1976, à la revue *Sorcières* : « Je pense que pour les humains l'odeur touche trop l'animalité de l'humain, c'est pour ça qu'ils s'en défendent. Et puis c'est trop archaïque. C'est peut-être aussi à cause de ce drame pour tous les humains, au moment de l'investissement des excréments[57]. »

Ce drame résiderait dans l'interdiction faite au bébé, parvenu à une certaine motricité, de manipuler ses fèces, de leur accorder tout intérêt. Il y a là comme un paradoxe, « un carambolage de l'échelle des valeurs qui fait se retourner quelque chose chez l'enfant dans sa complicité interpsychique avec la mère. C'est tout d'un coup comme s'il lui était interdit à cause de cet objet partiel, et à son propos, de continuer à s'identifier comme auparavant à la mère. Il lui faut introjecter un langage et une éthique qui dénie valeur à quelque chose de son être vivant qui jusque-là était narcissisant[58] ».

Ce qu'il y a encore d'archaïque dans l'odorat, relève la psychanalyste après Groddeck, c'est l'inceste. Ce patient qui avait l'air tout à fait normal, se plaignant d'une solitude dont il n'était pas sûr de vouloir sortir parce qu'il désirait rester dans son odeur et qui lui avait confié : « Vous comprenez, mes odeurs de pet pour moi, c'est merveilleux, c'est le bonheur[59] », conservait la complicité ancienne des plaisirs liés à la défécation dans l'odeur de l'inceste. « Il était avec sa mère qui allait venir, qui était là. »

De même, les enfants qui ont eu une mère angoissée recherchent aussi cette fusion dans l'odeur d'angoisse, langage maternel dont ils ne peuvent se débarrasser parce qu'il n'a pas de mots. Ce qui induit la réflexion suivante : « Je me demande si le narcissisme angoissé nécessaire, qu'on pourrait appeler une névrose de type masochique, ça ne serait pas pour rester dans une langue olfactive maternelle, une relation humaine première à une mère qui était angoissée à l'époque où dans la relation interpsychique il y avait une très grande intensité[60]. »

La désodorisation corporelle dans les sociétés industrielles atteste d'ailleurs du caractère primitif de l'olfaction : « Pour que l'odeur de tout homme et de toute femme ne provoque pas chez l'autre une tentation de coït que leur personne (sujet de langage) ne désire pas ; pour que ces troupeaux d'humains dans les transports en commun ne soient pas soumis à une érotisation où le corps seul serait engagé, sans le cœur et l'esprit[61] », le déodorant, instrument d'un processus d'« humanisation à bon marché », aurait été inventé. Mais en dépit des efforts faits pour contrôler l'odorat, celui-ci continue de jouer un rôle primordial dans la sexualité. « Dans beaucoup de mésententes de couples, ce sont des histoires de nez, des histoires d'odeur[62]. »

Et Françoise Dolto de citer cette vieille dame, mariée à un musicien, cultivé et drôle, dont elle n'aimait pas l'odeur : « Mais pourquoi est-ce qu'on ne dit pas aux gens : d'abord sachez si vos odeurs s'accordent ? »

Si ultérieurement cette grande clinicienne a réaffirmé « l'extraordinaire importance de l'olfaction chez l'enfant[63] », on peut néanmoins regretter qu'à une époque où étaient déjà publiées certaines expériences sur la sensibilité olfactive infantile, elle n'ait pas développé davantage encore ses observations sur le rôle de l'odorat dans la relation mère-enfant. Elle-même reconnaissait avoir insuffisamment étudié le stade anal, moment paradoxal qui lui semble particulièrement important. Un réflexe défensif à l'égard d'une faculté trop « archaïque » n'aurait-il pas joué aussi pour elle ? En déclarant : « Le corps, c'est l'objet. Le sujet, c'est le psychisme[64] » et en associant constamment l'olfactif à l'animalité, elle rejoint ces convictions philosophiques dualistes, idéalistes et intellectualistes, qui établissent une hiérarchie entre le corps et l'esprit et qui considèrent l'odorat, trop corporel, comme une modalité sensorielle inférieure, donc négligeable. Même si Françoise Dolto considère que l'enfant ne doit pas être précocement privé de cette communication olfactive « animale » avec sa mère, elle aboutit au constat : « La culture, c'est la parole. Ce n'est évidemment pas l'olfaction[65]. »

Dans cette perspective, la « nécessité culturelle du refoulement pour arriver au langage[66] », évoqué dans son interview, semble s'imposer particulièrement pour ce sens, « animal », sans langage, qui, comme le remarquait déjà Herbert Marcuse, unit et sépare « les individus de façon immédiate, en dehors des formes généralisées et conventionnalisées de la conscience, de la morale, de l'esthétique[67] ».

Tout en reprenant les thèses de Freud, ce philosophe et sociologue avait tenté un compromis en introduisant une distinction supplémentaire dans l'analyse de la répression de l'odorat. Celui-ci est victime d'un double refoulement. L'un, primaire, fondamental et nécessaire aux fins légitimes de la civilisation, porte sur les composantes instinctuelles coprophiles ; l'autre, secondaire et inutile, concerne les plaisirs olfactifs et sert les intérêts de la domination sociale. L'olfaction, mais aussi le goût, sont plus réprimés que les autres sens parce qu'ils font obstacle, par les jouissances physiques intenses qu'ils dispensent, à l'enrégimentement des individus et à leur exploitation : « L'odorat et le goût procurent un plaisir pour ainsi dire non sublimé, en soi (et un goût non refoulé)... Le plaisir né des sens de proximité agit sur les zones érogènes du corps et ne le fait qu'au bénéfice du plaisir. Leur développement non refoulé érotiserait l'organisme à un point tel qu'il s'opposerait à sa désexualisation rendue nécessaire par son utilisation sociale comme instrument de travail aliéné. »

Sens subversif menaçant à la fois l'endiguement des pulsions partielles et les impératifs d'une organisation sociale spécifique, l'odorat fournit « un bon exemple des relations réciproques entre répression primaire et sur-répression ». C'est cette dernière qui contraindrait inutilement les individus sans concourir utilement aux buts civilisateurs. S'opposant au pessimisme de Freud qui considère la répression comme l'essence même de la civilisation, Marcuse tente de penser une civilisation moins coercitive grâce à l'abolition de la sur-répression. La suppression du refoulement supplémentaire de l'odorat participerait, par conséquent, à ce mouvement de libération. Il omet néanmoins d'indiquer comment elle pourrait s'effectuer sans mettre en danger le refoulement primaire de l'olfaction qui aurait permis l'évolution de l'espèce humaine.

Ouvertures

Depuis une dizaine d'années, néanmoins, conjointement au développement des recherches scientifiques sur l'odorat et à la parution de certains travaux sur son histoire, mettant en évidence le refoulement social dont il a été progressivement l'objet, la chape d'interdits qui pesait sur la recherche olfactive dans la psychanalyse semble se lever. Certains psychanalystes commencent à dénoncer l'oubli dans lequel est tenu ce sens et cherchent à montrer toute son importance dans la théorie et la cure. Paul-Laurent Assoun repère le « modèle olfactif » exposé à Fliess et dont le fondateur de la psychanalyse se sert encore de façon implicite, presque vingt ans plus tard, pour définir le refoulement : « C'est par l'odorat même que l'inconscient a commencé à se représenter à la pratique analytique, comme s'il avait valeur constituante, ou à tout le moins analogique. Au reste, cette thématique n'a-t-elle jamais complètement disparu de l'arrière-plan de la métapsychologie freudienne, c'est-dire du centre théorique et conceptuel de la psychanalyse[68] ? »

Ce que l'original oto-rhino-laryngologiste n'avait fait que subodorer, Freud le fait fructifier en abordant de façon différente la relation entre olfaction et sexualité : « C'est en quelque sorte en flairant, dès l'origine, les traces du symptôme » qu'il va « rencontrer ce qui, dans ce symptôme, peut faire métaphore au désir refoulé, et ce, électivement[69]. »

Cette « vocation de l'odorat de faire ainsi vecteur au rapport du sujet à l'objet de son désir[70] » est soulignée par Paul-Laurent Assoun qui encourage les psychanalystes à prendre en compte la question olfactive : « Ce n'est pas que l'un des cinq sens, ce pourrait être *la* voie privilégiée par laquelle l'inconscient fait trace, dans le corps, de cette "chose sexuelle" que la psychanalyse postule et manie à la fois dans sa pratique propre. »

Mais chez lui comme chez Nietzsche et Tellenbach, la revalorisation de l'olfaction prend une forme métaphorique. Comme il le formule dans sa relecture du cas de Lucy R. : « On voit que ce n'est pas la faculté d'odorat qui est ici en cause, mais bien plutôt cette métaphorisation, par l'odorat même, du rapport à l'objet du désir[71]. »

Didier Anzieu fait également l'expérience du manque d'attention portée à l'olfaction. Observant tout l'intérêt des signaux olfactifs dans l'analyse, il regrette que sa formation et ses lectures psychanalytiques ne lui aient, « à l'exception de la notion de cavité primitive bucco-nasale » décrite, par René Spitz, chez le nourrisson, « rien appris sur les formes olfactives du transfert[72] ». Son patient, qu'il surnomme Gethsémani, en référence au Jardin des Oliviers où Jésus eut des sueurs de sang, transpire abondamment et empeste. Envahi et paralysé par une odeur d'autant plus désagréable qu'il s'y mêle un parfum d'eau de toilette, probablement utilisé pour masquer les effets d'une transpiration surabondante, le psychanalyste ne sait que penser de cette manifestation sensorielle particulièrement vive. Il oppose tout d'abord une première résistance contre-transférentielle à ce matériel non verbalisé bien que « le plus présent dans les séances », qu'il considère dépourvu de « valeur apparente de communication » et ne relevant pas de la psychanalyse. Anzieu néglige donc de l'interpréter, la cure piétine, l'ennui le gagne et Gethsémani, tout en continuant d'extérioriser uniquement des sentiments agressifs, sent de plus en plus fort.

L'intervention d'une patiente qui proteste un jour contre l'atmosphère empoisonnée de la pièce le sort de sa léthargie et lui fait prendre conscience qu'il était sur le point de ne plus pouvoir sentir Gethsémani, « dans tous les sens du terme ». « Ne serait-ce pas la névrose de transfert qui à la fois se cachait et s'exprimait par ces émissions malodorantes, sournoisement agressives à mon égard ? », s'interroge-t-il, à nouveau attentif. Mais comment parler à ce nauséabond de ses émanations sans être agressif ou vexant ? Aucune théorie psychanalytique ne lui permettant de répondre à cette question, le psychanalyste risque une « interprétation intermédiaire de portée assez générale[73] » centrée sur le sensoriel et qui a pour effet, au bout de plusieurs séances, de provoquer le rappel du passé ayant trait à l'odeur.

Né douloureusement, la peau arrachée sur plusieurs endroits et ensanglantée, Gethsémani serait resté en vie grâce à une marraine malpropre qui le garda contre elle dans son lit. La recherche d'un contact fusionnel avec cette peau fétide et salvatrice le poussa, par la suite, à aller respirer clandestinement les dessous fortement odorants de sa protectrice, entassés plusieurs semaines avant d'être lavés, « opération qui lui apportait le sentiment narcissiquement rassurant d'être préservé de tout, même de la mort ». Sa mère, en revanche, très soignée, faisait un grand usage d'eau de Cologne. « Ainsi, remarque Didier Anzieu, les deux odeurs contradictoires dont il envahissait mon cabinet figuraient la tentative fantasmatique de réunir sur lui la peau de sa marraine et celle de sa mère. N'avait-il donc pas une peau à lui ? »

Le psychanalyste décèle alors chez ce malade l'existence d'un « Moi-peau olfactif », s'étayant sur le fantasme d'un épiderme commun au petit garçon et à sa bienfaitrice et qui continue à le protéger de la mort. Cette enveloppe olfactive « accomplit une totalisation indifférenciée de la peau et des zones érogènes. Elle réunit également des caractéristiques pulsionnelles opposées : le contact avec le corps de sa marraine est d'une part narcissiquement rassurant et libidinalement attirant, d'autre part dominateur, envahissant et irritant[74] ».

Cette enveloppe d'odeurs est floue, vague et poreuse, « percée d'une multitude de trous, correspondant aux pores de la peau et qui sont dépourvus de sphincters contrôlables... il s'agit là d'un Moi-peau passoire ». Par cette soupape d'échappement corporel automatique, Gethsémani pouvait donc « suer », en toute tranquillité son agressivité, son Moi corporel et son Moi psychique restant clivés. Ainsi, note Didier Anzieu, « l'émission des mauvaises odeurs pendant les séances avait un caractère directement agressif, et aussi séducteur, sans aucune transformation symbolique : il me provoquait, me sollicitait, me souillait. Mais comme c'était "involontaire", cela lui épargnait, d'une part, un effort de pensée, d'autre part, des sentiments trop vifs de culpabilité. »

C'est en prenant conscience de son agressivité au lieu de l'évacuer, de façon inconsciente et sans avoir à en souffrir, par sa transpiration, qu'un progrès important intervint dans la cure et que Gethsémani commença à sentir de moins en moins souvent mauvais.

Trois résistances auraient été à l'œuvre dans le contre-transfert du psychanalyste. La première provenait de sa sensibilité olfactive émoussée par des interventions médicales dans le nez durant l'enfance, et de ce fait, désinvestie. La seconde, épistémologique, était liée à « l'absence d'une théorie psychanalytique de l'univers olfactif[75] » qui aurait pu l'aider. La troisième consistait dans le refus inconscient d'être mis à la place d'une campagnarde abusive, crasseuse et symbiotique. En m'envahissant de son odeur, Gethsémani, dit-il, « m'enveloppait du même fumet de séduction sexuelle que celui qu'il attribuait aux linges de sa marraine et qu'il émettait en la rejoignant dans son lit. Je compris qu'on en a jamais fini avec le contre-transfert et qu'en me fermant les yeux et l'intelligence à ce signal sensoriel trop concret, je résistais à laisser pénétrer dans ma conscience la représentation — qui me répugnait — d'un adolescent cherchant à s'accoler à moi dans un bain d'odeurs douteuses et à me faire prendre le rôle d'une vieille fille lubrique[76] ».

C'est grâce à l'élaboration d'un concept psychanalytique qui lui faisait défaut : ce « Moi-peau olfactif », enveloppe poreuse, envahissante, ambivalente et sécrétoire, qu'Anzieu pense avoir trouvé une réponse à son problème contre-transférentiel. Cette importance de l'odorat et des odeurs dont il a fait l'expérience dans la cure le pousse même à risquer, en note, une hypothèse riche de potentialités et qui rejoint certaines intuitions de Ferenczi : « Il se peut que l'intuition et l'empathie du psychanalyste reposent notamment sur une base olfactive, difficile à étudier[77]. »

Gisèle Harrus-Révidi souligne encore, en 1987, la totale négation de l'odorat dans l'analyse alors même que ce sens joue inconsciemment le rôle le plus fondamental dans la communication humaine. Se référant au psychanalyste anglais Donald Winnicott, elle considère toute odeur entrant dans cette « aire intermédiaire d'illusion » qu'est l'espace analytique comme un « objet transitionnel » qu'il faut savoir interpréter : « Dans les comptes rendus de séances on parle peu des gargouillis, hoquets ou bruits corporels émanant du corps du patient (taisons pieusement ceux de l'analyste !), tout ce par quoi celui-ci se présente doté d'un corps. Le patient peut tendre à alimenter l'espace transitionnel d'odeurs qui lui sont propres justement en vue de se l'approprier. La « régression » peut l'amener à tenter de ressusciter l'aura odorante, fondée sur les fèces, de sa relation à sa mère[78]. »

Les effluves de l'analyste importent d'ailleurs autant que ceux des analysants. Ses odeurs, de même que celles de son appartement, de la nourriture qui y est préparée, des fleurs qu'il achète, peuvent entrer en jeu dans le transfert. Ainsi, cette Suissesse de vingt-deux ans qui n'avait jamais connu d'autre produit cosmétique que l'eau et le savon, les parfums étant interdits dans sa famille, lui confia un jour timidement qu'elle aimait sentir son parfum. À la recherche d'un meilleur modèle féminin que celui de sa mère, peu soucieuse de son apparence physique, la jeune fille acheta par la suite un flacon d'eau de toilette. C'est dans cet objet transitionnel odoriférant que, privée dans l'enfance d'un contact maternel apaisant, elle aurait cherché « l'odeur de la mère imaginaire[79] ». Quatre cas de malades irrespirables permettent de montrer la valeur de l'odeur dans le transfert. Dénonçant l'anosmie intégrale de l'analyste et le danger de réduction qu'une stricte orthodoxie à la pensée freudienne fait encourir à l'olfaction, en la renvoyant exclusivement à l'analité, Gisèle Harrus-Révidi affirme avec force : « La défense de la psychanalyse contre l'odorat et tout ce qui y est afférent est totale : tout se passe comme s'il gisait là une telle archaïcité, un primitif si peu élaboré, qu'il serait inabordable, et peut-être intranscriptible dans le domaine du langage. La sublimation défensive de la recherche scientifique en psychanalyse n'a que faire de ces miasmes et de ces scories odoriférants issus du cerveau rhinencéphalique et les élimine en les qualifiant de reliquat anal inavouable[80]. »

On aurait pu s'attendre à ce que les psychanalystes, si attentifs à la sexualité de leurs patients, se soient intéressés aussi de très près à un sens qui lui est intimement lié. Ce n'est pourtant pas le cas et cette situation s'explique, à mon avis, par la raison suivante : l'histoire de l'odorat dans la psychanalyse porte le sceau originaire du refoulement. Apparue à une époque où le souci d'hygiène et de désodorisation s'est accru et où les discours savants sur ce sens sont essentiellement dévalorisants, la thématique olfactive freudienne s'est développée dans le cadre de cette relation transférentielle avec Fliess où le nez, souvent purulent, et le refoulement de doutes liés à certains vécus olfactifs jouent un grand rôle. La conception de Freud est aussi en accord avec une représentation de l'olfaction, courante en cette fin de siècle, héritée de Buffon et de Darwin mais aussi de Kant, qui considérait ce sens asocial comme à la fois « le plus ingrat » et « le plus indispensable ». J'ai retrouvé chez Freud la même ambivalence. L'olfaction est une faculté animale, archaïque, mais nécessaire à la conservation car elle plonge aux racines mêmes de la vie. Les liens étroits qu'elle entretient avec l'appétit, le désir et la sexualité tout entière la destinent à être refoulée car flairer assimile à la bête.

Essentiellement étudié, par les premiers héritiers de Freud, en relation avec la sexualité anale, l'odorat a progressivement été mis en relation avec tous les stades de la libido. Il n'en demeurait pas moins entaché de références négatives. L'idée d'un sens décadent mais surtout l'association de l'odorat à l'animalité et à l'érotisme anal semblent avoir été décourageantes. Les quelques psychanalystes préoccupés de cette modalité sensorielle ont souvent été frappés par la pauvreté de la documentation psychanalytique dans ce domaine. Les travaux sur les phéromones et les hallucinations olfactives, les efforts de Tellenbach pour revaloriser ce sens des affects, ouvert sur le monde, mettre en évidence sa valeur cognitive et son rôle dans la vie quotidienne, n'ont suscité que peu d'écho. Fusionnelle et sans langage, l'olfaction continuait à ne jouer qu'un piètre rôle sur la scène psychanalytique malgré le développement d'expériences montrant son importance fondamentale dans la relation mère-enfant. Cependant, parallèlement à l'essor remarquable de recherches sur l'odorat provenant de disciplines très diverses, la mise à l'écart dont il est victime tend à s'atténuer.

Publiés l'un et l'autre en 1985, le *Journal clinique* de Ferenczi mettant en évidence toute l'importance de l'odeur dans la maladie mentale, le transfert et le contre-transfert ainsi que le travail de Didier Anzieu sur le Moi-peau olfactif continuent à faire des émules. En 1989, Pearl Lombard rapportait le cas d'une autre cure placée sous le signe de l'odorat : l'analyste portait le même parfum que le père de sa cliente. Le héros inodore du roman de Patrick Süskind, *Le Parfum*, a inspiré, en 1987, à Sylvie Faure une réflexion sur le manque et l'érotisme olfactif. Plus récemment, René Roussillon s'est interrogé sur le concept d'« irreprésentable » à partir de l'exemple clinique d'un patient essayant en vain de retrouver le souvenir d'une odeur d'enfance. Étudiant le fétichisme chez Freud, Paul-Laurent Assoun de même qu'Henri Rey-Flaud ont mis en évidence le rôle important qu'y a tenu l'odorat[81]. Ce sont les appendices nasaux endommagés d'Emma Eckstein et de l'Homme aux loups qui ont suscité chez Jay Geller une réflexion sur le fétichisme, la castration et l'identité sexuelle masculine juive. Les lettres de Freud à Fliess, « telles une cicatrice couvrant le nez excisé d'Eckstein[82] », lui apparaissent constituer l'élaboration d'une logique fétichiste. La façon dont Freud a pensé le fétichisme serait indissociable de la notion de circoncision et de représentations culturelles concernant l'inscription corporelle d'une différence judaïque. Significatif aussi de cette importance accordée au nez en tant que substitut du phallus, le fait que ce soit précisément cette partie du visage qui, dans l'essai final de 1927, tienne la place du fétiche. Se référant à Sander Gilman, Geller déclare même que le nez juif « représente ce signe caché de la différence sexuelle des Juifs, le pénis circoncis[83] ».

Ainsi, même si Boris Cyrulnik relève encore, en 1991, le tabou qui entoure l'olfaction et le fait que son étude, sans être « vraiment interdite », ne soit « pas du tout recommandée[84] », un changement d'attitude à l'égard de ce sens commence à être perceptible. N'était-il pas temps pour les psychanalystes de faire preuve d'un peu plus de nez ?

Conclusion

L'odeur incommode mais ne fait plus peur. Elle est toujours porteuse d'agrément ou de désagrément mais a perdu ses pouvoirs anciens de vie et de mort. Ce changement capital peut se lire dans les textes législatifs ou réglementaires qui se sont succédé au cours du XXe siècle. La notion de nocivité des odeurs y disparaît progressivement au profit de celle de gêne ou de simple désagrément. Aboutissement de cette évolution, la loi sur l'air du 30 décembre 1996 distingue clairement les pollutions olfactives de celles qui sont de nature à mettre en danger la santé humaine [1].

Le véritable abîme entre conceptions anciennes et modernes révélé par la lutte menée des siècles durant contre le terrible fléau de la peste ne doit pas donner une vision trop simpliste de l'histoire des odeurs et de l'odorat. Je pense qu'il faut abandonner l'idée d'un passé olfactif globalement triomphant dont tous les éléments : environnement, perfection du sens, statut intellectuel et pouvoirs des odeurs, auraient été entraînés dans un même déclin depuis l'aube des temps modernes. Et je crois qu'il faut renoncer également à la conception manichéenne opposant la société « odoriphobe [2] » contemporaine, qui traque et élimine les émanations, à une ancienne société « odoriphile » attentive à les décrypter.

Ainsi ai-je pu constater que la méfiance des philosophes, voire des psychanalystes, à l'égard de l'odorat avait des racines séculaires plongeant dans l'animalité attribuée à ce sens.

Quant à la fameuse « anosmie » dont souffrent nos contemporains, c'est un phénomène très complexe et qui n'est pas aussi récent qu'on se plaît à le dire. Aristote se plaignait déjà de la médiocrité de l'odorat et de son incapacité à sentir pleinement ! Mais, quoique négligée par l'éducation, cette faculté vitale qui nous met en relation de manière fusionnelle avec notre environnement n'en continue pas moins à jouer, souvent à notre insu, un rôle fondamental.

Loin d'être l'expression d'une indifférence, le « silence olfactif[3] », évoqué par Alain Corbin, qui pèse sur nos sociétés économiquement développées, traduit en réalité une hypersensibilité aux odeurs. L'augmentation des phobies olfactives, constatée par les psychiatres, dans les pays les plus industrialisés en est un symptôme. Il faut néanmoins reconnaître que cette sensibilité est bien souvent encore essentiellement négative. Elle n'a pas pour contrepartie une culture olfactive dont la première condition réside dans l'éducation de l'odorat et dans l'existence d'un environnement olfactivement riche et diversifié.

Parfumeurs et œnologues ont démontré de longue date que, par des exercices réguliers, il est possible d'améliorer l'acuité et la mémoire olfactives. C'est d'ailleurs en partant de cette perfectibilité que les créateurs de parfums réclament la revalorisation intellectuelle et esthétique de l'olfaction et que le célèbre parfumeur Edmond Roudnitska affirmait son aptitude à soutenir un art. Un grand parfum serait une œuvre au même titre qu'une sonate de Beethoven, un tableau de Goya ou une sculpture de Rodin, affirmation qui débouche tout naturellement sur la revendication de la protection légale accordée aux œuvres de l'esprit. Mais cet odorat très exercé et éduqué demeure l'apanage de milieux professionnels restreints.

Depuis quelques années cependant les signes d'un intérêt croissant pour l'épanouissement de ce sens se multiplient. En France, par exemple, le lancement de jeux odorants, diverses tentatives d'éveil olfactif en milieu scolaire, l'essor de cours d'œnologie ouverts au grand public, l'organisation à la Cité des Sciences de La Villette d'un Odorama[4] associant projection d'images et émission d'odeurs, participent de ce mouvement en faveur d'une éducation olfactive débordant largement le cercle des spécialistes. Cet effort peut encore s'appuyer sur des réalisations comme l'Osmothèque de Versailles[5] qui rassemble les parfums existants mais a aussi pour objectif de retrouver la trace des grands classiques disparus et de les faire renaître, afin de constituer une véritable mémoire vivante des parfums.

Il est significatif que, dans le même temps, les odeurs trouvent leur place dans des manifestations culturelles. La reconstitution d'atmosphères odorantes fait désormais partie intégrante de présentations muséologiques ou de spectacles historiques. Des « sculpteurs d'arômes[6] » se confrontent à la gageure de recréer des ambiances olfactives aussi diverses que celles de l'Amérique à l'arrivée de Christophe Colomb, du château de Blois sous François Ier, de la place de la Bastille le 14 juillet 1789, d'un drakkar normand remontant la Loire, ou des premières locomotives de l'ère industrielle. Lors du 50e festival d'Avignon a été présenté le ballet « Quintessence[7] » qui, sur une partition retraçant l'histoire du parfum depuis ses origines, allie musique, chorégraphie, images et diffusion d'odeurs.

Une tendance analogue est sensible dans d'autres pays. Au Japon, en particulier, elle se manifeste par la vogue retrouvée du « Kodo » ou cérémonie de l'encens. Ce divertissement très raffiné consiste à reconnaître, en les associant à des thèmes littéraires, divers bois aromatiques et autres compositions parfumées que l'on fait brûler. Introduit au XVIIe siècle et à son apogée dans l'aristocratie au XVIIIe siècle, il provoque aujourd'hui, après une longue période d'effacement, un nouvel engouement. Autres signes encore : de grandes sociétés japonaises utilisent de plus en plus dans leurs locaux des parfums spécialement étudiés pour stimuler ou détendre, en fonction des besoins de l'entreprise, le personnel et les visiteurs. En mars 1996, s'est ouvert à Osaka l'Hôtel Impérial dont les plafonds diffusent des senteurs rappelant celles de la mer Méditerranée.

Toutes ces manifestations dans des domaines extrêmement divers : éducation, art, communication, industrie et commerce, sont symptomatiques d'un nouvel état d'esprit et d'une aspiration à une culture olfactive encore embryonnaire mais riche de potentialités.

Celles-ci sont d'autant plus prometteuses qu'elles vont de pair avec la multiplication de travaux scientifiques comme ceux qui sont menés aux États-Unis par le célèbre Monell Chemical Senses Center[8], centre de recherches multidisciplinaires sur le goût et l'odorat. L'Europe, jusqu'à une date récente, ne possédait pas d'institution comparable mais l'ouverture à Dijon d'un Institut européen du goût[9], largement intéressé à l'étude des arômes, ambitionne de combler cette lacune.

Cette redécouverte de l'olfactif est également perceptible dans le domaine de la santé. Plusieurs laboratoires japonais et américains s'emploient actuellement, à l'aide de techniques très modernes (scanners, électro-encéphalogrammes, tensiomètres), à mesurer l'impact psychologique de certaines senteurs sur divers types de sujets. Des résultats sont attendus dans le traitement de l'anxiété et dans l'apaisement des grands psychotiques.

Renouant avec l'ancienne tradition du diagnostic olfactif, des chercheurs italiens testent actuellement des « nez électroniques ». Ces capteurs utilisés au départ pour analyser les arômes des aliments et des vins sont capables de discerner avec plus d'efficacité que l'odorat humain les effluves caractéristiques de chaque maladie. Les expériences d'abord menées sur des diabétiques et des hépatiques doivent être étendues ensuite à des volontaires atteints d'affections cardiaques, rénales et de cancers. L'ultime étape serait d'établir s'il existe, comme on l'a parfois prétendu, une odeur de mort spécifique annonciatrice du décès. Des appareils de ce type pourraient également servir à détecter les réactions odoriférantes à certains médicaments ou anesthésiques. L'analyse des odeurs corporelles serait susceptible de devenir un jour aussi instructive qu'un examen du sang et contribuer ainsi à sauver des vies[10].

Après une longue éclipse, on constate aussi un retour en force des soins par les plantes aromatiques. Il y a là « l'éclosion d'un néo-hippocratisme[11] » qui veut utiliser rationnellement les armes offertes par la nature. Se développent en outre des recherches scientifiques tendant à multiplier les médicaments susceptibles d'être administrés par le nez. Fortement vascularisée, la muqueuse nasale permet en effet de véhiculer directement le remède par le sang, sans passer par le foie qui détruit, dissocie ou élimine une part importante des substances actives. Les expérimentations portent sur des contraceptifs, des antidiurétiques, des traitements de l'endométriose, des fibromes ou des cancers hormonaux-dépendants.

Mais ce sont surtout des découvertes concernant des pathologies parfois très sévères qui focalisent aujourd'hui l'intérêt des psychiatres et des neurologues pour l'odorat. Des perturbations olfactives sont observables dans la schizophrénie, les psychoses hallucinatoires, les états de confusion mentale et les maladies neurodégénératives [12]. Dans la maladie d'Alzheimer, qui est la première cause de démence chez les sujets âgés de plus de soixante ans, un déficit précoce de la détection et de l'identification des odeurs marque l'installation des premières perturbations cognitives. Le bulbe olfactif ainsi que d'autres zones où l'odorat est impliqué présentent de graves anomalies. Les malades atteints de la maladie de Parkinson, d'Huntington ou de sclérose en plaques souffrent également de dérèglements olfactifs. Il se pourrait même que certaines de ces pathologies soient causées par l'entrée dans la cavité nasale de virus et de toxines conduits par les nerfs olfactifs jusqu'au système nerveux central [13].

De récentes études tendent encore à montrer que l'homme possède comme d'autres mammifères un organe olfactif secondaire fonctionnel. Cet organe voméronasal qui tient un si grand rôle dans la communication animale pourrait jouer chez l'homme celui d'un sixième sens dont le champ d'action reste à explorer mais qui suscite de passionnantes interrogations. Nietzsche allait déjà jusqu'à dire : « Tout mon génie est dans mes narines [14] ! »

NOTES

INTRODUCTION

1. Cf. B. Schaal, « Olfaction et processus sociaux chez l'homme : bref bilan », in *Revue internationale de psychopathologie, Passions des odeurs*, PUF, 1996, n° 22, p. 388-392.
2. P. Camporesi, *La Chair impassible* (1983), traduit de l'italien par M. Aymard, Paris, Flammarion, 1986, p. 139.

Première partie

CHAPITRE PREMIER

1. Lucien, *Lucius ou l'âne*, traduit du grec par E. Talbot, Paris, éditions J.-C. Lattès, 1979, p. 28-29. Apulée, *Les Métamorphoses*, traduit du latin par P. Valette, Paris, Les Belles Lettres, 1940, t. I, p. 76-77.
2. « Relation du père du Pont », in M. de Certeau, *La Possession de Loudun*, Paris, Gallimard, 1980, p. 50.
3. F. de Rosset, *Les Histoires tragiques de notre temps*... (1620), Lyon, 1685, p. 56.
4. P. de Lancre, *L'Incrédulité et Mescréance du sortilège*..., Paris, 1622, p. 73.
5. L. Catelan, *Rare et curieux discours de la Plante appelée Mandragore ; de ses espèces, vertus et usages. Et particulièrement de celle qui produit une Racine représentant la figure, le corps d'un homme : qu'aucuns croyent celle que Josephe appelle Baaras ; et d'autres, les Teraphins de Laban, en l'Escriture Sainte*, Paris (s.d.), p. 31.

6. P. de Lancre, *op. cit.*, p. 72.
7. F. Azouvi, « La peste, la mélancolie et le diable, ou l'imaginaire réglé », *Diogène*, Paris, octobre-décembre 1979, n° 108, p. 130-131.
8. J. Bodin, « Jean Bodin au lecteur salut » (non paginé), in *De la démonomanie des sorciers* (1580).
9. H. C. Agrippa, *La Philosophie occulte* (1531), La Haye, 1727, vol. I, p. 111.
10. Cf. L. A. Roubin, « Perspectives générales de l'exposition Hommes, parfums et dieux », in *Le Courrier du musée de l'Homme*, novembre 1980, n° 6 (non paginé).
11. Cf. E. Schoffeniels, *Physiologie des régulations*, Paris, Masson, 1986, p. 74-75.

Cf. aussi P. Langley-Danysz, « La truffe, un aphrodisiaque », *La Recherche*, septembre 1982, n° 136, p. 1059.

12. Y. Leroy, *L'Univers odorant de l'animal*, Paris, Boubée, 1987, p. 97.
13. Cf. J.-P. Signoret, « Olfaction et sexualité des mammifères », in *Revue internationale de psychopathologie, Passions des odeurs*, PUF, 1996, n° 22, p. 425.

Voir aussi : U. W. Huck, E. B. Banks, S. C. Wang, « Discrimination of the social status in the brown Lemming », in *Behavioural and Neuronal Biology*, 1981, 33, p. 364-371 ; Yamaguchi *et al.*, « Distinctive urinary odors governed by the major histocompatibility locus in the mouse », in *Proceedings of the National Academy of Sciences of the USA*, 1981, 78, p. 5817-5820.

14. Cf. M. McClintock, « Menstrual synchrony and suppression », in *Nature*, 1971, 229, p. 244-245.

C. A. Graham, W. C. Mc Grew, « Menstrual synchrony in female undergraduates living on a co-educational campus », in *Psychoneuroendocrinology*, 1980, 5, p. 245-252.

A. Weller, L. Weller, « Menstrual synchrony between mothers and daugters and between roommates », in *Physiology and Behavior*, 1993, 53, p. 943-949.

15. B. Schaal, *op. cit.*, p. 409.

Cf. aussi : G. Preti G., W.B. Cutler, C. R. Garcia, G. R., Huggins, H. J. Lawley, « Human axillary secretion influence women's menstrual cycles : The role of donor extract from females », in *Hormones and Behavior*, 1986, 20, p. 474-482.

16. W. B. Cutler, C. R. Garcia, A. M. Krieger, « Luteal phase defects : Sporadic sexual behavior in women », in *Hormones and Behavior*, 1979, 13, p. 214-218.
17. Le concept de phéromone implique que la médiation olfactive réponde à plusieurs critères pour être appliqué au mammifère humain : « mise en jeu de composés chimiques simples ; réponse spécifique de l'espèce ; réponse fonctionnelle non ambiguë ; stimulus nécessitant un niveau peu élevé d'apprentissage ». Cf. B. Schaal, *op. cit.*, p. 413.

18. *Ibid.*

19. C'est ainsi qu'à partir de leurs expérimentations qui mettent en évidence, chez l'adulte humain, l'existence d'un organe voméronasal bien différencié, répondant à des stimulations chimiques, l'anatomiste américain David Berliner et son équipe tentent de redéfinir le concept de phéromone en l'appliquant aux stimulants de l'organe voméronasal.

(Cf. L. Monti-Bloch, C. Jennings-White, D. S. Dolberg, D. L. Berliner, « The human vomeronasal system », *Psychoneuroendocrinology*, 1994, vol. 19, n° 5-7, p. 683.) Cependant d'autres scientifiques ne sont pas d'accord avec Berliner et font observer que cette définition est abusivement réductrice car la notion vient des insectes qui sont dépourvus d'organe voméronasal et d'épithélium olfactif. (Cf. par exemple G. Preti, A. Spielman, C. Wysocki, « Vomeronasal organ and human chemical communication », *Encyclopedia of Human Biology*, 1997, V 16, 1-15.)

20. D. Trotier, communication privée.

21. Cf. A. Holley, « L'information olfactive et son traitement neuronal », in *Revue internationale de psychopathologie, Passions des odeurs, op. cit.*, p. 305-337. Cf. aussi dans la même revue l'article de J. G. Brand, N. E. Rawson, D. Restrepo, « Signal transduction in olfaction and symptomatology of olfactory dysfunction », p. 281-303.

Cf. également : D. Trotier et K. B. Doving, « Functional role of receptor neurons in encoding olfactory information », *Journal of Neurobiology*, 1996, vol. 30, n° 1, p. 58-66.

22. Cf. D. Trotier, K. B. Doving, C. Eloit, « Vomeronasale- et gjenoppdaget sanseorgan », in *Tidsskr Nor Laegeforen*, nr. 1, 1996, 47-51. Cf. aussi D. Trotier, K. B. Doving, C. Eloit, « The vomeronasal organ, a rediscovered sensory organ in man », à paraître.

23. D. Trotier, communication privée.

24. Cf. D. L. Berliner, « Steroidal substances active in the human vomeronasal organ affect hypothalamic function », *Journal of Steroïd Biochemistry and Molecular Biology*, 1996, vol. 58, n° 1, p. 1.

25. A. Galopin, *Le Parfum de la femme et le sens olfactif dans l'amour*, Paris, 1886, p. 157.

26. S. Freud, *Malaise dans la civilisation* (1929), traduit de l'allemand par Ch. et J. Odier, Paris, PUF, 1971, p. 59. Voir aussi : W. Fliess, *Les Relations entre le nez et les organes génitaux de la femme* (1897), Paris, Seuil, 1977 ; Dr Collet, *L'Odorat et ses troubles*, Paris, 1904, p. 51 ; R. Jouet, « Troubles de l'odorat », *Bulletin d'oto-rhino-laryngologie*, Paris, Baillière, 1912.

27. Cf. J. Le Magnen, *Odeurs et parfums* (1949), Paris, PUF, 1961, p. 54.

F. J. Kallmann, W. A. Schoenfeld, S. E. Barrera, « The genetic aspects of primary ennuchoidisme », in *American Journal of Mental Deficits*, 1944, vol. 48, p. 203-236.

F. J. Kallmann, « Genetic aspects of sexual determination and sexual maturation potentials in man », in *Determinants of Human Sexual Behavior*, édité par G. Winokur, Springfield, Ill., Charles G. Thomas, 1963.

28. M. Proust, *Sodome et Gomorrhe* (1922), in *À la recherche du temps perdu*, vol. 10, p. 707.

29. Pétrone, *Le Satiricon*, traduction et notes de P. Grimal, Gallimard, 1959, p. 194.

30. G. Dumézil, *Le Crime des Lemniennes*, Paris, 1924, p. 13 et suiv.

31. Rois, I, 10, 10-12 : « Elle avait apporté au roi une abondance d'aromates telle qu'il n'en vint jamais plus pareille quantité à Jérusalem. »

32. E. G. Gobert, « Tunis et les parfums », in *La Revue africaine*, Alger, 1961-1962, p. 61.

33. Esther, 2, 12.

34. W. Shakespeare, *Antoine et Cléopâtre*, traduction par A. Rivoallan, Paris, Aubier-Montaigne, 1977, p. 89.

35. S. Petit-Skinner, « Nauru ou la civilisation de l'odorat », in *Objets et mondes*, Paris, Objets et mondes, Fr., 1976, vol. 16, n° 3 (non paginé).

36. C. Jennings-White, « Perfumery and the sixth sense », in *Perfumer & Flavonst*, 1995, 20, p. 7.

37. Cf. par exemple : G. Pretti, A. Spielman, C. Wysocki : « Human pheromones : Releasers or primers — fact or myth », in *International Symposium on Olfaction and Taste XII / Association for Chemoreception Sciences XIX*, San Diego, CA, USA, 7-12 juillet 1997. Pour ces chercheurs : « Malgré l'absence de preuve concernant l'existence de changements comportementaux rapides médiatisés par des odeurs, des parfums ou des additifs aux parfums ont été ou sont vendus, perpétuant le mythe qu'une odeur peut rendre sexuellement attirant, voire irrésistible... La plupart des produits vendus comme phéromones apparaissent en fait contenir principalement des substances chimiques provenant de deux catégories d'odeurs humaines : les acides aliphatiques C2-C5 et les substances stéroïdiennes C19. »

38. Cf. L. Lévy-Bruhl, *La Mentalité primitive*, Paris, 1922, p. 352.
A. G. Haudricourt, « Note d'ethnozoologie : le rôle des excrétats dans la domestication », in *L'Homme*, avril-septembre 1977, XVII (2,3), p. 125.

39. B. Jullierat, « Mélanésie », in *Le Courrier du musée de l'Homme*, Paris, novembre 1980, n° 6 (non paginé).

40. L. Bouquiaux, « L'arbre ngbè et les relations amoureuses chez les Ngbaka », in *Langage et culture africaine*, Paris, Maspero, 1977, p. 106.

41. Aristote, *Problems*, Londres, Heinemann, Loeb Classical Library, vol. I, liv. XIII, 4, 907b35, p. 307-308.

42. Théophraste, *De causis plantarum*, Leipzig, 1821, VI. 5. 2., p. 363.

43. Élien, *On the Characteristics of Animals*, traduit du grec en anglais par A. F. Scholfield, Londres, Loeb Classical Library, 1958, V. 40, p. 335. La traduction française donnée ici est celle de Festugière (cf. A. J. Festugière, *op. cit.*, p. 82).

44. Cf. M. Detienne, *Les Jardins d'Adonis*, Paris, Gallimard, 1972, p. 164-165.

Le mot « iunx », à la fois nom propre et nom commun, possède en grec trois sens : c'est une espèce d'oiseau, très mobile, le torcol ; c'est aussi la rouelle mobile employée en magie ; c'est enfin une magicienne qui fabrique des philtres d'amour

45. *Physiologus*, édité par F. Sbordone, Milan-Rome, 1936, p. 61.

Il existe, dès le ve siècle, des traductions latines de diverses versions grecques du *Physiologus*, qui fut très populaire dans le monde paléo-chrétien. Les plus anciens manuscrits enluminés de ce texte datent de l'époque carolingienne.

46. *Le Bestiaire Ashmole* (du nom du célèbre collectionneur anglais Elias Ashmole, 1617-1692), conservé à la Bodleian Library d'Oxford, peut être daté de la fin du XIIe ou du début du XIIIe siècle. Une traduction en a été donnée par Marie-France Dupuis et Sylvain Louis, Club du Livre, 1984.

CHAPITRE II

1. J.-P. Sartre, *Baudelaire*, Paris, Gallimard, 1963, p. 221.

2. F. A. Beach, « Sexual attractivity, proceptivity, and receptivity in female mammals », in *Hormones and Behavior*, 1976, 7, p. 105-138.

3. H. Montagner, *L'Attachement. Les débuts de la tendresse*, Paris, Odile Jacob, 1988, p. 130.

Cf. aussi : A. Holley, « La perception des odeurs », in *La Recherche*, juillet-août 1975, n° 58, p. 630 ; B. Schaal, E. Hertling, H. Montagner, R. Quichon, « Le rôle des odeurs dans la genèse de l'attachement mutuel entre la mère et l'enfant », in *L'Aube des sens*, Paris, Stock, coll. « Les Cahiers du nouveau-né » n° 5, 1981, p. 359-377 ; R. Diatkine, « Fécondation *in vitro*, congélation d'embryons et mère de substitution », in *Actes du colloque génétique, procréation et droit*, Arles, Actes Sud, Hubert Nyssen éditeur, 1985, p. 282 ; B. Schaal, « Déterminants prénatals des préférences chimiosensorielles du nouveau-né », in *Cahiers de nutrition et de diététique*, 1995, 30, 2, 84-89 ; B. Schaal, L. Marlier, R. Soussignan, « Responsivness to the odour of amniotic fluid in the human neonate », in *Biology of the Neonate*, 1995, 67, 397-407.

4. Cf. R. Chauvin, *Le Comportement social chez les animaux*, Paris, PUF, 1973, p. 113-114.

Cf. aussi : H. Piéron, « Contribution à l'étude du problème de la reconnaissance chez les fourmis », in *Extrait des comptes rendus du 6e congrès international de zoologie*, session de Berne, 1904, p. 483-490.

Voir aussi sur les mécanismes olfactifs chez les abeilles et d'une façon plus générale chez les insectes : C. Linster, C. Masson, « Odor processing in the honeybee's antennal lobe glomeruli : modeling sensory memory », *The Neurobiology of Computation*, 1995, p. 263-268.

C. Masson *et al.*, « Recent advances in the concept of adaptation to natural odour signals in the honeybee *Apis mellifera L.* », in *Apidologie*, 1993, 24, p. 169-194.

J. Gascuel, J.-M. Devaud, B. Quenet, C. Masson, « Développement du système olfactif des insectes : aspects cellulaires et moléculaires », *Bulletin de la Société zoologique de France*, 1995, 120 (3), p. 257-267.

C. Masson, C. Linster, « Towards a cognitive understanding of odor discrimination : Combining experimental and theoretical approches », in *Behavioural Processes*, 1996, 35, p. 63-82.

5. Cf. G. P. Largey et D. R. Watson, « The Sociology of Odors », in *American Journal of Sociology*, 1972, vol. 77, p. 1027.

Cf. aussi : R. Winter, *Le Livre des odeurs*, Paris, Seuil, 1978, p. 50.

6. A. Galopin, *op. cit.*, p. 111.

7. B. Prus, *Lalka*, Varsovie, Governmental Publishing House, 1969, p. 68.

8. G. Simmel, *Mélanges de philosophie relativiste*, Paris, F. Alcan, 1912, p. 36.

9. E. Bloch, « Le temps de la peste, mensurations politiques, le *Vormärz* », in *Change (Allemagne en esquisse)*, Paris, éd. Seghers/Laffont, mars 1978, n° 37, p. 96-97.

10. Dr Bérillon, « La bromidrose fétide des Allemands », in *Bulletin et mémoires de la Société de médecine de Paris*, Paris, 1915, p. 142-145.

11. G. Deschamps, « Dégoûts et des couleurs », in *Sporting*, 31 janvier 1917.

12. *Idem.*

13. G. Simmel, *op. cit.*, p. 34.

14. L. Speleers, *Traduction, index et vocabulaire des textes des pyramides égyptiennes*, Bruxelles, 1934, p. 89, Pyr. 643.

15. Job, 19, 17-18.

16. L. Golding, *The Jewish Problem*, Londres, 1938, p. 59 ; C. Klineberg, *Race Differences*, New York, 1935, p. 130.

17. Guillaume de Nangis, *Chronique latine de 1113 à 1300, avec la continuation de cette chronique de 1300 à 1368*, publiée par H. Géraud, Paris, 1843, p. 31-35.

18. Cf. P.-L. Sarlat, « Un des premiers règlements sur la peste (Gap, 1565) », in *Contribution à l'histoire de la thérapeutique de la peste*, Marseille, 1936, p. 57.

19. *Traité de la peste avec remèdes certains et approuvés pour s'en préserver et garantir. Nouvellement faict par le collège des maistres chirurgiens de Paris*, Paris, 1606, p. 13.

20. A. Sala, *Traité de la peste*, Leyde, 1617, p. 33.

21. R. P. Maurice de Toulon, *Le Capucin charitable enseignant la*

méthode pour remédier aux grandes misères que la peste a coustume de causer parmi les peuples, Paris, 1662, p. 115.

22. P. Hecquet, *Traité de la peste où, en répondant aux questions d'un médecin de Province sur les moiens de s'en préserver ou d'en guérir, on fait voir le danger des barraques et des infirmeries forcées*... Paris, 1722, p. 73.

23. J. Garnier, *Une visite à la voirie de Montfaucon*, Paris, 1844, p. I.

24. L. Roux, *De Montfaucon, de l'insalubrité de ses établissements et de la nécessité de leur suppression immédiate*, Paris, 1841, p. 18 et suiv.

25. *Idem*, p. 25.

26. D. Champault, « Maghreb et Proche-Orient », in *Le Courrier du musée de l'Homme*, *op. cit.* (non paginé).

27. Cf. J. Dollard, *Casts and Class in a Southern Town*, New York, Doubleday, 1957, p. 381.

Cf. aussi : W. Brink et L. Harris, *The Negro Revolution in America*, New York, Simon and Schuster, 1969, p. 141.

28. G. Simmel, *Mélanges de philosophie relativiste*, Paris, F. Alcan, 1912, *op. cit.*, p. 34.

29. E. Gobert, *op. cit.*, p. 58.

30. M. Leenhard, *Do Kamo*, Paris, Gallimard, 1947, p. 68.

Deuxième partie

1. J. Ruffié et J.-C. Sournia, *Les Épidémies dans l'histoire de l'homme*, Paris, Flammarion, 1984, p. 81.

2. Cf. H. Mollaret et J. Brossollet, *Yersin ou le vainqueur de la peste*, Paris, Fayard, 1985, p. 144-145.

CHAPITRE III

1. Cf. Hippocrate, *De la nature de l'homme*, in *Œuvres complètes*, trad. et notes par É. Littré, Paris, 1839-1861, t. 6, p. 55. Cf. aussi Hippocrate, *Des vents*, in *Œuvres complètes*, *op. cit.*, 1840, vol. 6, p. 97.

2. Thucydide, *La Guerre du Péloponnèse*, trad. J. de Romilly, Paris, Les Belles Lettres, 1962, liv. II, LI, p. 35.

3. Ovide, *Les Métamorphoses*, traduction G. Lafaye, Paris, Les Belles Lettres, 1928, liv. VII, p. 47. Voir aussi Aristote, *Problems*, traduction anglaise de W. S. Hett, Londres, Loeb Classical Library, 1970, VII, 8-9, p. 177.

4. Lucrèce, *De la nature*, trad. A. Ernout, Paris, Les Belles Lettres, 1924, vol. 2, liv. VI, p. 318.

5. Sénèque, *Questions naturelles*, trad. P. Oltamare, Paris, Les Belles Lettres, 1929, t. I, liv. II, LIII, p. 99.

6. *Idem*, liv. VI, XXVIII, p. 285.

7. Philon d'Alexandrie, *De aeternitate mundi*, introduction et notes par R. Arnaldez, trad. J. Pouilloux, Paris, Cerf, 1969, p. 161.

8. C. Galien, *De febrium differentiis*, éd. C.G. Kuhn, Leipzig, 1833, in *Galeni Opera*, t. VII, p. 292.

9. *Idem*, p. 279.

10. *Consultation sur l'épidémie faite par le collège de la faculté de médecine de Paris en 1348*, in H. E. Rébouis, *Étude historique et critique de la peste*, Paris, 1888, p. 77.

11. *Idem*, p. 130-131. Fidèle au galénisme, ce texte attribue l'origine de l'épidémie à la corruption de l'air, mais il est erroné d'affirmer, comme cela a parfois été fait, que la contagiosité en est absente. Pour M. D. Grmek, par exemple, si « la notion d'infection acquiert une dimension nouvelle donnant lieu dans la pratique à des mesures d'isolement, dans la littérature médicale, son explication reste embarrassée, souvent en proie au conflit entre la rationalité et la pensée magique. Pour s'en rendre compte, il suffit de parcourir le *Compendium de epidemia*. Pas un mot sur la contagiosité de la peste » (M. D. Grmek, « Le concept d'infection dans l'Antiquité et au Moyen Âge. Les anciennes mesures sociales contre les maladies contagieuses et la fondation de la première quarantaine à Dubrovnik (1377) », in *Rad. Jug. Akad.*, Zagreb, 1980, vol. 384, p. 26).

12. O. de La Haye, *Poème de la grande peste de 1348*, publié d'après le manuscrit de la bibliothèque du palais Saint-Pierre par G. Guigne, Lyon, 1888, p. 140.

13. Cf. L. A. J. Michon, in *Documents inédits sur la grande peste de 1348*, Paris, 1860, p. 93.

14. G. Boccace, *Le Décaméron*, traduction de l'italien par J. Bourciez, Paris, Garnier, 1952, p. 9.

15. Une coudée équivaut à 50 cm.

16. J.-N. Biraben, « L'épidémiologie n'est plus ce qu'elle était », *Traverses*, septembre 1984, n° 32, p. 75. Il faut préciser toutefois que Fracastor conçoit ces germes vivants à la manière d'un ferment.

17. J. Fracastor, *Les Trois Livres sur la contagion, les maladies contagieuses et leurs remèdes*, trad. et notes par L. Meunier, Paris, 1893, p. 94.

18. *Idem*, p. 31-32.

19. A. Paré, *Le Vingt-quatrième Livre traitant de la peste*, in *Œuvres complètes*, revues et collationnées par J. F. Malgaigne, Paris, J. B. Baillière, p. 351. Voir aussi N. Goddin, *La Chirurgie militaire à tous les chirurgiens et à tous ceux qui veulent suyvre un camp en temps de guerre. Avec un recueil d'aucuns erreurs des chirurgiens vulgaires adjousté par ledit Goddin*, trad. du latin par J. Blondel, Anvers, 1558, p. 2.

20. *Idem*, p. 380-381.

21. *Idem*, p. 378.

22. A. Kircher, *Scrutinium physico-medicum contagiosae luis, quae dicitur pestis*, Rome, 1658, cité in J.-J. Manget, *Traité de la peste recueilli des meilleurs auteurs anciens et modernes et enrichi de remarques et observations théoriques et pratiques*, Genève, 1721, p. 44-45.

23. N. Hodges, *Loimologia or an account of the plague in London in 1665 with precautionary direction against the like contagion, to which is added an essay on the different causes of pestilential diseases, and how they become contagious with remarks on the infection now in France, and the most probable means to prevent its spreading here by J. Quincy*, Londres, 1721, p. 64.

24. D. Jouysse, *Examen du livre de Lampérière sur le sujet de la peste*, Rouen, 1622, p. 290.

25. D. Defoe, *Journal de l'année de la peste*, Paris, Gallimard, 1982, p. 303. Ce récit fut rédigé en 1722 par Daniel Defoe à partir de nombreux témoignages d'observateurs de la peste en 1665, l'auteur n'ayant que cinq ans à cette époque.

26. *Idem*, p. 286.

27. *Idem*, p. 310.

28. *Idem*, p. 309.

29. *Idem*, p. 303-304.

30. Cf. P. Rainssant, *Advis pour se préserver et pour se guérir de la peste de ceste année 1668*, Reims, 1668, p. 5 ; T. Sydenham, *Médecine pratique*, traduite par A.F. Jault, Paris, 1835, p. 66 (1re édition anglaise : 1676).

31. F. Chicoyneau, *Lettre à M. de la Monière, doyen du collège des médecins de Lyon*, Lyon, 1721, p. 22.

32. J. Fournier, *Observations sur la nature et le traitement de la fièvre pestilentielle ou la peste avec les moyens d'en prévenir ou en arrêter le progrès*, Dijon, 1777, p. 104.

33. J.-B. Bertrand, *Relation historique de la peste de Marseille en 1720, nouvelle édition corrigée de plusieurs fautes*, Amsterdam, 1779, p. 22 (première édition : Cologne, 1721).

34. *Idem*, p. 94.

35. R. Mead, *op. cit.*, p. 249.

36. *Idem*, p. 250.

37. *Idem*, p. 294.

38. R. Mead, *op. cit.*, p. 309.

39. Astruc, *Dissertation sur la contagion de la peste où l'on prouve que cette maladie est véritablement contagieuse et où l'on répond aux difficultés qu'on oppose contre ce sentiment*, Toulouse, 1724, p. 127 ; P. Hecquet, *Traité de la peste où, en répondant aux questions d'un médecin de Province sur les moiens de s'en préserver ou d'en guérir, on fait voir le danger des barraques et des infirmeries forcées avec un problème sur la peste pour un médecin de la Faculté de Paris*, Paris, 1722, p. 73 ; R. Mead, *Traité de la peste* (1720), in J. Howard, *Histoire des principaux lazarets de l'Europe, accompagnée de différens mémoires relatifs à la peste, aux moyens de se préserver de ce fléau destructeur et aux différens modes de traitement*

employés pour en arrêter les ravages, trad. par T. P. Bertin, Paris, an IX, p. 284.

40. J.-B. Goiffon, *Relation et dissertation sur la peste de Gevaudan*, Lyon, 1722, p. 96-97.

41. A. L. de Lavoisier, « Expériences sur la respiration des animaux et sur les changements qui arrivent à l'air en passant par leur poumon » (1777), in *L'Air et l'Eau, Mémoires de Lavoisier*, Paris, 1923, p. 62.

42. J.-J. Ménuret de Chambaud, *Essai sur l'action de l'air dans les maladies contagieuses qui a remporté le prix proposé par la Société royale de médecine*, Paris, 1781, p. 17.

43. *Idem*, p. 25.

44. J.-J. Ménuret de Chambaud, *Essai sur l'histoire médicotopographique de Paris ou Lettres à M. d'Aumont, professeur en médecine à Valence, sur le climat de Paris, sur l'état de la médecine, sur le caractère et le traitement des maladies et particulièrement sur la petite vérole et l'inoculation*, Paris, 1786, p. 31.

45. M. D. Samoïlowitz, *Mémoire sur la peste qui, en 1771, ravagea l'Empire de Russie, surtout Moscou, la capitale et où sont indiqués des remèdes pour la guérir et les moyens de s'en préserver*, Paris (1783), p. XIX.

46. J.-N. Hallé, *Recherches sur la nature et les effets du méphitisme des fosses d'aisances*, Paris, 1785, p. 11.

47. « Rapport fait à l'Académie royale des Sciences le 17 mars 1780 par MM. Duhamel, de Montigny, Le Roy, Tenon, Tillet et Lavoisier, rapporteur », *Mémoires de l'Académie des Sciences*, 1780, Lavoisier, *Œuvres*, t. III, p. 492-493.

48. « Rapport des commissaires chargés, par l'Académie, de l'examen du projet d'un nouvel Hôtel-Dieu » par MM. de Lassone, Daubenton, Tenon, Lavoisier, Laplace, Coulomb, d'Arcet, Bailly, rapporteur, *Mémoires de l'Académie des Sciences*, 1786, Lavoisier, *Œuvres*, t. III, p. 647.

49. P. A. Garros, *Défense du gymnase devant la justice et les hommes éclairés*, an IV, p. 48.

50. Hales, *La Statistique des végétaux et l'analyse de l'air. Expériences nouvelles lues à la Société royale de Londres*, ouvrage traduit de l'anglais par M. de Buffon, Paris, 1735, p. 221.

51. E. Pingeron, « Lettre sur les agrémens de la vie champêtre » traduite de l'anglois et tirée du Sentimental Magazine du mois de juin de l'an 1773 in *Recueil de différens projets tendans au bonheur des citoyens*, Paris, 1789, p. 146-147.

52. J. H. Pott, *Des éléments ou essai sur la nature, les propriétés, les effets et l'utilité de l'Air, de l'Eau, du Feu et de la Terre*, Paris, 1782, vol. 1, p. 43.

53. J. B. T. Baumes, *Essai d'un système chimique de la science de l'homme*, Nîmes, 1798, p. 92.

54. « Rapport des mémoires et projets pour éloigner les tueries de l'intérieur de Paris » par MM. Daubenton, Tillet, Lavoisier, Laplace, Coulomb,

d'Arcet, Bailly, rapporteur, *Mémoires de l'Académie des Sciences*, 1787, Lavoisier, *Œuvres*, t. III, p. 585.

55. Dr Prus, *Rapport à l'Académie royale de Médecine sur la peste et les quarantaines fait au nom d'une commission, accompagné de pièces et documents et suivi de la discussion dans le sein de l'Académie*, Paris, 1846, p. 25.

56. « Discussion dans le sein de l'Académie de Médecine, séance du 14 juillet 1846, opinion de M. Pariset », in Prus, *op. cit.*, p. 935 et suiv.

57. R. Dubos, *Louis Pasteur, franc-tireur de la science*, traduit de l'anglais par E. Sussauze, Paris, PUF, 1955, p. 300 (1re édition anglaise : 1950).

58. Dr Prus, *op. cit.*, p. 941-942.

59. *Idem*, p. 693.

60. Discussion dans le sein de l'Académie de Médecine, séance du 14 juillet 1846, opinion de M. Pariset, in Prus, *op. cit.*, p. 948.

61. F. Laurent, *Copies de mémoires présentés à S.M.I. Napoléon III, empereur des Français*, Montmédy, 1858, p. 25.

62. *Idem*, p. 16.

63. M. Rouffiandis, « Théories chinoises sur la peste », in *Annales d'hygiène et de médecine coloniales*, Paris, 1903, p. 342.

64. C. Bernand, « Idées de contagions dans les représentations et les pratiques andines », in *Bulletin d'ethnomédecine*, Paris, mars 1983, n° 20, p. 12.

65. *Idem*, p. 13.

66. J. Fournier, *op. cit.*, p. 10. Déjà la Bible et de nombreux écrits antiques faisaient de la peste une punition divine. Cf. Lévitique, 26, 25-26 ; Deutéronome, 28, 21-22 ; Jérémie, 29, 17-19 ; Exode, 9, 2-4 ; Samuel, 24, 15-16 ; Ézéchiel, 5, 12-13. Ovide, *Les Métamorphoses*, *op. cit.*, VII, 523 et suiv. Sénèque, *Œdipus*, in *Seneca's Tragedies* with an english translation by F. J. Miller, Londres, Heinemann, 1917, v. 55 et suiv., v. 1057. Sophocle, *Œdipe roi*, in *Théâtre complet*, traduction par R. Pignarre, Paris, Garnier-Flammarion, 1964, p. 106-107.

Parmi les très nombreux textes qui identifient la peste à une punition divine, voir aussi entre autres exemples :

O. Ferrier, *Remèdes, préservatifs et curatifs de la peste*, Lyon, 1548, p. 4 : « Ceux qui ont étudié et mieux examiné les affaires, aucun l'ont appelée Verge de Dieu. »

Nostradamus même évoquerait au XVIe siècle ce lien entre la peste et l'idée de châtiment dans son célèbre quatrain, souvent appliqué par la suite à la grande peste de Marseille de 1720 :

« La grande peste de cité maritime
Ne cessera que mort ne soit vengée,
De juste sang par pris damné sans crime,
De la grand dame par feinte n'outragée. »

Cf. *Les Oracles de Michel de Nostredame dit Nostradamus*, centurie II, 53, texte de Pierre Rigaud (Lyon, 1558), avec les variantes de Benoist Rigaud (Lyon, 1568), Paris, éditions Jean de Bonnot, 1976, p. 69.

67. Lucrèce, *op. cit.*, p. 228.
68. *Idem*, p. 229.
69. Nom donné aux personnes qui ramassent les cadavres.
70. J. Fournier, *op. cit.*, p. 18.
71. Cf. J.-P. Papon, *op. cit.*, p. 43-44.
72. Thucydide, *op. cit.*, p. 39.
73. M. de Montaigne, *Essais* (1560-1595), Paris, Garnier, 1958, tome 3, p. 293.
74. Pepys, *Journal*, trad. de R. Villoteau, Paris, Mercure de France, 1985, p. 213.
75. J. Fournier, *op. cit.*, p. 15-16.
76. « Mandement de l'évêque de Marseille du 22 octobre 1720 », in J.-P. Papon, *Relation de la peste de Marseille en 1720 et de celle de Montpellier en 1629, suivie d'un avis sur les moyens de prévenir la contagion et d'en arrêter les progrès, publié par ordre du gouvernement*, Montpellier, 1820, p. 42.
77. J. Fournier, *op. cit.*, p. 14.
78. Saint Jean Chrysostome, *Homélies ou sermons*, Paris, 1665, p. 360-361.
79. Cité par A. Corbin, *op. cit.*, p. 276.

CHAPITRE IV

1. C. Galien, *Ad pisonem de theriaca*, *op. cit.*, p. 281.
Ce remède doit son nom à sa propriété de combattre les effets des morsures des bêtes sauvages (*thèrion* désigne, chez les Grecs, depuis Homère, toute sorte de bête féroce ou sauvage). Il aurait été inventé par Mithridate et vulgarisé par Andromaque, médecin de Néron. Galien en donna une formule qui subit par la suite des modifications mais qui comprit toujours de la chair de vipère et une soixantaine de plantes préparées sous forme d'électuaire. Sa préparation donnera lieu, à l'époque de la Renaissance, à de véritables cérémonies publiques. Jusqu'au XIXe siècle, la thériaque sera considérée comme une panacée.
2. Rufus d'Éphèse, *Œuvres*, *op. cit.*, p. 439.
3. Cf. J. Michot, « L'Épître d'Avicenne sur le parfum », in *Bulletin de philosophie médiévale*, Louvain, 1978, vol. 20, n° 20, p. 56. D'origine iranienne, Avicenne était aussi un parfumeur. Il inventa l'alambic qui permettait l'extraction des huiles volatiles des fleurs. Il fut sans doute le premier à fabriquer l'eau de roses. Son influence fut très grande jusqu'au XVIIIe siècle.
4. *Consultation sur l'épidémie*, *op. cit.*, p. 131.
5. Olivier de La Haye, *op. cit.*, p. 82.
6. *Idem*, p. 80.

7. *Idem*, p. 79.
8. *Idem*, p. 146.
9. Consultation sur l'épidémie, *op. cit.*, p. 137-139.
Une once représente environ 30 grammes, un gros environ 4 grammes, un scrupule envron 1, 25 gramme.
10. Cf. A. Paré, *Traicté de la peste, de la petite verolle & rougeolle*, Paris, 1568, p. 44.
11. *Consultation sur l'épidémie*, *op. cit.*, p. 119.
12. M. Ficin, *op. cit.*, p. 76.
13. *Idem*, p. 74.
14. *Idem*, p. 80.
15. *Idem*, p. 55.
16. *Idem*, p. 80.
17. J. Fracastor, *op. cit.*, p. 245.
18. A. Paré, *Discours à scavoir de la mumie, des venins, de la licorne et de la peste*, Paris, 1582, p. 36.
19. A. Paré, *Réplique d'Ambroise Paré, premier chirurgien du Roy, à la response faite contre son Discours de la licorne* (1582), in *Œuvres complètes*, présentées par J. F. Malgaigne, Paris, 1841, p. 518.
20. O. Ferrier, *Remèdes, préservatifs et curatifs de peste*, Lyon, 1548, p. 52.
21. H. de La Cointe, *Rapport des médecins d'Amiens sur les ayriements qui se doivent faire des maisons et meubles infectés en la dite ville*, Amiens, 1634, p. 44-45.
22. M. E. Alvarus, *Sommaire des remèdes tant préservatifs que curatifs*, Toulouse, 1628, p. 27. Cette coutume, qui consistait à se protéger de la peste grâce au bouc, n'était pas dénuée de fondement : son odeur, ainsi que celle d'autres animaux (bœuf, cheval, chèvre, chameau), repousse les puces et les poux qui transportent et transmettent les germes de la peste bubonique. Il en va de même de l'arôme de certaines huiles d'olives, de noix, d'arachides. Cf. J.-N. Biraben, *Les Hommes et la Peste en France et dans les pays européens et méditerranéens*, Paris-La Haye, Mouton, 1975-1976, vol. 1, p. 15.
23. H. de La Cointe, *op. cit.*, p. 43 et suiv.
24. A. Sala, *Traité de la peste*, Leyde, 1617, p. 21 et suiv.
25. Du François, *Traité de la peste, de ses remèdes et préservatifs*, Paris, 1631, p. 69.
26. J. de Lampérière, *Traité de la peste, de des causes et de cure*, Rouen, 1620, p. 135 et suiv.
27. D. Jouysse, *Examen du livre de Lampérière sur le sujet de la peste*, Rouen, 1622, p. 205.
28. *Idem*, p. 168.
29. *Idem*, p. 267.
30. *Idem*, p. 268.
31. J. de Lampérière, *op. cit.*, p. 412.

32. *Idem*, p. 413.
33. D. Jouysse, *op. cit.*, p. 289 et suiv.
34. Le capitaine de la santé était l'exécuteur des arrêts rendus par le conseil de la santé créé à partir de 1577 pour maîtriser l'épidémie en mettant en place tout un ensemble de procédures. Il avait sous ses ordres des lieutenants et des soldats et dirigeait les commissaires et les dizainiers chargés de faire fermer les maisons infectées et de mettre à l'écart les malades. Chaque « dizainier » surveillait dix maisons et faisait sortir, tous les matins, leurs habitants pour constater qu'aucun d'entre eux n'était absent, donc victime du fléau.
35. A. Baric, *Les Rares Secrets ou remèdes incomparables, préservatifs et curatifs, contre la peste des hommes et des animaux, dans l'ordre admirable intérieur et extérieur du désinfectement des personnes, des animaux et des estables*, Toulouse, 1646, p. 65 et suiv.
36. *Idem*, p. 46.
37. F. Ranchin, *Traité de la peste*, in *Opuscules ou traités divers et curieux en médecine*, Montpellier, 1640, p. 273 et suiv.
38. *Idem*, p. 262.
39. J.-B. Bertrand, *op. cit.*, p. 372 et suiv.
40. M.D. Samoïlowitz, *Mémoire sur l'inoculation de la peste avec la description des trois poudres antipestilentielles*, Strasbourg, 1782, p. 34-35.
41. J. Fournier, *op. cit.*, p. 203. Cette tenue s'inspire du célèbre costume imaginé par le médecin de la cour Charles Delorme. À l'occasion de l'épidémie de 1619, il créa un habit de maroquin couvrant tout le corps pour faire écran à la pestilence. Un peu plus tard, un masque de cuir, muni d'yeux de cristal et auquel était attaché un long nez rempli de substances aromatiques filtrant l'air respiré, fut ajouté. Cet accoutrement extravagant fit couler beaucoup d'encre mais ne fut, selon J. Bazin, vraisemblablement jamais porté. Cf. J. Bazin, *L'Évolution du costume du médecin de peste en Europe, de 1348 à 1720*, Paris, EMU, 1971, p. 159.
42. Janin de Combe-Blanche, *L'Antiméphitique ou Moyens de détruire les exhalaisons pernicieuses et mortelles des fosses d'aisances, l'odeur infecte des égouts, celle des hôpitaux, des prisons, des vaisseaux de guerre*, etc., Paris, 1782, p. XXIV-XXV.
43. *Idem*, p. 24.
44. F. Dagognet, *La Raison et les Remèdes. Essai sur l'imaginaire et le réel dans la thérapeutique traditionnelle*, Paris, PUF, 1952, p. 25. Voir aussi : W. R. Dawson, « Mummy as a drug », in *Proceedings of the Royal Society of Medicine*, 1928, 21, p. 35.
45. L. de Serre, *Les Œuvres pharmaceutiques du Sr Jean de Renou, conseiller et médecin du Roy à Paris ; augmentées d'un tiers en cette seconde édition par l'Auteur, puis traduites, embellies de plusieurs figures nécessaires à la connaissance de la médecine et pharmacie et mises en lumière*, Lyon, 1626, p. 433.
46. L. Guyon, *Les Diverses Leçons divisées en cinq livres contenant plu-*

sieurs histoires, discours et faits mémorables, recueillis des autheurs grecs, latins, français, italiens, espagnols, Lyon, 1625, p. 22 et 23.

47. L. Reutter de Rosemont, *Histoire de la pharmacie à travers les âges*, Paris, 1931, t. I, p. 543. Voir aussi : W. R. Dawson, « Mummy as a drug », in *Proceedings of the Royal Society of Medicine*, 1928, 21, p. 35.

48. P. Belon, *Les Observations de plusieurs singularitez et choses mémorables trouvées en Grèce, Asie, Judée, Égypte, Arabie et autres pays estranges, rédigées en trois livres*, Paris, 1553, p. 118.

49. J. Cardan, *De la subtilité, et subtiles inventions, ensemble les causes occultes et raisons d'icelles, traduit du latin en françois par Richard le Blanc*, Paris, 1556, p. 359 (1re édition : 1550), p. 359.

50. A. Paré, *Discours de la mumie*, in *Œuvres complètes*, *op. cit.*, vol. 3, p. 479 et suiv.

51. J. Cardan, *op. cit.*, p. 359.

52. A. Paré, *op. cit.*, p. 482.

53. *Idem*, p. 482

54. *Idem*.

55. A. Paré, *Discours de la mumie*, *op. cit.*, p. 482.

56. L. Reutter de Rosemont, *op. cit.*, t. 1, p. 575. Voir également : B. Caesius, *Mineralogia*, Leyde, 1636, p. 369.

110. *Idem*, p. 434.

57. J. de Renou, *op. cit.*, p. 433.

58. *Idem*, p. 434.

59. P. Pomet, *Histoire générale des drogues traitant des plantes et des animaux et des minéraux*. Paris, 1694, liv. I, p. 7. Cf. aussi N. Lémery, *Traité universel des drogues...*, Paris, 1698, p. 509.

60. P.A.T.B. Paracelse, *Les XIV livres où sont contenus en Épitome ses secrets admirables... traduits du latin au françois par C. de Sarcilly*, Paris, 1631, p. 15.

61. P.A.T.B. Paracelse, *La Grande Chirurgie (1536) traduite en françois de la version latine de Josquin d'Alhem...*, Lyon, 1593, p. 147 et suiv.

62. L. Pénicher, *Traité des embaumements selon les Anciens et les Modernes avec une description de quelques compositions balsamiques et odorantes*, Paris, 1699, p. 250.

63. *Idem*, p. 252-253.

64. *Idem*, p. 263.

65. *Idem*, p. 270-271.

66. *Dictionnaire raisonné universel de matière médicale*, Paris, 1773, p. 161. Voir aussi : M. de Sevelinges, « Observation sur les effets de la Momie d'Égypte, par M. de Sevelinges, docteur en médecine à S. Étienne en Foretz », in *Journal de médecine, chirurgie, pharmacie*, Paris, sept. 1759, p. 224-227 ; M. Mareschal de Rougères, « Lettre de M. Mareschal de Rougères, maître en chirurgie à Plancoët en Bretagne, contenant quelques observations sur les effets de la momie », in *Journal de médecine, chirurgie, pharmacie*, Paris, mai 1767, p. 466-469.

67. Articles 614 et 615 du règlement précité in Dr. Prus, *op. cit.*, p. 221.
68. « Réponse de M. le docteur Clot-Bey aux questions posées par le Ministère anglais en 1839 », in Dr Prus, *op. cit.*, p. 388.
69. L. Aubert-Roche, *De la peste ou typhus d'Orient*, Paris, 1843, p. 37.
70. H. Vincenot, *La Vie quotidienne des paysans bourguignons au temps de Lamartine*, Paris, Hachette, 1976, p. 149.
71. F. V. Raspail, *Histoire naturelle de la santé et de la maladie chez les végétaux et chez les animaux en général, et en particulier chez l'homme, suivie du formulaire d'une nouvelle méthode de traitement hygiénique et curatif*, Paris, 1843, t. 2, p. 520.
72. *Idem* (édition de 1860), t. 3, p. 65.
73. *Idem* (édition de 1846), t. 2, p. 182.
74. *Idem* (édition de 1843), t. 2, p. 523.
75. *Idem*, p. 526.
76. *Idem*, p. 452.
77. J. Virey, *Histoire naturelle des médicamens, des alimens et des poisons, tirés des trois règnes de la nature*, Paris, 1820, p. 61.
78. Cf. T. de Bordeu, *Recherches sur les maladies chroniques* (1775), in *Œuvres complètes, précédées d'une notice sur sa vie et sur ses ouvrages par M. le chevalier Richerand*, Paris, 1818, p. 979 ; Brieude, « Mémoire sur les odeurs que nous exhalons, considérées comme signes de la santé et de la maladie », in *Histoire de la Société de Médecine et de Physique médicale pour la même année*, Paris, 1789, t. X ; H. Cloquet, *Osphrésiologie ou traité des odeurs, du sens et des organes de l'olfaction, avec l'histoire détaillée des maladies du nez et des fosses nasales et des opérations qui leur conviennent*, Paris, 1821, p. 35.
79. E. Monin, *Les Odeurs du corps humain* (1885), Paris, 1903, p. 10.
80. *Idem*, p. 16.
81. *Idem*, p. 5.
82. *Idem*, p. 8.
83. A. Artaud, « Le théâtre et la peste », in *La Nouvelle Revue*, Paris, octobre 1934, n° 253, p. 490. Artaud mêle ici des éléments disparates : le vêtement de toile cirée préconisé notamment par Lampérière et le masque à bec inventé par Delorme. Ce masque complétait en réalité une tenue protectrice faite de maroquin.
84. Voir à ce propos le beau travail de J. Bazin, *op. cit.*, p. 159.
85. Cf. Monique Lucenet, *Les Grandes Pestes en France*, Paris, Aubier, 1985, p. 124.
86. Cf. A. F. de Fourcroy, *L'Art de connaître et d'employer les médicaments dans les maladies qui attaquent le corps humain*, Paris, 1785, p. 261.
87. H. Boerhaave, *Elemens de chimie* (1732), Paris, 1754, t. 1, p. 156.
88. P. J. Macquer, *Dictionnaire de chimie contenant la théorie et la pratique de cette science, son application à la physique, à l'histoire naturelle, à la médecine et à l'économie animale*, Paris, 1766, t. I, p. 592.
89. J. J. Virey, *op. cit.*, p. 49-50.

Voir aussi : F. Dagognet, *La Raison et les Remèdes. Essai sur l'imaginaire et le réel dans la thérapeutique contemporaine*, Paris, PUF, 1952, p. 86.
A. F. Fourcroy, *L'Art de connaître et d'employer les médicaments dans les maladies qui attaquent le corps humain*, Paris, 1785.

Troisième partie

1. A. Paré, *Discours de la licorne, op. cit.*, p. 509.
2. P. Hecquet, *La Médecine, la chirurgie et la pharmacie des pauvres*, Paris, 1740, p. 98-99.
3. Hérodote, *Histoires*, texte établi et traduit par Ph.-E. Legrand, Paris, Les Belles Lettres, 1936, t. III, p. 107.
4. A. Erman et H. Ranke, *La Civilisation égyptienne* (1952), Paris, Payot, 1976, p. 679.
5. Cf. M. Detienne, *Les Jardins d'Adonis, op. cit.*, p. 62.
6. A. Dechambre, *Dictionnaire encyclopédique des sciences médicales*, Paris, 1878, p. 146.
7. M. Ficin, *op. cit.*, p. 41 et suiv.
8. A. Paré, *Traicté de la peste, de la petite vérolle et de la rougeolle, op. cit.*, p. 124.
9. *Correspondance de Madame, Duchesse d'Orléans* (1843), Paris, 1890, t. 2, p. 94. Voir aussi Saint-Simon, *Mémoires*, Paris, Hachette, 1884, t. 4, p. 352.
10. Cf. Albert le Grand, *Secrets merveilleux de la Magie naturelle et cabalistique du Petit Albert, traduit exactement sur l'Original latin, intitulé : Alberti Parvi Lucii, Libellus de mirabilibus Naturae Arcanis. Enrichi de figures mystérieuses et la manière de les faire, nouvelle édition corrigée et augmentée*, Lyon, 1729, p. 87-90.
11. Cf. P. V. Piobb, *Formulaire de haute magie*, Paris, 1937, p. 243.
12. H. C. Agrippa, *La Philosophie occulte* (1531), La Haye, 1727, vol. I, p. 115.
13. W. Atallah, « Un rituel de serment chez les Arabes Al-Yamin Al-Gamus », in *Arabica*, vol. 20, nº 1, p. 70.

CHAPITRE V

1. Cf. S. Mayassis, *Architecture, religion, symbolisme*, vol. 1, Athènes, BAOA, 1964, p. 115.
2. Larousse, *Grand Dictionnaire du* XIXᵉ, Genève, 1982, article « Parfum ».

3. Cf. L. Reutter de Rosemont, *Histoire de la pharmacie à travers les âges*, *op. cit.*, t. I, p. 23.
4. Cf. J.-C. Goyon, *Rituels funéraires de l'ancienne Égypte. Le rituel de l'embaumement. Le rituel de l'ouverture de la bouche. Les Livres des respirations*, Paris, éditions du Cerf, 1972, p. 43.
5. Le *Livre des morts* décrit le monde des morts à l'image de l'Égypte. Il est partagé par un long fleuve. La « Douat » est divisée en douze régions correspondant aux douze heures de la nuit. Les morts en sortaient sur la barque solaire pour resplendir avec Râ lorsqu'il ressuscitait aux premières heures du jour. Cf. L. Dérobert, H. Reichlen, J.-P. Campana, *Le Monde étrange des momies*, Paris, Pygmalion, 1975, p. 23.
6. Terme désignant les grandes circonscriptions du territoire égyptien.
7. Cf. J.-C. Goyon, *op. cit.*, p. 45 et suiv.
8. *Idem*, p. 165.
9. Exode, 30, 34-36.
10. Exode, 30, 1-11.
11. Exode, 30, 23-25.
12. Nombres, 16, 40-41.
13. Exode, 24, 5-8.
14. Marc, 14, 22-25.
15. Genèse, 17, 9-15. Cf. aussi Exode, 4, 25-26.
16. Lévitique, 16, 14-15.
17. Exode, 19, 15-22. Cf. aussi Lévitique, 8, 1-7.
18. Fray Bernardino de Sahagun, *Histoire générale des choses de la Nouvelle-Espagne* (1547-1590), traduit de l'espagnol par D. Jourdanet et R. Siméon, Paris, F. Maspero, 1981, p. 106-107.
19. C. Duverger, *La Fleur létale. Économie du sacrifice aztèque*, Paris, Seuil, 1979, p. 134.
20. F. Bernardino de Sahagun, *op. cit.*, p. 103.
21. Cf. G. Dumas, « L'odeur de sainteté », in *La Revue de Paris*, novembre 1907, p. 534.
22. J. Collin de Plancy, *Dictionnaire critique des reliques et des images*, Paris, 1821, vol. 2, p. 358-359.
23. Plutarque, *Œuvres morales*, Paris, Les Belles Lettres, 1974, t. VII. p. 167.
24. Cf. M. Aubrun, « Caractères et portée religieuse des "Visiones" en Occident du VIe au XIe siècle », in *Cahiers de civilisation médiévale*, Poitiers, 1980, p. 117.
25. Cf. J. Goubert et L. Christiani, *Les Plus Beaux Textes de l'au-delà, Paris*, La Colombe, 1950, p. 316.
26. Cf. H. Larcher, *Le sang peut-il vaincre la mort* ? Paris, Gallimard, 1957, p. 196.
27. Bollandistes, *Acta Sanctorum*, 1643, n° 1047. Voir aussi H. Larcher, *op. cit.*, p. 27.
28. M. Charbonnier, *Maladies et facultés des mystiques*, 1874, p. 43-44.

29. G. Dumas, *op. cit.*, p. 544.
30. *Idem*, p. 205.
31. *Idem*, p. 221-222.
32. H. Larcher, *op. cit.*, p. 222.

CHAPITRE VI

1. Lévitique, 17, 11.
2. S. Mayassis, *Le Livre des morts de l'Égypte ancienne est un livre d'initiation*, Athènes, BAOA, 1955, p. 325.
3. Empédocle, in *Les Présocratiques*, *op. cit.*, p. 416.
4. Deutéronome, 12, 23.
5. J. G. Frazer, *Le Rameau d'or* (1890-1915), Paris, Robert Laffont, 1981, p. 625.
6. J. Chelhold, *Le Sacrifice chez les Arabes*, Paris, PUF, 1955, p. 103.
7. Cf. L. E. de Païni, *La Magie et le Mystère de la femme*, Paris, 1928, p. 271.
8. En ce qui concerne en particulier le recours aux mythes, les travaux de Georges Dumézil, Claude Lévi-Strauss, Jean-Pierre Vernant ou Marcel Detienne ont délaissé la méthode classique du comparatisme global, de type frazérien, au profit d'une interprétation différenciée replaçant chaque mythe dans son contexte culturel. Mais il n'est pas question, ici, de décrypter tel ou tel mythe en recherchant ailleurs des héros ou des dieux analogues. Il s'agit simplement de repérer, au sein de récits mythiques, une juxtaposition élémentaire à laquelle de très nombreuses pratiques rituelles donnent déjà, par l'alliance du sang et de l'encens, une universalité difficilement contestable.
9. L. Catelan, *Rare et curieux discours de la Plante appelée Mandragore*, *op. cit.*, p. 6.
10. Codex Fejervary Mayer, pl. 4, in C. Duverger, *op. cit.*, p. 225.
11. M. Meurger, « Stella Nocens, essai sur *L'Assemblée des sorcières* de Frans Francken au Kunsthistorisches Museum de Vienne », in *Anagram*, Paris, Maisonneuve et Larose, 1981, n° 9, p. 90.
12. J. G. Frazer, *op. cit.*, p. 275.
13. *La Quête du Graal*, Paris, Seuil, 1965, p. 256.
14. Cf. G. Raynaud, *Le Popol-Vuh, les dieux, les héros et les hommes de l'ancien Guatemala d'après le Livre du Conseil*, Paris, Maisonneuve et Larose, 1980, p. VIII et IX.
15. Cf. W. Robertson Smith, *The Religion of the Semites*, Londres, 1927, p. 427.
16. N. de Locques, *Les Vertus magnétiques du sang. De son usage interne et externe pour la guérison des maladies*, Paris, 1664, p. 45.
17. H. C. Agrippa, *op. cit.*, t. I, p. 115.

18. Voir *supra*, p. 117-118 et *infra*, p. 183 et 201.
19. P. Camporesi, *op. cit.*, p. 7.

Quatrième partie

1. A. Holley et P. Mac Leod, « Transduction et codage des informations olfactives », *Journal de physiologie*, Paris, 1977, p. 729.
2. E. Cassirer, *La Philosophie des formes symboliques* (1923), Paris, Minuit, 1972, p. 150.
3. P. Camporesi, *op. cit.*, p. 197.
4. G. Bachelard, *La Terre et les rêveries du repos. Essai sur les images de l'intimité*, Paris, Corti, 1948, p. 128.

CHAPITRE VII

1. Platon, *Timée*, in *Œuvres complètes*, trad. L. Robin et M.-J. Moreau, Paris, Gallimard, 1950, p. 491.
2. Lucrèce, *De la nature des choses*, trad. H. Clouart, Paris, Garnier-Flammarion, 1964, p. 136.
3. Platon, *Timée*, trad. E. Chambry, Paris, Garnier-Flammarion, 1969, p. 444.
4. Aristote, *De sensu*, in *Parva Naturalia*, trad. J. Tricot, Paris, Vrin, 1951, p. 32.
5. Platon, *La République*, in *Œuvres complètes*, *op. cit.*, p. 1193.
6. Aristote, *De sensu*, *op. cit.*, p. 34. Cf. aussi Aristote, *Éthique à Nicomaque*, trad. J. Tricot, Paris, Vrin, 1979, p. 162.
7. Aristote, *De sensu*, *op. cit.*, p. 34.
8. Aristote, *Éthique à Nicomaque*, *op. cit.*, p. 161-162.
9. Lucrèce, *op. cit.*, p. 135.
10. Cf. M. Conche, *Épicure, lettres et maximes*, Villers-sur-Mer, Mégare, 1977, p. 30.

CHAPITRE VIII

1. Jean, Évangile, 12, 1-8.
2. Paul, Épître aux Galates, 5, 16-19.
3. Pierre, Première épître, 3, 3-5.
4. Clément Romain, *Les Deux Épîtres aux vierges* (vers 96), Paris, 1853, p. 141.

5. *Idem*, p. 143.
6. Tertullien (160-235 ?), *La Toilette des femmes*, traduction de M. Turcan, Paris, Cerf, 1971, p. 101-103.
7. *Idem*, p. 167.
8. *Idem*, p. 143.
9. *Idem*, p. 101.
10. *Idem*, p. 117.
11. Jean Chrysostome (344-407), *Homélies ou sermons*, Paris, 1665, p. 361. Ce thème se trouve déjà chez Paul (cf. 2 Co, 2, 1517).
12. *Idem*, p. 362.
13. Bernard de Clairvaux (saint), (1091-1153), *Lettres*, présentées par Ch. Melot, Dijon, 1847, p. 102.
14. Thomas d'Aquin (saint), *Somme théologique (1266-1274). L'âme humaine*, trad. J. Webert, Paris, Tournai, Rome, La Revue des jeunes, 1928, p. 180.
15. Thomas d'Aquin, *Somme théologique. La Résurrection*, trad. par J.-D. Folghera, notes et appendice par J. Webert, Paris, Tournai, Rome, La Revue des jeunes, 1938, p. 181-182.
16. Thomas d'Aquin, *Somme théologique. L'Eucharistie*, trad. A.-M. Roguet, Paris, Tournai, Rome, La Revue des jeunes, 1967, p. 260-261.

CHAPITRE IX

1. J.-N. Biraben, *Les Hommes et la Peste en France et dans les pays européens et méditerranéens*, *op. cit.*, vol. I, p. 48.
2. L. Febvre, *Le Problème de l'incroyance au* XVIe *siècle*, Paris, Albin Michel, 1962, p. 461-462.
3. M. de Montaigne, *Essais* (1580-1595), Paris, PUF, 1965, notes de P. Villey, liv. II, chap. XII, p. 587-588.
4. *Idem*, liv. I., chap. LV, p. 315.
5. *Idem*, p. 314.
6. P. Moreau, *Montaigne*, Paris, Hatier, 1966, p. 52.
7. F. Dagognet, *La Maîtrise du vivant*, Paris, Hachette, 1988, p. 29.

CHAPITRE X

1. R. Descartes, *Traité de l'homme* (1664), in *Œuvres et Lettres*, présentées par A. Bridoux, Paris, Gallimard, 1953, p. 827.
2. R. Descartes, *Sixièmes réponses* (1641), in *Œuvres et Lettres*, *op. cit.*, p. 542.

3. E. Bréhier, *Histoire de la philosophie moderne*, Paris, PUF, 1960, p. 72.
4. R. Descartes, *Deuxième méditation* (1641), in *Œuvres et Lettres, op. cit.*, p. 280-281.
5. N. Malebranche, *De la recherche de la vérité où l'on traite de la nature de l'esprit et de l'homme et de l'usage qu'il en doit faire pour éviter l'erreur dans les sciences* (1678), édité par G. Rodis-Lewis, Paris, Vrin, 1962, t. I, liv. I, X, p. 129.
6. N. Malebranche, *Entretiens sur la métaphysique et sur la religion. Entretiens sur la mort* (1696), édité par A. Robinet, Paris, Vrin, 1965, t. XII, liv. IV, XV, p. 100.
7. O. Arnold, *Le Corps et l'âme*, Paris, Seuil, 1984, p. 139.
8. J. B. Bossuet, *Traité de la concupiscence* (1693-1694), Paris, 1879, p. 8.
9. *Idem*, p. 13-14.
10. A. M. de Liguori (saint), *Un aide dans la douleur*, Paris, 1877, p. 305. Ce prédicateur et théologien napolitain, né en 1696 et mort en 1787, élabora un système de théologie morale connu sous le nom d'« équiprobabilisme ».
11. A. M. de Liguori, *La Véritable Épouse de J.-C.*, Paris, 1877, p. 235.

CHAPITRE XI

1. J. Offroy de La Mettrie, *Histoire naturelle de l'âme* (1745), Oxford, 1747, p. 349.
2. C. A. Helvétius, *De l'homme, de ses facultés intellectuelles et de son éducation* (1772), Liège, 1774, p. 135.
3. E. Bonnot de Condillac, *Traité des sensations* (1754), in *Œuvres philosophiques*, Paris, PUF, 1947, p. 222.
4. *Idem*, p. 239.
5. *Idem*, p. 224.
6. F. Dagognet, préface au *Traité des animaux de Condillac*, Paris, Vrin, 1987, p. 10.
7. D. Diderot, *Lettres sur les sourds et muets* (1751), in *Premières Œuvres*, vol. 2, Paris, Éditions sociales, 1972, p. 99.
8. D. Diderot, *Lettre à Mademoiselle de la Chaux* (1751), in *Correspondance* (1713-1757), édition établie, annotée et préfacée par G. Roth, Paris, Éditions de Minuit, 1955, p. 118-119.
9. J.-J. Rousseau, *Émile ou De l'éducation* (1762), in *Œuvres complètes*, Paris, Gallimard, 1969, t. IV, p. 370.
10. *Idem*, p. 370.
11. G. L. Leclerc (comte de Buffon), *Histoire naturelle des animaux* (1753), in *Œuvres philosophiques*, présentées par J. Piveteau, Paris, PUF, 1954, p. 331.
12. *Idem*, p. 415.

13. *Idem*, p. 325.
14. *Idem*, p. 326.
15. J.-J. Rousseau, *Discours sur l'origine et les fondements de l'inégalité parmi les hommes* (1754), in *Œuvres complètes*, *op. cit.*, t. III, p. 140.
16. J.-J. Rousseau, *Émile ou De l'éducation*, *op. cit.*, p. 416-417.
17. J.-J. Rousseau, *Discours sur l'origine et les fondements de l'inégalité parmi les hommes*, *op. cit.*, p. 142.
18. J.-J. Rousseau, *Émile ou De l'éducation*, *op. cit.*, p. 416.
19. J.-J. Rousseau, *Discours sur l'origine et les fondements de l'inégalité parmi les hommes*, *op. cit.*, p. 144.
20. J.-J. Rousseau, *Émile ou De l'éducation*, *op. cit.*, p. 415.
21. J.-J. Rousseau, *Discours sur l'origine et les fondements de l'inégalité parmi les hommes*, *op. cit.*, p. 158.
22. J.-J. Rousseau, *Émile ou De l'éducation*, *op. cit.*, p. 416.
23. *Idem*. Voir à ce propos la pertinente analyse d'Yves Vargas, *Introduction à l'*Émile *de Rousseau*, Paris, PUF, 1995, p. 64.
24. T. Hobbes, *Éléments du droit naturel et politique* (1649-1658), trad. L. Roux, Lyon, éd. Hermès, 1977, p. 141.
25. J.-J. Rousseau, *Lettre du 15 décembre 1763 au prince de Wurtemberg*, in *Lettres philosophiques*, Paris, Vrin, 1974, p. 123.
26. J.-J. Rousseau, *Émile ou De l'éducation*, *op. cit.*, p. 416.
27. *Idem*, p. 418.
28. P. J. G. Cabanis, *Rapports du physique et du moral* (1802), in *Œuvres complètes*, Paris, PUF, 1956, p. 226.
29. *Idem*, p. 228.
30. J. Cazeneuve, introduction, *Œuvres complètes de Cabanis*, p. XXVIII.
31. P. J. G. Cabanis, *op. cit.*, p. 555.
32. *Idem*, p. 570-571.
33. G. Berkeley, *Siris ou Réflexions et recherches philosophiques concernant les vertus de l'eau de goudron et divers autres sujets connexes entre eux et naissant l'un de l'autre* (1744), introduction, traduction et notes, de P. Dubois, Paris, 1971, p. 32.
34. *Idem*, p. 139.

CHAPITRE VII

1. E. Kant, *Anthropologie du point de vue pragmatique* (1798), trad. M. Foucault, Paris, Vrin, 1979, p. 40.
2. *Idem*, p. 39.
3. *Idem*, p. 37.
4. *Idem*, p. 40.
5. E. Kant, *Critique de la faculté de juger* (1790), trad. A. Tremesaygues et B. Pacaud, Paris, Vrin, 1979, p. 157.

6. E. Kant, *Anthropologie du point de vue pragmatique*, *op. cit.*, p. 40.
7. E. Kant, *Critique de la faculté de juger*, *op. cit.*, p. 157.
8. I. E. Borowski, R. B. Jachmann, E. A. Wasianki, *Kant intime*, traduction de l'allemand par J. Mistler, Paris, Grasset, 1985.
9. J. C. de La Metherie, *De l'homme considéré moralement, de ses mœurs et de celles des animaux*, Paris, an XI (1802), vol. 2, p. 294.
10. G. W. F. Hegel, *Esthétique* (1832), trad. S. Jankélévitch, Paris, Flammarion, 1979, t. III, p. 140.
11. *Idem*, p. 139.
12. *Idem*, p. 137-138.
13. *Idem*, p. 136.
14. *Idem*, p. 140.
15. *Idem*, p. 138.
16. *Idem*, p. 139.
17. *Idem*, t. I, p. 192.

CHAPITRE XIII

1. L. Feuerbach, « Leçons sur l'essence de la religion dans son rapport à L'Unique et sa propriété », in *La Nouvelle Critique*, avril 1955, p. 29.
2. L. Feuerbach, « L'essence du christianisme dans son rapport à L'Unique et sa propriété » (1841), in *Manifestes philosophiques*, trad. L. Althusser, Paris, PUF, 1960, p. 207.
3. F. Engels, *Ludwig Feuerbach et la fin de la philosophie classique allemande* (1888), Paris, Éditions sociales, 1979, p. 41.
4. L. Feuerbach, « Contribution à la critique de la philosophie d'Hegel » (1839), in *Manifestes philosophiques*, *op. cit.*, p. 15.
5. L. Feuerbach, « Principes de la philosophie de l'avenir » (1843), in *Manifestes philosophiques*, *op. cit.*, p. 159.
6. *Idem*, p. 194.
7. L. Feuerbach, « L'essence du christianisme », *loc. cit.*, p. 208.
8. L. Feuerbach, « Principes de la philosophie de l'avenir », *loc. cit.*, p. 196 et suiv.
9. F. Nietzsche, *L'Antéchrist* (1888), in *Œuvres philosophiques complètes*, textes établis par G. Colli et M. Montinari, traduction de C. Heim, I. Hildenbrand et J. Gratien, Paris, Gallimard, 1971, p. 239.
10. F. Nietzsche, *La Généalogie de la morale*, in *Œuvres philosophiques complètes*, *op. cit.*, p. 276.
11. F. Nietzsche, *Le Crépuscule des idoles* (1888), traduction de J.-C. Hémery, in *Œuvres philosophiques complètes*, *op. cit.*, p. 142.
12. F. Nietzsche, *L'Antéchrist*, *op. cit.*, p. 215-216.
13. F. Nietzsche, *Le Crépuscule des idoles*, *op. cit.*, p. 75-76.
14. A. Schopenhauer, *Le Monde comme volonté et comme représentation*

(1819), trad. A. Burdeau, Paris, PUF, 1966, p. 143 : « La volonté de vivre, c'est le corps. »
15. *Idem*, p. 704.
16. *Idem*, p. 699-700.
17. F. Nietzsche, *La Généalogie de la morale*, *op. cit.*, p. 297.
18. F. Nietzsche, *Ecce homo* (1888), trad. J.-C. Hémery, in *Œuvres philosophiques complètes*, *op. cit.*, p. 286.
19. F. Nietzsche, *La Volonté de puissance*, *op. cit.*, p. 114.
20. F. Nietzsche, *Le Crépuscule des idoles*, *op. cit.*, p. 76.
21. J. Bollack et H. Wismann, *Héraclite ou la séparation*, Paris, éd. de Minuit, 1972, fragment 7, p. 77.
22. F. Nietzsche, *Le Crépuscule des idoles*, trad. H. Albert, Paris, Denoël, 1970, p. 29.
23. F. Nietzsche, *Par-delà le bien et le mal* (1886), in *Œuvres philosophiques complètes*, *op. cit.*, p. 194.
24. F. Nietzsche, *Ecce homo*, *op. cit.*, p. 333.
25. F. Nietzsche, *Le Crépuscule des idoles*, *op. cit.*, p. 72.
26. F. Nietzsche, *Ecce homo*, *op. cit.*, p. 255-256.
27. F. Nietzsche, *La Généalogie de la morale*, trad. H. Albert, Paris, Gallimard, 1964, p. 92.
28. F. Nietzsche, *Ecce homo*, *op. cit.*, p. 287.
29. F. Nietzsche, *L'Antéchrist*, *op. cit.*, p. 230.
30. F. Nietzsche, *La Généalogie de la morale*, trad. H. Albert, *op. cit.*, p. 62.
31. *Idem*, p. 63.
32. F. Nietzsche, *Ecce homo*, *op. cit.*, p. 302

CHAPITRE XIV

1. J. Nogué, *Esquisse d'un système des qualités sensibles*, Paris, PUF, 1943. Voir aussi *infra* p. 248-252.
2. M. Serres, *Les Cinq Sens*, Paris, Grasset, 1985, p. 23.
3. M. Pradines, *Traité de psychologie générale* (1943-1950), Paris, PUF, 1958, p. 513.
4. J. Jaurès, *De la réalité du monde sensible*, Paris, 1891, p. 198.
5. C. Baudelaire, *L'Art romantique* (1868), Paris, Garnier-Flammarion, p. 173.
6. C. Baudelaire, « Parfum exotique », in *Les Fleurs du mal* (1840-1857), présenté par J.-P. Sartre, Paris, Gallimard, 1961, p. 37.
7. J.-K. Huysmans, *À rebours* (1884), Paris, Gallimard, 1977, p. 231.
8. Cf. G. Gusdorf, *Mémoire et personne*, Paris, PUF, 1950, tome I, p. 117-118.
9. D. Sperber, *Le Symbolisme en général*, Paris, Hermann, 1974, p. 130.

10. C. Baudelaire, « Correspondances », in *Les Fleurs du mal*, Paris, 1978, Jean de Bonnot, p. 24.
11. S. Oleszkiewicz-Debout, *Le Dictionnaire des philosophes*, Paris, PUF, 1984, vol. 1, p. 948.
12. G. Bachelard, *Fragments d'une poétique du feu*, Paris, PUF, 1988, p. 75.
13. C. Pellarin, *Vie de Fourier* (1839), Paris, 1871 (5e édition), p. 32-33.
14. C. Fourier, *Théorie des quatre mouvements et des destinées générales*, (1808), in *Œuvres complètes*, Paris, éd. Anthropos, 1966-1970, t. 1, p. 30.
15. Cf. C. Fourier, « Traité de l'Association domestique-agricole », in *Théorie de l'Unité universelle* (1822), *Œuvres complètes*, *op. cit.*, t. IV, vol. 1, p. 31 et suiv. Fourier propose quatre sciences nouvelles : l'Association industrielle, l'Attraction passionnée, le Mécanisme aromal, l'Analogie universelle.
16. C. Fourier, *Théorie de l'Unité universelle*, *op. cit.*, t. IV, 3, p. 242.
17. C. Fourier, « Sommaires et annonce du traité de l'Unité universelle », in *Théorie de l'Unité universelle*, *op. cit.*, t. II, vol. 1, p. 192.
18. Cyrano de Bergerac, *Histoire comique des états et empires de la Lune* (1649), in *Voyages fantastiques aux états et empires de la Lune et du Soleil*, Paris, éditions LCL, 1967, p. 29.
19. Cf. A. Omont, « Les molécules aromatiques du milieu interstellaire », in *Aux frontières de la science*, *La Recherche*, octobre, 1989, p. XXXVI.
20. G. Bachelard, *La Formation de l'esprit scientifique : contribution à une psychanalyse de la connaissance objective*, Paris, Vrin, 1938, p. 115.
21. *Idem*, p. 102.
22. *Idem*, p. 115.
23. G. Bachelard, *La Formation de l'esprit scientifique*, *op. cit.*, p. 116. Cf. Macquer, *Éléments de chymie pratique*, Paris, 1751, vol. 2, p. 54.
24. G. Bachelard, *op. cit.*, p. 117.
25. *Idem*, p. 118.
26. G. Bachelard, *Le Matérialisme rationnel*, Paris, PUF, 1952, p. 220.
27. G. Bachelard, *L'Eau et les Rêves. Essai sur l'imagination de la matière*, Paris, Corti, 1940, p. 10.
28. La menthe comme le phénix sont sous le signe du feu et de l'arôme. (Cf. G. Bachelard, *La Poétique de la rêverie*, Paris., PUF, 1960, p. 121 : « le feu de la menthe ». Voir aussi G. Bachelard, *Fragments d'une poétique du feu*, *op. cit.*, p. 75 : « Avec le Phénix posé sur son nid d'aromates, brûlant sur son bûcher de plantes odoriférantes, nous tenons un élément du mythe des odeurs. »)
29. F. Dagognet, *Gaston Bachelard, sa vie, son œuvre, avec un exposé de sa philosophie*, Paris, PUF, 1965, p. 51.
30. G. Bachelard, *L'Eau et les Rêves. Essai sur l'imagination de la matière*, *op. cit.*, p. 11.
31. G. Bachelard, *L'Air et les Songes. Essai sur l'imagination du mouvement*, Paris, Corti, 1943, p. 158.

32. M. Proust, *Du côté de chez Swann* (1913), in *À la recherche du temps perdu*, *op. cit.*, vol. 1, p. 72.
33. M. Proust, *La Prisonnière* (1923), in *À la recherche du temps perdu*, *op. cit.*, vol. 11, p. 33.
34. M. Proust, *Jean Santeuil*, Paris, Gallimard, 1952, t. II, p. 306.
35. M. Proust, *Le Temps retrouvé*, t. II, p. 16.
Les neurophysiologistes ont montré que les souvenirs suscités par les odeurs provoquaient une émotion plus intense. Et ce sont les rapports étroits du système olfactif avec l'amydale et l'hippocampe du système limbique qui fournissent le support neurologique des liens privilégiés de l'odorat avec la mémoire. Cf. R. S. Herz et T. Engen, « Odor memory : Review and analysis », in *Psychonomic Bulletin & Review*, 1996, 3 (3), 300-313.
36. G. Bachelard, *La Poétique de l'espace*, Paris, PUF, 1957, p. 33.
37. G. Bachelard, *La Poétique de la rêverie*, *op. cit.*, p. 122.
38. M. Proust, *Du côté de chez Swann*, *op. cit.*, vol. 1, p. 68.
39. G. Bachelard, *La Poétique de la rêverie*, *op. cit.*, p. 119.
40. *Idem*, p. 118.
41. *Idem*, p. 121.
42. G. Bachelard, *La Poétique de l'espace*, *op. cit.*, p. 31.
43. G. Bachelard, *La Poétique de la rêverie*, *op. cit.*, p. 118.
44. G. Bachelard, *Fragments d'une poétique du feu*, *op. cit.*, p. 64.
45. G. Bachelard, *La Poétique de la rêverie*, *op. cit.*, p. 123.
46. P. Quillet, *Le Dictionnaire des philosophes*, *op. cit.*, vol. 1, p. 187.
47. F. Dagognet, *op. cit.*, p. 63.
48. F. Verhesen cité par M.-J. Lefebvre, « De la science des profondeurs à la poésie des cimes », in *Critique*, Paris, janvier 1964, p. 28.
49. G. Bachelard, *La Poétique de la rêverie*, *op. cit.*, p. 120.
50. A. F. de Fourcroy, *L'Art de connaître et d'employer les médicaments dans les maladies qui attaquent le corps humain*, Paris, 1785, tome I, p. 261-262.

Cinquième partie

1. S. Freud, *La Naissance de la psychanalyse, Lettres à Wilhelm Fliess* (1887-1902), Paris, PUF, 1969, p. 125.

CHAPITRE XV

1. W. Fliess, « La névrose nasale réflexe », in *Congrès médical de Wiesbaden*, 1893, p. 384-394.

2. M. Schur, *La Mort dans la vie de Freud*, Paris, Gallimard, 1975, p. 106.
3. D. Anzieu, *L'Auto-analyse. Son rôle dans la découverte de la psychoanalyse par Freud. Sa fonction en psychanalyse*, Paris, PUF, 1959, p. 201.
4. J. Geller, « A glance at the nose : Freud's inscription of jewish difference », in *American Imago*, vol. 49, n° 4, p. 435. Cf. aussi : S. Gilman, *The Jew's Body*, New York, Routledge, 1991.
5. M. Schur, *op. cit.*, p. 110-111.
6. *Idem*, p. 112.
7. F. Freud, *L'Interprétation des rêves* (1900), Paris, PUF, 1976, p. 99.
8. *Idem*, p. 99-100.
9. *Idem*, p. 108.
10. M. Schur, *op. cit.*, p. 116.
11. *Idem*, p. 121.
12. J. Breuer et S. Freud, *Études sur l'hystérie* (1895), Paris, PUF, 1956, p. 88-89.
13. *Idem*, p. 93. Il faut rappeler que Freud était un grand amateur de cigares et que cette odeur a pu jouer un rôle dans le transfert.
14. *Idem*.
15. *Idem*, p. 92.
16. W. Fliess, *Les Relations entre le nez et les organes génitaux de la femme* (1897), Paris, Seuil, 1977, p. 24.
17. *Idem*, p. 244.
18. S. Freud, *La Naissance de la psychanalyse, Lettres à Wilhelm Fliess (1887-1902)*, Paris, PUF, 1969, p. 140.
19. *The Complete Letters of Sigmund Freud to Wilhelm Fliess (1887-1904)*, Harvard University Press, England, 1985, p. 192.
20. S. Freud, *La Naissance de la psychanalyse, op. cit.*, 153.
21. *Idem*, p. 206.
22. Cf. I. Bloch, *Das Sexualleben unserer Zeit in seinen Beziehungen zur modernen Kultur*, Berlin, L. Marcus, 1907.

H. Ellis, *Studies in the Psychology of Sex. Sexual Selection in Man* (1906), vol. 4, Philadelphia, Davis Company, 1925.

C. Féré, *L'Instinct sexuel. Evolution et dissolution*, Paris, Alcan, 1899.

A. Hagen, *Die sexuelle Osphresiologie*, Charlottenburg, H. Basdorf, 1901.

R. von Krafft-Ebing, *Psychopathia Sexualis. Eine Klinisch-Forensische Studie* (1886), Paris, Payot, 1931.

A. Moll, *Les Perversions de l'instinct génital. Étude sur l'inversion sexuelle*, Paris, G. Carré, 1893.

A. Moll, *Untersuchungen über die Libido Sexualis*, vol. II, Berlin, H. Kornfeld, 1898.

Tous ces auteurs ont subi l'influence de Charles Darwin. Cf. *La Descendance de l'Homme et la sélection naturelle* (1871), Bruxelles, Complexe, 1981.

23. Freud, Lettre à Fliess du 14-11-1897, *La Naissance de la psychanalyse, op. cit.*, p. 205.

24. Cf. E. Dursy, *Zur Entwickelungsgeschichte des Kopfes des Menschen und der höheren Wirbeithiere*, Tübingen, H. Laupp, 1869 ; A. Kolliker, *Zur Entwicklung des Auges und Geruchorganes menschliger Embryonen*, Würzburg, Sthohel, 1883 ; G. Schwalbe, *Lehrbuch der Anatomie der Sinnesorgane*, Erlanger, E. Besold, 1887 ; E. Zuckerkandl, *Normale und pathologishe Anatomie der Nasenhöhle und ihrer pneumatischen Anhänge*, Vienne, Braumüller, 1882-1892.

25. S. Freud, « L'Homme aux rats », in *Cinq Psychanalyses* (1909), Paris, PUF, 1954, p. 260.

26. A. Binet, « Le fétichisme dans l'amour », in *Études de psychologie expérimentale*, Paris, O. Doin, 1988, p. 26.

27. S. Freud et K. Abraham, *Correspondance, 1907-1926*, Paris, Gallimard, 1969, p. 78.

28. S. Freud, Minutes de la Société psychanalytique de Vienne, n° 70, in *Revue internationale d'histoire de la psychanalyse*, 1989, vol. 2, p. 429.

29. *Idem*, p. 432.

30. *Idem*, p. 434.

31. S. Freud, Minutes de la Société psychanalytique de Vienne, n° 89, in *Les Premiers Psychanalystes*, t. II, *1908-1910*, Paris, Gallimard, 1967, p. 336.

32. S. Freud et S. Ferenczi, *Correspondance*, t. I, *1908-1914*, Paris, Calmann-Lévy, 1992, p. 148.

33. S. Freud et K. Abraham, *op. cit.*, p. 92.

34. S. Freud, *Trois Essais sur la théorie sexuelle* (1905), Paris, Gallimard, 1987, p. 65.

35. S. Freud, « Sur le plus général des rabaissements de la vie amoureuse », in *La Vie sexuelle*, Paris, PUF, 1969, p. 64.

36. J. Gregory Bourke, *Les Rites scatologiques* (1891), préface de S. Freud, Paris, éd. 1981, p. 34.

37. Préface écrite en octobre 1914 pour la 3e édition (1915) des *Trois Essais sur la théorie sexuelle*, *idem*, p. 29.

38. J. Gregory Bourke, *op. cit.*, p. 33.

39. *Idem*, p. 34

40. S. Freud, *Malaise dans la civilisation* (1929), Paris, PUF, 1971, p. 50.

41. *Idem*. Selon Warren Gorman (*Flavor, Taste and the Psychology of Smell*, Springfield, Charles C. Thomas, 1964, p. 80-81), Freud semble vouloir désigner par « refoulement organique » ce « genre de refoulement psychique, ou d'inhibition inconsciente, attribuable à des phénomènes somatiques ou organiques ». Et il précise que le refoulement organique « peut être défini comme l'inhibition de la fonction ou de la structure d'un organe, associée au refoulement de la fonction psychologique de cet organe ».

42. C.D. Daly et R. Senior White, « Psychic reactions to olfactory stimuli », in *The British Journal of Medical Psychology*, 1930, X, 70-87, p. 85.

Voir aussi C. D. Daly, « Hindu-Mythologie und Kastrationskomplex », in *Imago*, 1927, 10, XIII, p. 145-198.
43. S. Freud, *Malaise dans la civilisation, op. cit.*, p. 55.
44. *Idem*, p. 50-51.
45. *Idem*, p. 58-59.

CHAPITRE XVI

1. K. Abraham, « Psychanalyse d'un cas de fétichisme du pied et du corset » (1912), in *Œuvres complètes*, vol. I, *Rêve et mythe. Études cliniques de psychanalyse appliquée*, Paris, Payot, 1965, p. 94.
2. *Idem*, p. 97.
3. *Idem*, p. 98.
4. S. Ferenczi, « Les gaz intestinaux privilèges des adultes » (1913), *in Psychanalyse II — Œuvres complètes (1913-1919)*, Paris, Payot, 1974, p. 84.
5. S. Ferenczi, « Ontogenèse de l'intérêt pour l'argent » (1914), in *Œuvres complètes, op. cit.*, t. II, p. 146.
6. *Idem*, p. 145.
7. S. Ferenczi, « Pecunia olet » (1917), in *Œuvres complètes, op. cit.*, t. II, p. 285-286.
8. *Idem*, p. 286.
9. *Idem*, p. 287.
10. S. Ferenczi, *Thalassa, Psychanalyse des origines de la vie sexuelle*, trad. de J. Dupont et M. Viliker, Paris, Payot, 1992, p. 126.
11. S. Ferenczi, « Paranoïa et odorat », in *Journal clinique* (janvier-octobre 1932), Paris, Payot, 1985, p. 141.
12. S. Ferenczi, « Odeur spécifique des malades mentaux », in *Journal clinique, op. cit.*, p. 192.
13. S. Ferenczi, « Paranoïa et odorat », in *Journal clinique, op. cit.*, p. 142.
14. E. Jones, « La conception de la vierge par l'oreille » (1914), in *Essais de psychanalyse appliquée*, II, Paris, Payot, 1973, p. 265.
15. *Idem*, p. 247.
16. *Idem*, p. 268.
17. L. Andreas-Salomé, « Anal et sexuel » (1915), in *L'Amour du narcissisme*, Paris, Gallimard, 1980, p. 112.
18. Freud notait déjà dans une lettre à Fliess du 1er janvier 1896 (cf. *La Naissance de la psychanalyse*, p. 131) : « Le voisinage que la nature a donné aux organes sexuels doit inévitablement, au moment des expériences sexuelles, susciter un sentiment de dégoût. » Et, en 1912 : « l'excrémentiel est bien trop intimement et inséparablement lié avec le sexuel — la situation des organes génitaux — *inter urinas et faeces* — demeure le facteur

déterminant immuable ». Cf. S. Freud, *Sur le plus général des rabaissements de la vie amoureuse, op. cit.*, p. 65.

19. *Idem*, p. 107.
20. *Idem*, p. 102.
21. *Idem*, p. 112.
22. G. Groddeck, *Le Livre du ça* (1923), Paris, Gallimard, 1963, p. 194.
23. *Idem*, p. 198-199.
24. *Idem*, p. 204.
25. *Idem*, p. 205.
26. *Idem*, p. 200.
27. *Idem*, p. 213.
28. *Idem*, p. 214.
29. C. Le Guen (sous la direction de), *Le Refoulement : les défenses*, Quarante-cinquième congrès des psychanalystes de langue française. Paris, SPP, 1985, p. 19.
30. S. Freud, « Le fétichisme » (1927), in *La Vie sexuelle*, Paris, PUF, 1989, p. 133.
31. R. Mack Brunswick, « Supplément à l'"extrait de l'histoire d'une névrose infantile" de Freud » (1928), in *L'Homme aux loups par ses psychanalystes et par lui-même*, Paris, Gallimard, 1971, p. 269.
32. *Idem*, p. 270.
33. *Idem*, p. 291.
34. A. A. Brill, « The sense of smell in the neuroses and psychoses », in *The Psychoanalytic Quarterly*, 1932, I, p. 18.
35. *Idem*, p. 25.
36. *Idem*, p. 36.
37. O. Fenichel, *La Théorie psychanalytique des névroses* (1945), Paris, PUF, 1979, p. 249.
38. *Idem*, p. 391.
39. P. Friedmann, « Some observations on the sense of smell », in *The Psychoanalytic Quarterly*, 1959, 28, p. 317.
40. M. Kalogerakis, « The role of olfaction in sexual development », in *Psychosomatic Medecine. Journal of the Psychosomatic Society*, 1963, XXV, I, 431.

Voir aussi : I. Bieber, « Olfaction in sexual development and adult sexual organization », in *Psychoanalysis and Human Values*, New York, Ed. Grune, 1960 ; P. Greenacre, « Respiratory incorporation and the phallic phase », in *The Psychoanalytic Study of the Child*, 1951, 6, 180-205.

41. J. Rosenbaum, « The significance of the sense of smell in the transference », in *Journal of the American Psychoanalytic Association*, 1961, IX, 2, 317.
42. *Idem*, p. 323.
43. Cf. *supra*, p. 19.
44. Cf. H. Wiener, « External chemical messengers. Mind and body in

schizophrenia », in *New York State Journal of Medecine*, 15 mai 1967, 1287-1310.

H. Wiener, « External chemical messengers. I. Emission and reception in Man », in *New York State Journal of Medecine*, 15 décembre 1966, 3153-3170.

H. Wiener, « External chemical messengers. II. Natural history of schizophrenia », in *New York State Journal of Medecine*, 1er mai 1967, 1144-1165.

Voir aussi : B. Bettelheim, *La Forteresse vide*, Paris, Gallimard, 1969, p. 454.

45. K. Smith et J. Sines, « Demonstration of a peculiar odor in the sweat of schizophrenic patients », in *Archives of General Psychiatry*, 1960, 2, p. 188. Voir aussi : H. Posner, R. Culpan, R. Stewart, « Cause of the odor of a schizophrenic patient », in *Archives of General Psychiatry*, 1962, 7, 108-113 ; K. Skinner, K. Smith, E. Rich, « Bacteria and the "schizophrenic odor" », in *The American Journal of Psychiatry*, 1964, 121, 64-65.

46. Cf. J. Bullen, « Olfactory hallucinations in the insane », in *The Journal of Mental Science*, 1899, 45, 513-534.

W. Bromberg et P. Schilder, « Olfactory imagination and olfactory hallucinations », in *Archives of Neurology and Psychiatry*, 1934, 32, 3, 465-492.

D. Habeck, « Beitrag zur Gerurchshalluzinose mit Meziehungswahn », in *Archiv für Psychiatre und Nervenkrankheiten*, 1965, 207, 3, 196-205.

N. Kateryniuk, « Olfactory hallucinations in clinical evaluation », in *Journal of Kentucky Medical Association*, 1966, 64, 234-236.

Th. Videbecht, « Chronic olfactory paranoid syndromes. A contribution to the psychology of the sense of smell », in *Acta. Psychiatrica Scandinavica*, 1966, 42, 183-213.

W. Klages *et al.*, « Über eine Thalamische Trias in der Symptomatik schizophrener Psychosen », in *Archiv für Psychiatre und Nervenkrankheiten*, 1967, 209, 161-173.

47. H. Tellenbach, *Goût et Atmosphère* (1968), Paris, PUF, 1983, p. 52.

48. *Idem*, p. 105.

49. *Idem*, p. 106.

50. *Idem*, p. 117.

51. *Idem*, p. 121.

52. *Idem*, p. 125.

53. *Idem*, p. 130.

54. *Idem*, p. 133.

55. Cf. J. Cadilhac, « Le neurologue et les troubles de l'odorat », in *La Revue de médecine*, 1971, 15, p 885-890.

F. H. Connolly et N. L. Gittleson, « The relationship between delusions of sexualchange and olfactory and gustatory hallucinations in schizophrenia », in *The British Journal of Psychiatry*, 1971, 119, 443-444.

E. Peto, « The olfactory forerunner of the superego : its role in normalcy, neurosis and fetishism », in *International Journal of Psycho-Analysis*, 1973, 54,323-330.

W. Pryse-Philips, « An olfactory reference syndrome », in *Acta psychiatrica Scandinavica*, 1970, 47, 484-509.

W. Pryse-Philips, « Disturbance in the sense of smell in psychiatric patients », in *Proceedings of the Royal Society of Medecine*, 1975, 68, 472-474.

O. Sacks, « Dans la peau du chien », in *L'homme qui prenait sa femme pour un chapeau* (1985), Paris, Seuil, 1988.

56. J. Lacan, *Séminaire. (1961-1962), L'identification*, Paris, Seuil, 1973, p. 61-62.

57. F. Dolto, « Fragrance », in *Sorcières*, 1976, 5, p. 14.

58. *Idem*, p. 12-13.

59. *Idem*, p. 13.

60. *Idem*, p. 14.

61. *Idem*, p. 16-17. Voir aussi : F. Dolto, *La Cause des enfants*, Paris, Robert Laffont, 1985.

62. *Idem*, p. 14.

63. F. Dolto, *D'amour et de lait...*, Paris, Stock, coll. *Les Cahiers du nouveau-né*, n° 3, 1980, p. 343.

64. F. Dolto, « Fragrance », *loc. cit.*, p. 17.

65. F. Dolto, *D'amour et de lait...*, *op. cit.*, p. 342.

66. F. Dolto, « Fragrance », *loc. cit.*, p. 15.

67. H. Marcuse, *Éros et civilisation. Contribution à Freud* (1955), Paris, Minuit, 1970, 47.

68. P.-L. Assoun, « L'inconscient de l'odeur dans l'expérience freudienne », *Cahiers de psychologie de l'art et de la culture*, Paris, École nationale supérieure des Beaux-Arts, 1984, n° 10, p. 11.

69. *Idem*, p. 12.

70. *Idem*, p. 10.

71. *Idem*, p. 16. Voir aussi : P.-L. Assoun, « Les miasmes du refoulé », in *L'Âne*, 1983, 10, p. 24.

72. D. Anzieu, *Le Moi-peau*, Paris, Dunod, 1985, p. 182. Voir aussi : R. Spitz, « The primal cavity. A contribution to the genesis of perception and its role for psychoanalytic theory », in *The Psychoanalytic Study of the Child*, 1955, X, 215-240.

73. *Idem*, p. 183.

74. *Idem*, p. 184-185.

75. *Idem*, p. 186.

76. *Idem*, p. 190.

77. *Idem*, p. 184.

78. G. Harrus-Révidi, *La Vague et la Digue. Du sensoriel au sensuel en psychanalyse*, Paris, Payot, 1987, p. 62.

Voir aussi : D. W. Winnicot, *Objets transitionnels et phénomènes transitionnels* (1951), in *Jeu et Réalité* (1971), Paris, Gallimard, 1975.

D. W Winnicot, *L'Enfant et sa famille. Les premières relations* (1957), Paris, Payot, 1971.

79. *Idem*, p. 57.

80. *Idem*, p. 51.

81. Cf. P.-L. Assoun, *Le Fétichisme*, Paris, PUF, 1994.

S. Faure, « Le rôle du manque dans la constitution de l'objet », in *Revue française de psychanalyse*, 1987, 51, 2, p. 819-822.

P. Lombard, « Odeurs, amour et fantaisies », in *Revue française de psychanalyse*, 1989, 53, 1, p. 429-432.

H. Rey-Flaud, *Comment Freud inventa le fétichisme et réinventa la psychanalyse*, Paris, Payot, 1994.

R. Roussillon, « Une odeur d'au-dessus », in *Revue française de psychanalyse*, 1992, 56, 1, p. 61-67.

P. Süskind, *Le Parfum* (1985), traduit de l'allemand par B. Lortholary, Paris, Fayard, 1988.

82. J. Geller, *op. cit.*, p. 436.

83. *Idem*, p. 437.

84. B. Cyrulnik, *La Naissance du sens*, Paris, Hachette, 1991, p. 78.

CONCLUSION

1. Dans la loi de 1961 relative à la lutte contre les pollutions atmosphériques et les odeurs, la rupture n'est pas encore totale. L'article 1er évoque « les pollutions de l'atmosphère et les odeurs qui incommodent la population, compromettent la santé ou la sécurité publique ». L'article 2 dissocie cependant gaz corrosifs, toxiques, radioactifs et odorants. L'arrêté du 1er mars 1993 relatif aux rejets de toute nature des installations classées de même que la circulaire du 26 mars 1993 n'évoquent plus que la « gêne » occasionnée par certaines odeurs. L'article 2 de la loi du 30 décembre 1996 dispose : « constitue une pollution atmosphérique au sens de la présente loi l'introduction par l'homme, directement ou indirectement, dans l'atmosphère et les espaces clos, *de substances ayant des conséquences préjudiciables de nature à mettre en danger la santé humaine*, à nuire aux ressources biologiques et aux écosystèmes, à influer sur les changements climatiques, à détériorer les biens matériels, à *provoquer des nuisances olfactives excessives* ».

2. Cf. D. Howes, « Le sens sans parole : vers une anthropologie de l'odorat », *Anthropologie et Sociétés*, Québec, Université Laval, 1986, vol. 10, nº 3.

3. A. Corbin, *op. cit.*, p. 1.

4. L'Odorama a été créé, en 1986, par la société Mediasens.

5. L'Osmothèque a été inaugurée en 1990 dans les locaux de l'Institut supérieur international du parfum, de la cosmétique et de l'aromatique

alimentaire (ISIPCA), créé en 1984 à Versailles et qui a repris les activités de l'Institut supérieur international du parfum, fondé en 1970 par Jean-Jacques Guerlain.

6. C'est ainsi que se définissent Michael Moisseeff et Jacqui Ledresseur, fondateurs de l'association Asquali et auteurs de très nombreuses expériences et réalisations dans le domaine de la médiatisation olfactive.

7. Images, partition olfactive et réalisation de Michel Roudnitska, chorégraphie de Jacques Fabre. L'architecture de ce spectacle entrecroise notamment l'histoire de la Provence au travers de ses parfums et l'évolution parallèle des techniques qui leur sont liées : herbes brûlées, résines solides, huiles essentielles et vaporisations des aérosols. La diffusion des ambiances olfactives parmi le public a pu être réalisée en plein air grâce à une nouvelle technologie de diffusion permettant un enchaînement quasi instantané des séquences odorantes.

8. Créé en 1968 dans le cadre de l'université de Pennsylvanie, le Monell Center est devenu indépendant en 1978. En ce qui concerne l'odorat, un effort particulier est fait par ses chercheurs pour identifier les messagers secondaires impliqués dans la transduction olfactive (cf. en particulier les travaux de J.G. Brand, N.E. Rawson et D. Restrepo, *op. cit.*). Mais bien d'autres domaines sont abordés, comme celui des mauvaises odeurs corporelles (cf. G. Preti *et al.*, « Non oral and oral aspects of oral malodoror », in M. Rosenberg (ed.), *Bad Breath : Research Perspectives*, Israel, Ramot Publishing, 1995, 149-173), ou encore celui des effets du vieillissement sur l'odorat (cf. C. J. Wysocki et M. Pelchat, « The effects of aging on the human senses of smell and its relationship to food-choice », *Critical Reviews in Food Science and Nutrition*, 1993, 33, 63-82).

9. Cet institut qui a pour vocation le développement des sciences du goût et l'étude des comportements alimentaires regroupe sous l'égide du CNRS neuf laboratoires de recherche fondamentale. Des spécialistes de plusieurs nationalités doivent se pencher sur les mécanismes cérébraux qui font apprécier ou détester une odeur ou une saveur.

10. Ces recherches sont menées conjointement à Rome par le physiologiste Giovanni Cristalli, l'électronicien Arnoldo D'Amico et par Corado di Natale, spécialiste des réseaux neuronaux. Cinq types d'appareils sont actuellement expérimentés. L'un d'entre eux, par exemple, est composé de plaques de silicium et d'un gaz qui capte les odeurs et les transforme en impulsion électrique, décryptées ensuite par un ordinateur. Cf. « Sentir la mort pour sauver la vie », in *Courrier international*, mars 1997, n° 330.

11. J. Valnet, *Aromathérapie*, Paris, Maloine, 1984, p. 15.

12. Cf. R. L. Doty, L. M Bartoshuk, J. B. Snow, « Causes of olfactory and gustatory disorders », in *Smell and Taste in Health and Disease*, New York, Raven Press, 1991, p. 456.

13. Cf. R. L. Doty, « Olfactory dysfunction in neurodegenerative disorders », in *Smell and Taste in Health and Disease*, New York, Raven Press, 1991, p. 736.

14. F. Nietzsche, *Ecce homo* (1888), trad. J.-C. Hémery, in *Œuvres philosophiques complètes*, Paris, Gallimard, 1971, p. 333.

Voir aussi : L. Monti-Bloch, B. I. Grosser « Effect of putative pheromones on the electrical activity of the human vomeronasal organ and olfactory epithelium », in *Journal of Steroid Biochemistry and Molecular Biology,* 1991, 39 (4), 573-582 ; D. T. Moran, L. Monti-Bloch, L. J. Stensaas, D. L Berliner, « Structure and function of the human vomeronasal organ », in R. L. Doty, *Handbook of Olfaction and Gustation,* New York, Marcel Decker, 1995, 793-820 ; D. T. Moran, B. W. Jafek, J. C. Rowley, « The vomeronasal (Jacobson's) organ in man : ultrastructure and frequency of occurrence », *Journal of Steroid Biochemistry and Moecular Biology,* 1991, 39 (4), 545-552.

Bibliographie des ouvrages ne figurant pas dans les notes

ACKERMAN D., *Le Livre des sens* (1990), Paris, Grasset, 1991.

ALBERT J-P., *Odeurs de sainteté : La mythologie chrétienne des aromates*, Paris, Éditions de l'École des hautes études en sciences sociales, 1990.

ALBERT J.-P., *Le Sang et le Ciel. Les saintes mystiques dans le monde chrétien*, Paris, Aubier, 1997.

BARBIER M., *Les Phéromones. Aspects biochimiques et biologiques*, Paris, Masson, 1982.

BARTOSHUK L. M. et BEAUCHAMP G. K., « Chemical senses », *Annual Review of Psychology*, 1994, 45, p. 419-449.

BEAUCHAMP G. K., « The chemical senses and pleasure », in D. M. Wasburton (éd.), *Pleasure, the Policies and the Reality*, 1994, Londres, John Wiley, p. 29-38.

BEAUCHAMP G. K., *et al.*, « Evidence suggesting that the odortypes of pregnant women are a compound of maternal and fetal odortypes », in *Proceedings of the National Academy of Sciences*, USA, 1995, 92, p. 2617-2621.

BEAUCHAMP G. K. et BARTOSHUK L. (éd.), *Handbook of Perception and Cognition : Tasting and Smelling*, New York, Academic Press (à paraître).

BOCCARA M. et REY-HULMAN D. (éd.), *Les Odeurs du monde. Écriture de la nuit*, coédition Langues orientales et Flies (à paraître).

BONNET J., *L'Homme et le Parfum, Histoire des mœurs*, Gallimard, La Pléiade, tome I, 1990.

BORILLO M. et SAUVAGEOT A. (sous la dir. de), *Les Cinq Sens de la création*, Paris, Champs Vallon, 1996.

BOURDON P., « Le parfum : forme olfactive », *Revue internationale de psychopathologie*, Paris, PUF, 1996, n° 22, p. 247-279.

BRAND J. G., TEETER J. H., CAGAN R. H., KARE M. R. (éd.), *Chemical Senses*, vol. I : *Receptor Events and Transduction in Taste and Olfaction*, New York, Marcel Dekker, 1989.

BRAND J. G. et BRUCH R. C., « Molecular mechanisms of chemosensory transduction : gustation and olfaction », *Fish Chemoreception*, Londres, Chapman & Hall, 1992, p. 126-149.

BRILLAT-SAVARIN A., *Physiologie du goût* (1825), Paris, Flammarion, 1982.

BROSSUT R., MASSON C., « La communication chimique chez les insectes », *La Recherche*, 1981, vol. 12, n° 121, p. 406-417.

BROSSUT R., « Phéromones : la communication chimique chez les animaux », CNRS, Belin, 1996.

CAMPORESI P., *L'Officine des sens* (1985), Paris, Hachette, 1989.

CAMPORESI P., *Les Effluves du temps jadis*, Paris, Plon, 1995.

CLASSEN C., HOWES D., SYNNOT A., *Aroma*, Londres, Routledge, 1994.

COBBI J., « Les parfums au Japon : L'art d'écouter », extrait du *Catalogue de l'exposition « Parfums de plantes »*, Muséum d'histoire naturelle, Paris, décembre 1987.

COHEN E., « The broken cycle : Smell in a Bangkok Soi (Lane) », in *Ethnos*, 1988 : 1-2, p. 37-49.

CSERGO J., *Liberté, égalité, propreté*, Paris, Albin Michel, 1988.

CYRULNIK B., *Les Nourritures affectives*, Paris, Odile Jacob, 1993.

DEBRAY-RITZEN P., *Psychologie de la création, de l'art des parfums à l'art littéraire*, Paris, Albin Michel, 1979.

DOTY R. L., « Olfactory communication in humans », in *Chemical Senses*, 1981, 6, p. 351-376.

DOTY R. L. (éd.), *Handbook of Olfaction and Gustation*, New York, Marcel Decker, 1995.

DOUEK E., *The Sense of Smell and its Abnormalities*, Edinburgh, Churchill Livingston, 1974.

DUVERGER C., *La Fleur létale. Économie du sacrifice aztèque*, Paris, Seuil, 1979.

ELLENA J.-C. et FERRERO L., « Communication et composition », *Parfums, Cosmétiques, Arômes*, 1980, n° 34.

ENGEN T., *The Perception of Odors*, New York, Academic Press, 1982.

FAURE P., *Parfums et aromates de l'Antiquité*, Paris, Fayard, 1887.

GETCHELL T., BARTOSHUK L., DOTY R., SNOW J. (éd.), *Smell and Taste in Health and Disease*, New York, Raven Press, 1991, p. 851-862.

FISCHLER C., *L'Homnivore, le goût, la cuisine et le corps*, Paris, O. Jacob, 1993.

GUERRAND R.-H., *Les Lieux. Histoire des commodités*, Paris, La Découverte, 1985.

GUILLERMÉ J., « Le malsain et l'économie de la nature », *Dix-huitième siècle*, 1977, n° 9.

HOLLEY A. et SICARD G., « Les récepteurs olfactifs et le codage neuronal de l'odeur », in *Médecine/Sciences*, 1994, 10, p. 1091-1098.

HOLLEY A., « Acquisitions récentes en neurobiologie et physiologie de l'olfaction », in *Les Cahiers d'oto-rhino-laryngologie*, 1993, XXVIII, 10, 415-417.

HOLLEY A., « Les récepteurs des odeurs et autres attraits du modèle olfactif », in *Médecine/Sciences*, 1994, 10, p. 1077-1078.

HOLLEY A., « Neural coding of olfactory information », in *Smell and Taste in Health and Disease*, New York, Raven Press, 1991, p. 329-343.

JEHL C., ROYET J.-P. and HOLLEY A., « Very short term recognition memory for odors » in *Perception & Psychophysics*, 1994, 56, p. 658-668.

LAING D., DOTY R. L et BREIPOHL W. (éd.), *The Human Sense of Smell*, Heidelberg, Springer-Verlag, 1992,

LAPORTE D., *Histoire de la merde*, Paris, Christian Bourgois, 1978.

LARGUIER DES BANCELS, *Le Goût et l'Odorat*, Paris, 1912.

LENOIR J., *Le Nez du vin. L'A.B.C. du dégustateur*, chez Jean Lenoir.

LE GUÉRER A., « Les parfums à Versailles. Approche épistémologique », in *Actes du colloque de Nice*, octobre 1996. À paraître.

LE GUÉRER A., « Le déclin de l'olfactif, mythe ou réalité ? », in *Anthropologie et Sociétés*, 1990, 14, 12, p. 25-46.

LE GUÉRER A., « Du miasme au microbe », *Autrement*, Éd. Autrement, septembre 1987, n° 92, p. 115-121.

LE GUÉRER A., « Les philosophes ont-ils un nez ? », *idem*, p. 49-54.

LE GUÉRER A., « Ist der moderne Mensch geruchsbehindert ? », in *Das Riechen*, Göttingen, Steidl Verlag, 1995, p. 37-48.

LE GUÉRER A. et VIGARELLO G., « La propreté au temps de Louis XVI », in *L'Histoire*, 1985, 78, p. 8-13.

LE GUÉRER A., « Le nez d'Emma. Histoire de l'odorat dans la psychanalyse », in *Revue internationale de psychopathologie. Passions des odeurs*, 1996, n° 22, p. 339-385.

LÉVY-WARD A., « "Odeur ou saveur" ou bien "odeur et saveur" », in *Mon-Khmer Studies* 25, p. 103-108.

MAC LEOD P. et SAUVAGEOT F., *Les Bases neurophysiologiques de l'évaluation sensorielle*, Paris, Éditions Lavoisier, 1986.

MASSON C., DANTY E., LINSTER C., « Bases cellulaires et moléculaires de la discrimination des odeurs à signification biologique chez les insectes », *Bulletin de la société zoologique de France*, 1995, 120 (3), p. 231-244.

MASSON C., « L'olfaction dans les communications animales : un modèle pour les neurosciences », *Bulletin de la Société Zoologique de France*, 1995, 120 (3), p. 225-229.

MASSON C., « Existe-t-il un gène ancestral commun impliqué dans les mécanismes de signalisation chimique ? », in *Encyclopoedia Universalis*, Éd. Universalia, Repères scientifiques, 1995.

MELLOT J.-D., *Histoire du Carmel de Pontoise*, Paris, Desclée de Brouwer, 1994, t. 1.

MEURGUES G., Aubaile-Sallenave F. (éds), *Parfums et plantes*, Paris, Éd. du Muséum national d'histoire naturelle, 1987.

MICHEL F., *Du nez*, Paris, Grasset, 1993.

MOLLARET H. et BROSSOLLET J., *Yersin ou le vainqueur de la peste*, Paris, Fayard, 1985.

MOISSEEFF, M., « La médiatisation olfactive. Signe du temps », *Journées internationales des huiles essentielles*, Digne, 1990.

MORENO O., BOURDON R., ROUDNITSKA E., *L'Intimité du parfum*, Paris, Olivier Perrin, 1974.

MUCHEREY G., *Magie astrale des parfums*, Paris, Librairie Leymarie, 1971.

NATHAN T., « De l'usage magique des odeurs et des parfums », in *Psychanalyse païenne*, Paris, Odile Jacob, coll. « Opus », 1995.

ONFRAY M., *Le Ventre des philosophes*, Paris, Grasset, 1989.

ONFRAY M., *L'Art de jouir*, Paris, Grasset, 1991.

PELLARIN C., *Vie de Fourier* (1839), Paris, 1871 (5e édition).

PETIT-SKINNER S., « L'homme et la sexualité », in *Histoire des mœurs*, Gallimard, La Pléiade, tome II, 1991.

PETIT-SKINNER S., *The Nauruans*, San Francisco, Library of Congress Catalog, 1981.

PEYRON L., « La mémoire olfactive », Ve Symposium méditerranéen sur l'odorat. Grasse, *La France et ses parfums*, sept. 1967, nº 55, p. 299-306.

POTIQUET D. R., « Du canal de Jacobson, de la possibilité de le reconnaître sur le vivant et de son rôle probable dans la pathogénie de certaines lésions de la cloison nasale », in *Revue de laryngologie, d'otologie et de rhinologie*, 1891, 24, p. 737-755.

PUISAIS J., *Le Goût et l'Enfant*, Paris, Flammarion, 1995.

ROUBIN L., *Le Monde des odeurs*, Paris, Méridiens-Klincksieck, 1989.

ROUDNITSKA E., *Le Parfum*, Paris, PUF, 1980.

ROUDNITSKA E., *L'esthétique en question*, Paris, PUF, 1977.

SCHAAL B., PORTER R., « Microsmatic humans revisited : The generation and perception of chemical signals », in *Advances in the Study of Behaviour*, 1991, 20, p. 135-199.

SCHAAL B. (textes réunis par), *L'Odorat chez l'enfant : perspectives croisées*, numéro spécial de la revue *Enfance*, PUF, avril 1997.

SIGNORET J.-P, BALTHAZART J., « Sexual behaviour in reproduction », in Thibault C *et al.* (ed.), *Mammals and Man*, Paris, Ellipses, 1993, p. 551-553.

SIGNORET J. P., BOOTH W. D., « Olfaction and reproduction in ungulates », in Milligan S. R. ed., *Oxford Reviews of Reproductive Biology*, Oxford, Oxford University Press, 1992, 14, p. 263-299.

SIGNORET J. P., « Reproductive behaviour of pigs », in *The Journal of Reproduction and Fertility*, 1970 a, Suppl. II, p. 105-117.

SIGNORET J. P., COHEN-TANNOUDJI J., GONZALEZ R., « Effect of socio-sexual interactions on endocrine secretions in the domestic sheep », in Balthazart J. ed., *Hormones, Brain and Behaviour in Vertebrates*, 1990, Basel, Karger, vol. 2, p. 188-200.

SOUSSIGNAN R., SCHAAL B., SCHMIT G., NADEL J., « Facial responsiveness to odours in normal and pervasively developmentally disordered children », in *Chemical Senses*, 1995, 20, p. 47-59.

SOUSTELLE J., *La Vie quotidienne des Aztèques à la veille de la conquête espagnole*, Paris, Hachette, 1980.

STEINER J. E., « Human facial expressions in response to taste and smell stimulations », in *Advances in Child Development*, New York, Academic Press, 1979, 13, p. 257-295.

STODDART M. D., « La chimie de l'amour », in *La Recherche*, 1989, 20, p. 1074-1084.

STODDART M. D., *The Scented Ape. The Biology and Culture of Human Odor*, Cambridge, University Press, 1990.

TELLENBACH H., *La Mélancolie*, Paris, PUF, 1979.

THURSTON (le P. HERBERT), S. J., *Les Phénomènes physiques du mysticisme*, trad. M. Weill, Paris, Gallimard, 1961.

TROTIER D., ROSIN J. F. et MAC LEOD P., « Channel activities in *in vivo* and isolated olfactory receptor cells », *Chemical Senses*, vol. 1, édité par J. G. Brand *et al.*, Marcel Dekker, 1989, p. 427-449.

TRUWIT C., BARKOVICH A., GRUMBACH M., MARTINI J., « MR imaging of Kallmann syndrome, a genetic disorder of neuronal migration affecting the olfactory and genital systems », in *The American Journal of Neuroradiology*, 1993, 14 (4), p. 827-838.

VIGARELLO G., *Le Propre et le Sale. L'hygiène du corps depuis le Moyen Âge*, Paris, Seuil, 1985.

VINCENOT H., *La Vie quotidienne des paysans bourguignons au temps de Lamartine*, Paris, Hachette, 1976.

VINCENT J.-D., *Biologie des passions*, Paris, Odile Jacob, coll. « Opus », 1994.

VUARNET J.-N., *Extases féminines*, Paris, Arthaud, 1980.
YOUSEM D., TURNER W., LI C., SNYDER P., DOTY R., « Kallmann syndrome : MR evaluation of olfactory system », in *The American Journal of Neuroradiology*, 1993, 14 (4), p. 839-843.

INDEX

A

B

C

D

G

H

I

J

K

L

M

N

O

P

Q-R

S

T

V

W-Y

Table

Cinquième partie

LE NEZ DES PSYCHANALYSTES

N° d'édition : 7381-1184-11
N° d'impression : N25137240316
Dépôt légal : octobre 2013

Imprimé en France

IMPRIM'VERT®

PEFC 10-31-3532